KB024373

우리가 운명이라고
불렀던 것들

ALLES ZUFALL: Die Kraft, die unser Leben bestimmt
by Stefan Klein

Copyright ⓒ by Stefan Klein
Korean Translation Copyright ⓒ 2023 Contents Group Forest Copr., All rights reserved.
The Korean language edition is published by arrangement with
Landwehr&Cie. KG through MOMO Agency, Seoul.

이 책의 한국어판 저작권은 모모 에이전시를 통해
Landwehr&Cie. KG 사와의 독점 계약한 ㈜콘텐츠그룹 포레스트에 있습니다.
저작권법에 의해 한국 내에서 보호를 받는 저작물이므로
무단 전재와 무단 복제를 금합니다.

우리가 운명이라고 불렀던 것들

슈테판 클라인 지음·유영미 옮김

ALLES ZUFALL

포레스트북스

결코 '우연'이 아닌, 딸 도라에게
이 책을 바칩니다.

운명처럼 이 책을 펼친 당신에게

나는 어떻게 지금의 내가 되었을까?

나는 어떤 잘나가던 회사의 파산과 날씨 좋은 일요일의 늦잠, 그리고 아버지의 첫 자동차가 빚어낸 산물이다. 아버지의 첫 차는 하늘색 폭스바겐 비틀 1200이었다. 원래 아버지는 차를 구매할 생각이 전혀 없었다. 그 차를 사게 된 것은 순전히 큰아버지 때문이었다. 자동차 판매상이 두 대를 한꺼번에 파는 조건으로 큰아버지에게 비틀을 싸게 처분했고, 큰아버지는 쥐꼬리만 한 월급을 받는 젊은 화학자였던 아버지에게 계약서를 들이대며 말한 것이다. "내가 널 위해 자동차를 하나 샀으니까 여기에 서명해!"

　같은 해, 티롤Tirol, 오스트리아 서부 지역에 있는 세계적으로 유명한 직조기 회사가 부도가 났다. 1959년 나일론 셔츠가 시장을 장악하면서 직조기의 수요가 급감했기 때문이다. 이 회사의 사장이 바로 나의 외할아버지였다. 회사는 자금 사정이 나빠지면서 돈을 제때 지불하지 못했고, 집행관들은 외할아버지 집으로 들이닥쳐 가구마다 딱지를 붙였다. 파산을 맞은 가족들은 가난에 시달리는 형편이 되었다. 그 바람에 당시 대학생이었던 그 집의 큰딸, 나의 어머니는 뮌헨에 유급 조교 자리를 얻어 집을 떠났다.

그때 어떤 사람이 어머니에게 하늘색 폭스바겐을 몰고 다니는 젊은 화학자를 소개해주었다. 그 남자 역시 직장이 있는 뮌헨과 고향인 인스브루크를 일주일에 한 번씩 시계추처럼 왔다 갔다 하는 사람이었는데, 그의 차를 얻어 타고 다니라는 것이었다. 그리하여 그 남자는 금요일마다 그녀를 티롤의 집까지 태워다주었고 일요일이면 다시 함께 차를 타고 뮌헨으로 돌아왔다. 그렇게 둘은 별다른 감정 없이 수년간 카풀 상대로 지냈다. 그러다가 어느 아름다운 가을의 일요일, 전날 밤 축제에서 늦게 돌아온 어머니는 늦잠을 자고 말았다. 친구들은 모두 약속했던 산행을 떠나버린 후였다. 바깥은 화창하여 눈이 부셨다. 따분해진 어머니는 문득 폭스바겐을 모는 화학자를 떠올렸고 그에게 전화를 걸어 물었다. "날씨도 좋은데 오늘 함께 보내지 않을래요?" 화학자는 좋다고 했고 1년 후 둘은 결혼했다.

나는 가끔 이런 일들 중 하나가 다르게 진행되었더라면 어떻게 되었을까 생각해본다. 자동차 판매상이 큰아버지에게 자동차를 한 대만 팔았더라면, 외할아버지의 통장에 돈이 제때 입금이 되어 직조기 회사가 부도를 면했더라면, 1963년 그 가을날 알프스 산맥에 구름이 끼어 흐렸더라면 지금의 나는 존재했을까? 정말로 전혀 관련이 없어 보이는 이런 사소한 일들이 모여 우리의 인생을 결정하는 것일까?

이런 질문은 매혹적인 동시에 가슴을 서늘하게 한다. 철학자 요한 고트프리트 폰 헤르더도 이런 감정을 맛보았던 듯하다. 그는 "인류를 지배하는 독재자가 둘 있는데 그중 하나는 우연"이라고 말했다(다른 하나는 시간이라고 했다). 자연과학자들 역시 자연이 얼마나 상상과 다른지 깨달을 때마다 우주의 카오스 앞에서 경악하곤 했다. 프랑스 분자생물학자이자 노벨상 수상자인 자크 모노는 1970년 인간을 "자연이 주관한 복권에 당첨되었으나 결국은 패배를 인정할 수밖에 없는" 존재로 묘사했다.

"인간은 희망과 고통과 범죄에 무심하고, 자신의 소리를 듣지 못하는 우주의 가장자리에 놓인 집시와 같은 존재다."

예측 불가능한 세상을 살아가는 법

최근 몇 년 사이에 학자들은 그 어느 때보다 예측할 수 없는 현상에 몰두하여 우연에 대한 새로운 시각을 발전시켰다. 우리는 예측할 수 없는 현상을 어떻게 이해해야 할까? 수학자들은 엄격한 규칙이 지배하는 수학에서도 우연이 끼어든다는 것을 증명했고, 물리학자들은 예측할 수 없는 일이 어떻게 발생하며, 어째서 우리는 거기서 빠져나갈 수 없는지 연구하고 있다. 또 진화생물학자들은 인간의 존재 자체가 우연에 의존하고 있다는 것을 더욱 뼈저리게 느끼고 있으며, 심리학자들은 인성이 어떻게 발달할 것인지와 어떤 배우자를 택할지는 예측할 수 없다고 본다. 그리고 뇌과학자들과 철학자들은 그럼에도 우리가 우연을 왜 그리도 받아들이기 힘든지, 그리고 운명이라 불리는 즉 '더 높은 계획'에 대한 믿음이 왜 이토록 우리 안에 깊이 뿌리박혀 있는지를 규명한다.

우연은 우리가 상상하는 것보다 더 강력하다. 우연에 관한 연구는 크게는 우주나 생명의 탄생에 관한 연구처럼 학문의 커다란 수수께끼를 밝혀내는 작업이며, 작게는 우리 각자의 인생 여정에 관한 것이다. 계몽주의자 헤르더는 우연을 무질서의 독재자로 보았으나, 영어권에서는 예부터 우연의 다정한 면모를 강조했다. 영어의 'chance'라는 단어는 우연을 뜻하는 동시에 '기회' 또는 '행운'이라는 뜻을 품고 있으니 말이다.

과학에서는 이미 우연의 긍정적인 측면을 깨닫고서 그것을 활용하기 위해 노력 중이다. 전기 회로 같은 민감한 시스템은 우연한 효과로 안정화될 수 있으며, 우리의 뇌도 그렇게 기능한다. 또한 우연은 진화의 엔진일 뿐 아니라 창의성의 엔진이기도 하다. 아울러 이타심, 동정심, 도덕심 같은 타인을 위한 마음도 인간의 행동을 예측할 수 없기 때문에 존재한다.

물론 우리는 이러한 우연의 선물을 얻기 위해 대가를 치러야 한다. 대가는 바로 불확실함이다. 불확실한 상황에서 우리는 불쾌함을 느끼므로 우리는 불확실한 상황을 가능하다면 피하려 한다. 그리고 그 결과 많은 기회를 잃어버린다.

그렇다면 어떻게 불확실한 것에 잘 대처할 수 있을까? 우연에서 유익을 구할 전략이 있을까? 행운아가 되는 방법이 있을까?

이 책의 목적은 우리가 '우연'과 친해지는 것이다. 우연은 우리의 행동, 감정, 생각 등 모든 영역에 스며들어 있기 때문에 포괄적인 시각으로 보아야 평가할 수 있다. 우연은 예측할 수 없는 많은 연관들 속에 있다. 그래서 한 가지 측면만 살펴보는 것은 별 의미가 없다. 커다란 틀 속에서, 전체적인 관계 속에서 볼 때 비로소 우연이 우리 삶에 어떤 영향을 끼치는지를 이해할 수 있다.

모든 것, 모든 곳에 있는 우연의 선물

파트 1에서는 우연이란 무엇이고, 그것이 어떻게 생겨나는지를 살펴 볼 것이다. 우연은 무척 다양한 형태를 띠지만 그 형태는(도박에서건, 물리학 영역에서건, 인간 사회에서건) 크게 두 가지 원인에 의해 비롯된다. 복잡성과 자기 연관성이 그것이다.

그렇다면 우리에게 우연으로 다가오는 일은 정말로 어떤 법칙도 없는 것일까? 아니면 법칙을 따르지만 우리가 그것을 파악할 수 없을 뿐일까? 이런 질문의 배후에는 "우연인가 운명인가?" 하는 태곳적 질문이 숨어 있다.

파트 1의 챕터 3과 4는 이 책에서 가장 까다로운 부분이 될 것이다. 우연이 어디에서 비롯되는가 하는 기본적인 수수께끼를 다루고 있기 때문이다. 여러 가지 물리학적 사고를 최대한 이해하기 쉽게 소개하고자 노력했지만 그럼에도 물리학에 대해 그리 깊이 알고 싶지 않은 독자라면 이 두 챕터를 건너뛰어도 상관없다. 그래도 다음을 이해하는 데는 아무 지장이 없을 것이다.

파트 2에서는 창조자로서의 우연에 대해 이야기할 것이다. 지구 생명의 시작에서 컴퓨터의 개발까지, 인류의 발생에서 개개인의 인격 발달까지를 훑는다. 인격 형성과 생활 방식, 심지어 배우자를 고르는 일에 이르기까지 우연은 얼마나 큰 영향을 미칠까?

우연을 통해서만이 세상에 새로운 것이 등장한다. 우리가 어떤 생각에 이르는 것도 우연 덕분이다. 물론 좋은 생각이라고 해서 모두 현실로 옮겨지는 것은 아니다. 새로운 것이 성공하기 위해서는 행운이 따라야 하고, 책략이 필요하다. 그리고 모든 경쟁에서 그렇 듯이 때로는 예측할 수 없게 행동하는 자가 승리한다. 많은 경우 우연은 최상의 전략이다.

우리는 우리의 삶이 얼마나 우연에 의존하고 있는지 알지 못한다. 우리의 뇌가 우연을 믿지 않도록 프로그램화되어 있기 때문이다. 혼란한 세계에서 방향을 잡기 위해 우리의 뇌는 우리에게 거짓된 확신을 갖게 한다.

파트 3에서는 우연, 그리고 불확실함과 더불어 살아가는 방법에 대해 다룰 것이다. 그것은 환상의 영역을 넘나드는 일이다. 가장 위험한 것은 지나친 확신, 즉 완벽한 안전을 믿는 것이다. 그럴 때에 우리는 위험을 제어할 수 없고, 정신이 번쩍 드는 일을 겪는다.

세계는 점점 예측할 수 없는 방향으로 흘러간다. 우리는 그런 상황에서도 결정을 내려야 한다. 파트 4에서는 잘못된 결정에서 자신을 보호하는 길을 알려준다. 우리는 외부의 조건이 파격적으로 변해도 우리에게 유익하게끔 행동할 수 있다. 우연을 친구로 만들 수 있는 것이다. 우연과 친해지다 보면 새로운 아이디어와 유리한 기회를 만드는 전략을 알 수 있다.

물론 이런 기회가 완전 공짜는 아니다. 우연에서 유익을 얻고자 하는 사람은 우리가 계획적인 삶을 살 수 있다는 사랑스러운 착각과 결별해야 한다. 우연을 인정하는 것은 사람을 겸손하게 만든다.

우리는 기본적으로 안전한 척, 확실한 척 위장하고 사는 존재다. 그러나 우리가 우연이라는 현상에 다가간다면 이런 불안은 우연에 대한 믿음에, 그리고 우연에서 최상의 것을 유도할 수 있다는 자신감에 자리를 비켜줄 것이다. 우연을 아는 것은 우리를 안심시킨다. 우연을 인정해주면 우리는 기대하는 것보다 자주 우연이 주는 선물을 받게 될 것이다. 그리고 감탄하게 될 것이다.

슈테판 클라인

ALLES ZUFALL

| 차례 |

ALLES ZUFALL

PART
1

운명이라는 착각

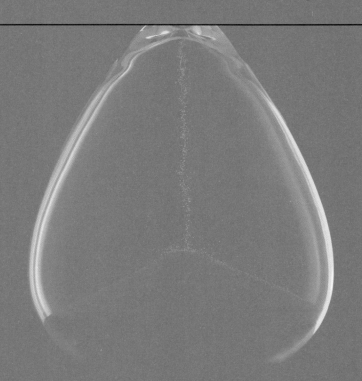

우연은 신이 자기 이름으로
서명하기 싫을 때 사용하는 신의 가명이다.

- 아나톨 프랑스

Chapter 1

믿을 수 없는 운명의 장난들

이 모든 것이 정말 우연일까?

배리 백쇼는 30여 년 전 어린 아들과 헤어진 후 한 번도 만나지 못했다. 당시 백쇼는 영국 군인으로 홍콩에서 근무하고 있었는데 영국에 남아 있던 아내가 외로움을 견디지 못하고 몇 달 후 백쇼의 절친한 친구와 사랑에 빠져 다섯 살짜리 아이를 데리고 그 친구와 재혼한 것이다. 백쇼가 영국으로 돌아왔을 때는 아내도 친구도 아들도 백쇼를 보고 싶어 하지 않았고, 백쇼는 비탄에 빠진 나머지 가족들과도 영영 연락을 끊어버렸다. 세월이 흐른 뒤 후회하며 가족들의 행방을 수소문해보았지만 끝내 찾을 수 없었다.

그 후 북아일랜드에서 근무하던 백쇼는 부상으로 인해 전역했고 휴양 도시 브리튼에서 택시 운전사로 자리를 잡았다. 그리고 가족들과 헤어진 지 30년이 넘은 2001년 8월 7일 저녁, 한 모텔 앞으로 손님을 태우러 갔다. 남녀 한 쌍이 백쇼의 택시에 올랐다. 밤이라 승객들의 얼굴은 잘 보이지 않았다. 그런데 백쇼가 시동을 걸고 출발했을 때 뒷자리에 앉은 여자 승객이 백쇼의 택시 면허증에 적힌 특이한 성을 보고는 놀라는 것이 아닌가. 곧이어 옆에 앉은 남자 승객이 백쇼에게 물었다. "혹시 이름이 배리 아니에요?"

"그걸 어떻게 아시죠?" 백쇼가 물었다. 그러고는 신호등이 빨간불로 바뀌자 비로소 뒷자리의 승객을 돌아다보았다. 뒷좌석에는 30대 중반 정도로 보이는 남자가 앉아 있었다. 그 남자가 말했다.

"제 아버지 이름도 배리여서요."

"그럼 설마… 어머니 이름이 패트리인가요?" 백쇼가 물었다.

30대 승객이 고개를 끄덕였다.

"그럼 손님 이름은 콜린 백쇼?"

"네."

배리는 목이 메어서 말이 나오지 않았다. 그는 차를 세우고 뒷좌석 문을 열고는 남자 승객을 덥석 안았다. "일단 뭘 좀 마시러 가자."

어느 주점에 앉아 둘은 기억나는 친척들의 이름을 죄다 훑었다. 의심할 바가 없었다. 이 승객은 바로 백쇼가 잃어버린 아들이었다. 백쇼는 아들 콜린이 남아프리카로 이민을 갔다가 며칠 전에 돌아왔음을 알게 되었다. 게다가 자신이 사는 곳에서 몇 블록 떨어지지 않은 브라이튼의 한 호텔에 매니저로 취직했다는 것이었다. 콜린은 아버지가 죽은 줄로만 알고 있었다. 어떤 예감이 콜린을 이 도시로 인도한 것일까? 그리고 택시 회사에서는 그날 저녁 수백 대의 택시 중 어떻게 하필 배리의 택시를 모텔 앞으로 보냈을까?

모든 것이 우연이라고? 이런 이야기는 우리를 끌어당긴다. 백쇼 부자의 재회는 너무나도 기막힌 우연이라서 운명 따위를 믿지 않는 사람들조차 어떤 힘이 둘을 만나게 해준 것이 아닌가 생각한다. 정말로 우리가 모르는 어떠한 힘이 존재하는 걸까?

풍선에 연락처를 적어 하늘에 날려 보냈는데 그리워하던 친구가 '우연히' 그것을 발견해 연락을 해오는 사건도 있다. 2002년 섣달 그믐날 함부르크에 사는 볼프강 슈타우데는 노란 가스 풍선에 자신의 전화번호를 적은 카드를 붙여 공중에 띄워 보냈는데 이 풍선이 100킬로미터쯤 날아가다가 놀랍게도 오래전에 연락이 끊겼던 어릴 적 친구 집의 사과나무에 내려앉았다고 한다. 이게 정말 우연일까?

배리 백쇼는 그전에도 그의 인생을 바꾼 운명 같은 일이 있었다. 아들과 재회하기 2년 전쯤 백쇼는 공항에 간다는 한 프랑스 여자를 태웠다. 그녀의 얼굴은 눈물범벅이 되어 있었는데 어머니가 돌아가셔서 급히 고향 집에 가는 길이라고 했다. 개트윅 공항까지 60킬로미터를 달리는 동안 두 사람은 계속 대화를 나누었고 공항에서 내리면서 그녀는 백쇼에게 전화번호를 알려줬다. 그리고 그녀가 프랑스에서 돌아왔을 때 백쇼는 그녀에게 전화를 걸었다. 둘은 함께 식사를 했고 얼마간 사귀다가 서로 깊이 사랑하게 되어 결혼했다. 몇십 년간 이어진 배리 백쇼의 고독이 드디어 막을 내렸던 것이다.

이럴 때 우리는 작가 아나톨 프랑스의 말을 떠올리게 된다.

"우연은 신이 자기 이름으로 서명하기 싫을 때 사용하는 신의 가명이다."

뉴욕에서 일어난 두 차례의 비극

2001년 9월 10일 펠릭스 산체스는 뉴욕 세계무역센터 남쪽 건물에 있는 자신의 사무실에서 짐을 꾸려 나왔다. 그리고 9월 11일, 테러가 발생했다. 회사를 나와 독립하고 싶다는 열망이 다음 날의 재앙을 피하게 해준 것이다. 뉴욕 타임지에 보도된 바에 따르면 산체스는 고향인 도미니크 공화국에서 프리랜서 투자 상담사로 일하기 위해 바로 그날 메릴린치 투자 은행을 그만두었다. 그리고 11월 12일 아침, 그는 고향으로 향하는 산타도밍고행 아메리칸 에어라인 587편에 몸을 실었다. 그러나 그 비행기는 이륙 직후 뉴욕 퀸스에 추락하면서 승객 전원이 사망했다.

당시 그 비행기에 탔던 258명의 승객 중에는 힐다 메이요라는 여성도 있었다. 메이요는 피랍 여객기가 세계무역센터 건물로 돌진했던 9월 11일 오전 그 건물 1층 레스토랑에서 일하다가 운 좋게 화염 속을 빠져나왔다. 그런데 그녀 역시 하필 산타도밍고로 가는 불운의 비행기에 올랐다. 이 비행기는 소방수들이 많이 살고 있는 퀸스에 추락했고, 비행기의 잔해는 9월 11일 세계무역센터에서 구조작업을 펼치다가 죽은 소방수들의 집 뜰에 떨어졌다.

몇 주 사이를 두고 비행기와 관련한 비극이 뉴욕에서 두 번이나 일어났다는 것은 정말로 섬뜩한 일이다. 아메리칸 에어라인의 추락 원인이 어느 시대 어느 곳에서나 일어날 수 있는 단순한 기술적 고장일지라도 말이다. 더욱이 산체스와 메이요 같은 사람들은 기적적으로 재앙을 피한 듯했으나 얼마 못 가 또 다른 재앙의 희생자가 되었다. 이런 일을 상상이나 했겠는가.

우리는 목적 지향적으로 생각하고 행동하는 것을 좋아한다. 우주가 아무 목적 없이, 의미 없이 움직인다는 것을 인정할 수 없기 때문이다.

우연의 두 가지 의미

사람들은 정말 우연이 있을까 의심한다. 그러면서 그들에게 일어나는 모든 일은 계획, 즉 섭리에 따른 것이라고 생각한다. 많은 사람이 사주를 보거나 점쟁이를 찾아 조언을 구하면서 자신의 운명을 카드 보듯이 들여다볼 수 있다고 믿는다. 한 국가의 수뇌였던 프랑수아 미테랑도 중요한 결정을 내릴 때에는 점성술사와 상의했다고 한다.

정말로 운명이 우리를 꼭두각시처럼 조종하는 것일까? 이런 운명 같은 우연은 우리의 삶에서 어떤 역할을 하는 것일까? 어떤 힘이 작용하기는 하지만, 우리가 알지 못한 채 일어나는 일들을 그저 우연이라고 부르는 것일까? 우리는 대체 무엇을 '우연'이라고 하는 것일까?

그림 형제는 자신들이 편찬한 사전에서 "우연은 뜻밖에 다가오는 일들이다"라고 간결하게 정의하고는 "이성이나 의도를 벗어나는 예측할 수 없는 일들을 우연이라고 한다"라고 덧붙였다. 그렇다. 우리는 우연이라는 말을 정확히 이런 이중적인 의미로 사용한다. 아무런 규칙을 인식할 수 없거나, 아무도 계획하지 않았던 일이 우리에게 우연으로 다가오는 것이다.

첫 번째 의미는 간단하다. 우리가 다르게 설명할 수 없거나, 다르게 설명하고 싶지 않은 것은 우연한 것이다. 빗방울은 우연한 간격을 두고 창문으로 떨어진다. 우리는 그것에서 질서를 볼 수 없다. 그리하여 과학에서도 우연이라는 개념이 등장한다. 커피에 우유를 넣으면 우유는 컵 전체로 퍼져나가기 전에 우연한 무늬를 만드는데, 이것은 우연의 전형적인 물리적 현상이다. 물리학자들은 우유가 커피에 섞이는 과정에서 일어나는 구조를 정확히 계산할 수 없다. 커피에 우유를 탈 때마다 우유가 퍼져나가는 모양새는 달라진다.

두 번째 의미는 좀 더 복잡하다. 아무도 의도하지 않은 일이 맞물려 의미 있는 일로 다가올 때 우리는 "기막힌 우연이네!"라고 말한다. 문득 여자 친구를 떠올린 순간 여자 친구가 전화를 해온다거나 수많은 택시 운전사 중 하필이면 배리 백쇼가 잃어버린 아들을 태우러 간 경우 우리는 우리를 조종하는 손이 있는 게 아닌지 묻게 된다.

기대 밖의 일일수록 놀랍게 다가온다. 물론 어떤 일을 놀랍게 여기는 것은 우리의 개인적인 시각이다. 매일같이 여자 친구의 전화를 기다렸던 사람은 여자 친구가 전화를 했다고 해도 전혀 놀라지 않을 것이다. 그러므로 우리에게 놀랍게 다가오는 것은 사건 자체가 아니라, 사건 속에 담긴 의도하지 않았던 연관이다. 이런 연관은 그 사건의 배후에 깊은 뜻이 숨어 있는 것은 아닌지 자문하게 한다. 앞으로 설명하겠지만 우리의 뇌는 숨겨진 계획을 찾도록 만들어져 있는 것이다.

우연은 시각의 문제이므로 한 우연에 대한 의견이 일치되는 것은 쉽지 않다. 누군가에게는 매우 획기적인 사건이 누군가에게는 그냥 진부한 사건일 수 있다. 독일의 코미디언 카를 발렌틴은 이런 현상을 이렇게 설명한다.

"어느 날 악장을 만나 이렇게 말했어요. '어제 친구랑 카우핑거 거리를 걸어가고 있었어요. 우리는 마침 자전거를 타는 사람들에 대해 이야기하고 있었죠. 그런데 바로 그 순간 정말로 자전거를 탄 사람이 우리에게 다가오는 거예요. 정말 신기하죠?' 그러자 악장이 물었어요. '그래서요? 그가 말이라도 걸던가요?' '아뇨. 그는 그냥 우리를 지나쳐서 가버렸어요.' 그러자 악장은 시큰둥하게 말했어요. '카우핑거 거리에서 자전거를 탄 사람과 마주치는 것은 그리 특별한 일이 아니야. 그 거리는 자전거를 타고 다니는 사람이 하도 많아 몇 발짝 못 가 자전거 탄 사람과 계속 마주칠 지경이니까.' 하지만 난 아랑곳하지 않았어요. '그렇긴 하지만 내가 막 그 이야기를 하는 순간에 지나가다니, 정말 신기하지 않습니까!'"

악장과 발렌틴의 의견은 영원히 일치하지 않을 것이다. 두 사람 모두 옳으니까 말이다. 악장은 첫 번째 의미에서의 우연을, 발렌틴은 두 번째 의미에서의 우연을 이야기하고 있다.

두려움 반, 희망 반

규칙을 찾을 수 없는 사건이건 의도하지 않았던 연관이건 우연은 우리가 영향을 끼칠 수 없는 일이며, 바로 그 점이 우리를 매혹시킨다.

그러나 우리는 우연에 상반된 감정을 느낀다. 일이 의도하지 않게 딱딱 맞아떨어져 좋은 일이 생기면 좋지만, 미래에 무슨 일이 일어날지 모른다는 것은 우리를 불안하게 한다. 불확실함은 스트레스다.

사람은 보통 우연히 찾아온 기회를 긍정적으로 보기보다 기회에 수반되는 위험에 더 노심초사한다. 두려움은 진화 과정에서 인간을 위험에서 보호하기 위한 신호기제였다. 그리하여 두려움 반, 희망 반일 경우 두려움에 더 무게가 실린다. 객관적으로 마음을 놓을 이유가 더 많을 때에도 걱정이 앞선다. 자연이 우리를 그렇게 만들어 놓았다.

그래서 사람들은 더 높은 존재에 기대었다. 불행한 일을 당하지 않기 위해, 때로는 좋은 일이 일어나도록 말이다. 그리하여 식사할 때마다 성호를 그으며 기도하고, 부적을 붙이고, 성모 마리아상 앞에 촛불을 밝힌다. 설령 도움이 안 될지라도 손해 볼 것은 없다. 그런 안전 대책으로 최소한 마음의 평안을 누릴 수 있으니까. 그러나 이런 일들이 정말로 삶에 영향을 미칠까?

매우 이성적인 사람조차 이런 질문 앞에서는 양다리를 걸친다. 노벨상을 받은 덴마크의 물리학자 닐스 보어도 그랬다. 닐스 보어는 엄격한 법칙을 추구하던 자연과학에 우연의 중요성을 도입한 현대 원자물리학의 아버지였지만 자신의 별장 현관 위에 행운의 상징인 말편자를 걸어놓고 살았다. 그리고 집을 방문한 손님들이, 정말로 말편자가 액운을 막고 행운을 가져 온다고 믿느냐고 물으면 그는 미소를 지으며 말했다.

"그것은 믿지 않는 사람에게도 도움을 준다오."

세상은 점점 더 불확실해지고 있다

사람들은 흔히 주변에서 일어나는 일을 자신의 머리로 이해할 수 없다고 느낀다. 예측과 계산이 불가능한 세계 속에서 자신이 우연의 장난에 놀아나는 것 같다고 느낀다. 지금보다 이전에는 인생이 그래도 예측 가능한 범주에 있었다. 독일에서는 능력이 있는 사람들은 연금을 받기까지 일자리를 보장받을 수 있었다. 그러나 현대로 올수록 화려한 경력의 이력서가 휴짓조각이 되는 건 한순간이고, 능력이 있는 젊은이들은 다시 관공서로 모여든다. 회사에서 언제 해고될지, 언제 합병의 대상자가 될지 모르기 때문이다.

물론 예나 지금이나 인간은 항상 위험에 노출된 존재이다. 그러나 과거에는 무엇이 '적'인지 알 수 있었다. 연약한 사람들은 질병에 희생되었고, 흉년이 들면 굶주려야 했으며, 여자들은 아이를 낳다가 죽는 일이 흔했다. 자연재해가 수십 년간의 노력을 한순간에 허사로 만들어버리기도 했다. 눈사태가 알프스의 전원 마을을 덮치고, 해일이 북해 연안의 마을을 휩쓸었다. 하지만 그래도 무엇을 두려워해야 하는지, 어디에 희망을 걸 수 있는지를 알았다. 인생에서 주어지는 가능성도 제한되어 있었다. 일례로 예전에는 결혼 상대자의 물망에 올릴 수 있는 신붓감 또는 신랑감의 수도 제한되어 있었다.

그러나 많은 것이 변했다. 오늘날 우리는 지구 각지에서 온 사람들을 만난다. 여행을 하다가 사랑에 빠지기도 하고, 대륙을 오가며 연애를 하기도 한다. 인터넷의 발달로 노동세계도 급변했다. 단기간에 폭발적인 성장세를 보이던 기업이 하루아침에 몰락해버리면, 그와 더불어 수만 명의 희망도 함께 무너진다. 전에 없던 전염병들도 퍼지고 있다. 또한, 하룻밤 사이에 장벽이 무너져 독일과 유럽은 새로운 얼굴을 갖게 되었다. 더욱이 2001년 9월 11일에 일어났던 사건은 지금까지도 이해할 수 없다.

그래서 오늘날에는 제아무리 전문가라도 가까운 미래를 진단하는 것조차 힘들다. 기술의 폭발적인 진보, 언론의 홍수, 전 지구적인 기업과 국가 간의 연계가 앞일에 대한 조망을 불가능하게 하기 때문이다. 작고 우연한 사건들이 역사의 흐름을 주관하는 일도 비일비재하다. 2002년 여름, 엘베 강이 범람하지 않았다면 독일인들은 누구를 연방 총리로 선출했을까?[1] 9·11 테러를 일으킨 알카에다 조종사들에게 비행술을 가르쳤던 교관이 그들에게 조금이라도 의심을 품었더라면 역사는 어떻게 흘러갔을까? 2000년 미 대통령 선거 당시 선거 부정 의혹이 일었던 플로리다 주의 개표 결과를 두고 연방대법원이 앨 고어의 손을 들어주었더라면 오늘의 세계는 어떤 모습이 되었을까?

어차피 마주해야 할 우연이라면

우리는 그 어느 시대보다 우연의 얼굴을 더 자주 대한다. 우리는 네트워크화된 세계의 위험성을 한탄하지만 이런 세계가 어떤 기회를

---

1 2002년 엘베 강 대홍수 당시 연방 총리였던 게르하르트 슈뢰더는 리더십을 발휘해 재난 수습에 앞장서는 모습을 보여주면서 국민들의 지지를 얻었고 재선에 성공했다.

제공하는지를 간과한다. 소설 『해리 포터』로 실업자에서 백만장자가 된 조앤 K. 롤링을 생각해보라. 아무도 그의 성공을 예상하지 못했다. 출판 전문가들조차 『해리 포터』 1권 원고를 보고 출판을 거절했다고 하지 않은가.

또한 독일이 어떤 무력 충돌도 없이 그렇게 빨리 통일되리라는 것을 예견했던 사람이 있었던가? 독일을 통일에 이르게 한 결정적 계기 역시 아주 우연한 사건이었다. 1989년 11월 9일 동베를린 정치국의 대변인이었던 귄터 샤보브스키는 카메라 앞에서 너무 긴장한 나머지 동독 주민들의 비자 없는 서독 여행을 '지금부터, 즉시' 허가한다고 말실수를 했다. 그 소식은 곧바로 퍼져나갔고 열광하며 베를린 장벽으로 달려든 동독 군중들 앞에서 국경 수비대는 맥을 못 추었다. 그렇게 장벽은 무너졌다.

이런 복잡한 세계 속에서 중심을 잡고 태연하게 살려면 우연이라는 현상과 친숙해져야 한다. 더는 어느 곳에서도 안전성은 보장되지 않기 때문이다. 그러나 우연과 친해지려고 마음먹은 사람은 우연이 카오스와는 전혀 다르다는 것을 알게 될 것이다. 실제로 전혀 예측할 수 없는 일도 법칙을 따른다. 그것을 파악하기 위해 우리는 우연을 더 잘 알아야 한다. 그러면 믿기지 않는 일에 대한 의문과 변덕스러운 삶에 무방비 상태로 맡겨져 있다는 느낌을 덜 수 있다. 백쇼 부자의 재회나 독일 통일과 같은 행복한 우연 속에 숨겨진 원칙과 친해지는 사람만이 우리 시대가 제공하는 기회를 유익하게 활용할 수 있을 것이다.

Chapter 2

누군가는 반드시 로또에 당첨된다

설명하려 할수록 설명할 수 없는 불행

한 남자가 건설 공사용 크레인 옆을 지나간다. 가볍게 흔들리는 크레인 위에 막 벽돌 한 판이 실려 올라가고 있다. 바로 그 순간 바람이 거세게 불면서 몇 개의 벽돌이 흔들거리더니 그 중 하나가 지나가는 남자의 머리를 향해 무섭게 돌진한다. 그러나 벽돌에 맞기 0.1초 전에 건너편 보도를 지나던 친구가 그의 이름을 불러 고개를 돌리는 바람에 벽돌은 관자놀이를 가볍게 스치고 그 남자는 약간의 찰과상만 입는다.

과연 우연의 일치로 불행을 피한 걸까? 앞서 말했듯이 우리는 달리 설명할 수 없는 사건을 우연이라고 부른다. 하지만 이 남자가 겪은 일을 규명해볼 수는 있을 듯하다. 그럼 각각의 상황을 되짚어보자. 한 친구가 길 건너편에서 그 남자를 부른 것이 그의 생명을 구했다. 그러나 다른 한편으로 그 남자가 그 순간 크레인 옆을 지나지 않았더라면 벽돌에 맞는 일은 없었을 것이다. 그리고 공사장 인부가 안전 규정을 철저히 지켰더라면 벽돌이 미끄러져 떨어지는 일은 없었을 것이다.

이렇게 동시 발생한 사건을 되짚는 것은 모든 것을 설명하는 동시에 아무것도 설명하지 못한다. 왜 하필 그 남자는 그 순간, 그곳을 지나갔을까? 공사장 인부는 왜 그리 부주의하게 행동했을까? 왜 하필 그때 바람이 그렇게 세차게 불었을까? 이런 식으로 우리는 점점 더 이야기를 파고든다. 그 남자가 하필 그 순간 크레인 옆을 지나가게 된 것은 오는 길에 동료 직원을 만나 잠시 수다를 떨었기 때문이다. 크레인에 벽돌을 싣는 인부는 평소에는 매우 신중한 사람이었지만 그 순간에는 딴 데 정신을 팔고 있었다. 첫아이를 낳느라 산고에 시달리고 있을 아내를 생각했는지도 모른다. 그리고 이날 공사장에 분 강한 바람은 대서양 위에서 발생한 저기압 지대가 몰고 온 것이었다.

더 자세하게 알아보려는 사람은 원인과 결과의 끝없는 행렬 속에 빠져들 것이다. 그러나 우리가 그 사건을 둘러싼 상황을 얼마나 자세히 알든 상관없이 그 남자가 왜 하필이면 그 지점에서 사고를 당해야 했으며, 다행히 그 불행이 가벼운 부상으로 그쳤는지에 대한 필연성을 찾아낼 수 없다. 만약에 그가 도중에 직원을 만나 수다를 떨 것이라는 사실과 이날 공사장 인부가 정신을 딴 데 팔고 일을 할 것이며 강한 바람이 불 것이라는 사실을 알았다 하더라도 우리는 불행을 예견할 수 없었을 것이다.

로또와 열차 시간표

무엇인가를 설명한다는 것은 복잡한 연관을 좀 더 단순하게 공식화하는 것을 의미한다. 그러나 앞의 이야기는 너무 많은 복잡한 연관을 품고 있어서 그렇게 할 수 없다. 개별적인 사항들을 알고 있음에도 사건을 논리정연하게 설명할 수 없다.

수학의 정보이론에서는 더는 단순화할 수 없는 상태를 '우연'하다고 칭한다. 다음 두 가지 수열을 비교해보자.

① 2-7-12-17-22-27-32-37
② 5-9-14-18-32-38-20-8

앞의 수열은 베를린에 있는 내 사무실에서 알렉산더 광장 쪽으로 가는 전철 시간표이고, 뒤의 것은 2003년 10월 1일 수요일의 로또 당첨 번호다. 전철 시간표를 살펴보면 우리는 금방 그것을 더 단순화시킬 수 있음을 알 수 있다. 매시 2분부터 5분 간격으로 열차가 도착하는 것이다. 그것을 더 간단히 2+5로 표현하면 온종일 다니는 100여 대의 전철 시간을 세 가지 기호만 사용해서 표현할 수 있는 셈이다. 하지만 로또 번호는 그런 짧은 공식으로 축약할 수 없다. 로또 당첨 번호를 알려주기 위해서는 각각의 숫자를 모두 말해야 한다. 바로 이것이 우연의 수의 특성이다. 숫자 자체 말고는 더 간단한 형식으로 표현할 수 없다.

일상생활에서도 다르지 않다. 규칙적인 사건을 설명하는 데는 말이 필요 없다. 가령 전철을 타고 동물원에서 알렉산더 광장까지 가는데 어떤 정거장들을 거쳤는지를 알려주고자 한다면 그냥 "2호선을 탔어"라고 말하면 된다. 그러면 그 지역을 대충 아는 사람은 정거장의 이름과 주변의 모습을 머릿속에 떠올릴 것이다. 하지만 전철을 타고 오는 동안 어떤 사람들이 전철에 타고 내렸는지 알려주고자 한다면 내리고 탄 사람들의 인상착의를 일일이 설명해야 할 것이다.

미국의 수학자 그레고리 차이틴은 겉보기에 제멋대로인 것 같은 데이터들 사이에 내적인 연관관계가 있는지 확인하는 시금석 따위는 존재하지 않는다고 말했다. 카이틴에 따르면 임의의 숫자들이든, 하마터면 치명적이었을 뻔한 사고든 간에 어떤 사건의 고리들이 정말 우연히 맞물렸는지는 결코 알 수 없다. 우연은 증명할 수 없으니까. 그러므로 어떤 사건을 그냥 우연으로 돌리지 않고 더 깊은 원인을 찾는 것은 정당한 일이다.

숫자 '7'에 숨겨진 비밀

우리의 뇌는 어떤 일이든 명확히 설명하고 싶은 욕구를 느낀다. 기억이 질서에 의존하고 있기 때문이다. 왜 그런지는 앞서 전철 시간표와 로또 당첨 번호의 예를 통해 쉽게 알 수 있다. 우리는 전철 시간표를 가지고 있지 않더라도 배차 간격을 떠올리며 전철이 2분과 7분에 통과한다는 것을 기억할 수 있을 것이다. 그러나 2003년 10월 1일의 로또 당첨번호는 어떠한가? 거기에서는 어떤 시스템을 찾아

볼 수 없기 때문에 그것을 기억 속에 저장하는 것은 거의 불가능하다. 그 안에 포함된 정보는 단순한 규칙으로 압축되지 않는다. 그리하여 전체의 수열을 외울 수밖에 없는데 그것은 힘들고 실수할 가능성도 높다. 그래서 우리는 조망할 수 없는 상황을 그리도 힘들어하는 것이다. 어떤 일 속에서 의미를 깨닫지 못할수록 그 정보를 처리하려면 기억 속의 더 많은 자리와 더 많은 주의가 필요하다.

뇌의 수용 능력에는 한계가 있다. 뇌에 저장되는 모든 정보는 우리의 주의, 정확히 말해 작업 기억working memory을 통과해야 한다. 작업 기억이 서로 다른 감각적 인상들을 일단 처리하는 것이다. 1950년대 미국의 심리학자 조지 밀러는 작업 기억이 처리할 수 있는 데이터의 양이 얼마나 적은지 보여주었다. 그 양은 바로 '7±2'라는 것이다. 그렇다면 일주일이 7일인 것을 비롯하여 칠거지악, 세계 7대 불가사의 등 문화사 곳곳에서 신비의 숫자 '7'을 만날 수 있는 이유는 다름 아닌 우리 뇌의 한계 때문이 아닐까?

조지 밀러의 실험은 거듭 시험대에 올랐고 뇌 기능에 관한 이론들도 점점 더 보완되었다. 그러나 기껏해야 '7'이라는 숫자를 글자 그대로 받아들여선 안 된다는 점만 달라졌고 심리학자들의 결론에는 변함이 없다. 새로운 연구들은 오히려 작업 기억이 처리할 수 있는 정보의 양이 알려진 것보다 약간 더 적을 수도 있다는 결론을 내렸다. 그러나 중요한 것은 뇌가 새로운 정보 다섯 개만으로도 부담을 느낀다는 사실이 아니라 인간의 의식으로 들어가는 병목이 그만큼 좁다는 것이다.

예기치 못한, 규칙이 없는 우연은 단순화를 거부한다. 그래서 뇌의 데이터 처리에 장애물이 될 수밖에 없다. 하지만 결국 인생은 전철 시간표보다는 뒤죽박죽인 수열에 더 가깝다. 그러니 우리의 뇌가 힘들어하는 것도 당연한 노릇이다.

규칙을 찾으려는 노력

우리는 너무 복잡한 현실을 견디지 못한다. 그래서 혼란스러운 세계를 파악하기 위해 우리가 관찰한 것들을 규칙이라는 틀 속에 붓는다. 우리가 사용하는 격언이나 속담은 우연한 데이터에 형식을 부여하고, 인간 행동의 다양성에 어느 정도의 틀을 제공한다(ex. 조용한 물이 깊다). 또 농사에 활용되는 지혜는 우연한 날씨의 변덕을 예측할 수 있게 한다(ex. 8월에 첫 비가 오면 더위가 한풀 꺾인다). 사람들은 심지어 의미를 찾을 수 없는 것에까지 신빙성 없는 지혜를 동원하여 규칙성을 깨닫고자 노력한다(ex. 불행은 선물을 들고 온다).

물론 우리는 세계가 어중간하게 재단할 수 있을 만큼 단순하지 않다는 것을 알고 있다. 그럼에도 우리는 주변세계에 대해 애매모호한 흑백사진을 만들어 낼 수밖에 없다. 그 이상의 진실을 아는 것은 뇌의 수용 능력을 넘어서는 것이고 전혀 유익하지도 않을 테니까 말이다.

만약 어떤 남자에 대해 머리와 눈은 갈색이고, 나와 같은 집안 출신이며 학교도 같은 데를 다녔고, 나처럼 눈썹이 진하고 목소리도 나와 비슷하다고 이야기한다면, 많은 정보를 들려주고는 있지만 "그는 제 동생이에요"라는 말 한마디보다는 못할 것이다. 모든 정보가 이렇게 축약될 수 있는 것은 아니지만 어떤 규칙이 있으면 자료가 뒤죽박죽인 것보다는 낫다. 뇌 속에서 훨씬 작은 저장 공간을 차지하고 예측도 가능하니까 말이다. 그리하여 내 키가 약 190센티미터라는 것을 안다면 내 동생도 키가 아주 작지는 않으리라 추측할 수 있을 것이다.

규칙은 그것이 어떤 일을 더 간단한 분모로 통합할 수 있을 때, 전체의 이야기를 더 적은 수의 단어로 설명할 수 있을 때 성립된다. 그렇지 않고 규칙이 너무 복잡하면 일은 미궁 속에 빠진다. 그럴 때는 규칙을 가늠할 수 없고 그 일을 우연이라고 설명하는 것이 더 편하다. 그리하여 철학자 라이프니츠는 "너무 복잡한 규칙은 규칙이 아니다"라고 말했다.

따라서 사건의 진행을 단순한 패턴으로 기술할 수 있을 때에만 우연의 작용을 배제할 수 있다. 그러지 않고 우연이 작용하는 경우에는 인과관계를 알 수 없게 되며 어떤 일의 원인을 설명하는 것도 불가능하다.

확률로는 개별 사건을 예측할 수 없다

얼마 전까지 사람들은 이런 인식에 만족했다. 대부분의 사건은 도무지 이해할 수 없다는 사실을 받아들였다. 고대 그리스처럼 과학 지향적인 사회에서도 질서는 영원한 천체의 운행에서만 드러날 뿐, 신들이 지배하는 지상에서는 신의 뜻을 도무지 알 수 없다고 생각했다.

하지만 우연에 관한 이런 체념적 태도는 약 500년 전부터 달라지기 시작했다. 르네상스 시대에 와서 도박이 사교계의 문화로 자리 잡았고 수학자들이 도박의 도움으로 우연에 대해 밝혀낸 내용들은 지금까지 현대문명의 최대 성과 중 하나로 손꼽힌다. 그 발견의 의미가 도박의 수준을 훨씬 넘어서기 때문이다.

주사위건 카드건 룰렛이건, 모든 도박은 아주 단순화된 인생의 모델이다. 일상에서와 마찬가지로 통제할 수 없는 영향력이 상황을 결정한다. 룰렛 구슬이 회전판의 가장자리에서 구를 때는 아무도 어떤 숫자에 떨어질지 말할 수 없다. 룰렛이 인생과 다른 점은 인생에서는 무한한 가능성 앞에 놓이지만 룰렛 구슬이 떨어지는 숫자가 한정되어 있다는 것이다. 인생과 달리 도박은 전체적 파악이 가능하며, 그래서 우연의 효과를 체계적으로 연구하기에 더없이 좋은 수단이다.

프랑스의 수학자 피에르 페르마와 밀라노 출신의 의사 지롤라모 카르다노 같은 선구자들은 실러의 표현처럼 "우연이라는 무시무시한 현상 속의 친숙한 법칙"을 파악하기 위해 도박에 빠졌다. 카르다노는 "나는 주사위 놀이를 하면서 적지 않은 위안을 얻었다"라고 고백했다.

카르다노는 우연을 추적하기 위해 무척 간단한 방법을 발견했는데, 바로 수를 헤아리는 것이었다. 가장 원시적인 도박인 동전 던지기를 예로 들어보자. 동전이 공중에서 어떻게 회전할지 아무도 모른다. 숫자가 나올지 그림이 나올지 예측할 수 없으므로 동전 던지기는 우연이 빚어내는 결과다. 하지만 카르다노는 동전은 늘 같을 테니 모든 동전 던지기는 비슷하게 진행될 것이라는 가정하에 동전을 계속 던져, 각 면이 얼마나 자주 나오는지 살펴보았다. 그리하여 확률의 법칙을 발견했다. 즉, 두 가지 동등한 가능성이 있을 경우 우연은 장기적으로 대략 두 가지 가능성이 거의 같은 비율로 나타나도록 한다는 것이다. 숫자와 그림이 나올 가능성은 각각 50 대 50이다. 따라서 각각의 경우의 수에 해당하는 확률은 2분의 1이다.

그렇다면 세 번 연달아 그림이 나왔다면 균형을 맞추기 위해 다음엔 숫자가 연달아 나올 것인가? 이것이야말로 가장 널리 퍼져 있는 오해다. 만일 그렇다면 우리는 동전 던지기의 네 번째 결과를 예상할 수 있을 것이고 우연의 트릭을 간파할 수 있을 것이다. 하지만 그런 오류를 저지르기에는 카르다노는 너무 노련한 도박꾼이었다. 그래서 '장기적으로'와 '대략'이라는 말을 덧붙였던 것이다.

이 말의 정확한 의미는 그로부터 170년 후 바젤 출신의 수학자 야콥 베르누이가 확률로 개별 사건을 진단할 수는 없다는 말로 설명했다. 확률은 그저 수많은 반복을 거친 결과가 어떻게 될지에 대한 근거를 제공할 뿐이다. 따라서 동전을 100번 던져 54번은 숫자가, 46번은 그림이 나왔다고 해서 101번째 무엇이 나올지를 추측할 수는 없는 노릇이다. 하지만 다시 100번을 더 던진다면 숫자와 그림이 비슷한 비율로 나오게 될 것이라는 가정은 할 수 있다. 던진 횟수가 많아질수록 둘 사이의 차이는 줄어든다. 베르누이는 이 사실을 입증했다. 1000번을 던진 후 결과가 511 대 489였다면 11이라는 차이는 천 번이라는 던진 횟수에 비해 별로 중요하지 않은 숫자인 것이다.

우연의 효과는 돌로 언덕을 쌓는 경우와 비슷하다. 돌덩이 몇 개만 쌓아서는 그럴듯한 형태를 얻을 수 없다. 하지만 돌을 많이 모아 놓으면 가까이에서 보면 여전히 표면이 삐죽삐죽하고 구멍이 뻥뻥 뚫려 있다 해도 멀리서 보면 그런 울퉁불퉁한 것들이 보이지 않고 제법 매끈한 언덕이 생겨날 것이다. 마찬가지로 수많은 개별적인 우연들도 거리를 두고 관찰하면, 즉 수많은 동종의 사건들을 관찰하면 조화로운 전체로 어우러진다.

누군가는 반드시 로또에 당첨된다

자주 시도할수록 더 많은 득점골을 얻게 된다. 베르누이의 이런 통찰은 진부하게 들리지만, 때론 놀랍게 실현된다.

거의 매주 로또 당첨자가 엄청난 당첨금을 타고, 1년에 몇 번 운 좋은 사람들이 잭팟을 터뜨리는 것에 우리는 별로 놀라지 않는다. 그러나 49개의 숫자 중 여섯 개를 정확히 맞히고 보너스 숫자까지 맞힐 확률은 1억 4000만 분의 1이다. 살면서 벼락에 맞을 확률의 14분의 1밖에 안 되는 것이다. 그럼에도 로또에 당첨돼 백만장자가 되는 사람들은 1년에 여러 명 나오는 데 반해 벼락에 맞아 죽는 사람은 거의 없다. 이것은 얼마나 많은 사람이 그 일에 관계되어 있느냐에 달려 있다. 소나기가 올 때 야외로 나가는 사람은 거의 없지만 복권은 매주 수백만 장씩 팔린다. 그래서 여러분이나 내가 잭팟을 터뜨릴 확률은 1억 4000만 분의 1이지만 매주 1,800만 장의 로또 복권이 팔리고, 1년이면 거의 10억 장의 복권이 팔리므로 10억을 1억 4000만으로 나누면 매년 약 7.1명의 1등 당첨자가 나온다는 이야기다. 따라서 1년에 몇 명쯤은 로또로 벼락부자가 된다는 사실을 우리는 당연하게 받아들인다.

오히려 우리는 머리 두 개를 가지고 태어난 기형 송아지를 로또 당첨자보다 더 놀라워한다. 그런 송아지가 태어나면 환경오염 때문이라고 호들갑을 떤다. 평균 1000만 마리 송아지 중 한 마리가 '우연히' 머리를 두 개 가지고 태어난다고 가정해보자. 어떤 농부도 자신의 우리에서 그런 괴물이 태어나리라고는 상상하지 않을 것이다. 그러나 독일에서만 매년 400만 마리 이상의 송아지가 태어나고 유럽연합을 합치면 1000만 마리 이상의 소가 태어난다. 그러므로 머리 둘 달린 소가 태어날 확률이 1000만 분의 1이라면 유럽연합에서는 최소한 1년에 한 마리는 머리 둘 달린 소가 태어날 것이다(태어나는 송아지 1000만 마리×1000만 분의 1=1). 따라서 농부 한 사람 한 사람은 내년에 자기 집에 머리 둘 달린 송아지가 태어나리라는 것에 내기를 걸면 안 되지만 유럽연합의 농림부장관은 그런 내기를 걸어도 될 것이다.

이런 우연의 법칙이 챕터 1에서 소개한 백쇼 부자에게 기쁨의 재회를 가져다주었다. 전혀 접촉점이 없던 특정한 사람을 우연히 만날 확률은 엄청 낮지만 수많은 인구를 고려한다면 그들 중 누군가는 그런 행운을 누리는 것이다. 전 세계 60억 명의 사람들 중에서는 그런 사건이 끊임없이 일어난다고 보아도 좋다. 2001년 8월 9일, 콜린 백쇼와 배리 백쇼는 커다란 복권에 당첨되었던 것이다.

9·11 테러의 희생자들에게도 똑같은 우연의 법칙이 작용했다. 이

불행의 날, 쌍둥이 빌딩에는 약 4만 명의 사람들이 있었다. 그러므로 몇 주 후 뉴욕 퀸스 지역에 추락했던 산타도밍고행 불운의 비행기에 그들 중 한 사람도 타지 않았을 확률은 거의 0에 가깝다. 그러므로 쌍둥이 빌딩에 닥친 불행에서 살아남은 사람 중 몇 명이 사고가 난 비행기에 탑승한 것은 통계적으로 볼 때 전혀 이상한 일이 아니다. 다만 9·11에서 살아남은 사람 중 누가 이런 불행을 당할지 아무도 알 수 없었을 따름이다.

그럼에도 이런 연속적인 비극은 우리에게 충격을 준다. 하지만 만약 이런 이상한 일이 절대 일어나지 않는다면 그것이 오히려 이상할 것이다. 모든 것이 제대로 돌아가고 있는지 의심스러운 일이기 때문이다. 미국의 수학자 존 앨런은 말했다.

"가장 놀라운 우연은 우연한 일이 전혀 일어나지 않는 것이다."

우연의 법칙은 많은 사람에게 믿을 수 없는 일들을 겪게 한다. 그러나 이런 일들이 누구에게 일어날 것인지는 알려주지 않는다. 그리하여 우리는 우연히 그 당사자가 되면 운명을 예감했었노라고 말하며 왜 하필 내게 이런 일이 생기냐고 전율한다. 배리 백쇼와 되찾은 아들은 그들의 재회가 커다란 수의 법칙에 기인한 것이라는 설명에 만족하지 않을 것이다. 하지만 우연에 대한 연구 역시 이런 식의 확률 법칙으로 끝나지 않는다. 그것들은 연구의 서막일 뿐이다.

Chapter 3

신은 주사위 놀이를 하지 않는다고?

물리학 실험실로 둔갑한 카지노

우연은 때때로 기만당한다. 전문 도박꾼 도인 파머는 카지노에서 신발 속에 숨긴 컴퓨터로 우연을 속이려 했고 성공했다. 그리하여 도인 파머와 그 일당은 당시 라스베이거스 카지노에서 장기간에 걸쳐 잃은 돈보다 가져간 돈이 많은 유일한 사람들이 되었다.

파머는 원래 전문 도박꾼이 아니라 우주학자였다. 캘리포니아 연안의 산타크루즈 대학에서 은하의 형성을 연구하던 파머는 연구 외의 시간에는 오토바이를 타거나 하프로 블루스를 연주하거나 여자들과 어울리며 시간을 보냈다. 때는 1975년, 히피 운동이 막바지에 달하던 시절이었다. 아인슈타인의 방정식과 블랙홀이 지루해진 파머는 오토바이를 멕시코에 밀수출하기 시작했다.

그때 한 친구가 포커를 가르쳐준다며 파머를 라스베이거스 카지노로 데리고 갔다. 파머는 이제 '돈이 자유다'라는 모토를 걸고 라스베이거스 카지노에서 호시탐탐 돈 벌 기회를 노렸다. 물론 파머는 모든 룰렛 게임이 하면 할수록 카지노만 좋은 일이라는 것을 알고 있었다. 딜러들은 돈을 잃으면 손실을 만회할 수 있도록 베팅 금액을 올리라고 권하며(유감스럽게도 게이머들은 그전에 거의 파산 상태가 된다), 게이머들은 이전의 결과에서 앞으로의 결과를 유추해보려고 하지만 실패로 돌아가고 만다. 우연이 모든 게임을 결정하기 때문이다. 그리고 그 우연은 과거의 게임 결과와 상관없이 이루어진다. 새로운 게임에는 새로운 행운이 세팅되기 때문이다.

하지만 우연은 어떻게 생겨나는가? 룰렛에서는 구슬과 회전판의 움직임을 통해 결정된다. 파머는 지나간 숫자에 연연하지 않고 구슬과 회전판의 움직임을 관찰해야 한다고 생각했다. 구슬의 경로를 보고 구슬이 어디로 향할지 계산할 수 있다면 적절한 시점에 그 숫자에 베팅하면 되는 것 아닌가. 파머가 배웠던 물리학 속에 포르투나Fortuna, 로마신화에 나오는 행운의 여신의 비밀이 파머가 배웠던 물리학 속에 있을지도 몰랐다.

파머는 비닐 가방에 녹음기를 숨기고 카지노로 출동했다. 그리고 룰렛 구슬이 회전판의 특정 지점을 지날 때 마이크를 두드리고서는 나중에 녹음된 소리와 메모해둔 결과를 비교했다. 그랬더니 실제로 어떤 패턴을 감지할 수 있는 게 아닌가! 카지노에서 성공의 기회를 엿본 파머는 대학을 그만두고 2000달러를 투자하여 룰렛을 샀다. 얼마 후 그의 집은 물리학 실험실로 바뀌었다. 파머의 이야기를 듣고 뽕 간 친구들이 파머의 집에 진을 치고 스스로를 '프로젝터'들이라 부르며 운동방정식과 룰렛 구슬들에 미치는 공기의 마찰을 계산하고 마이크로프로세서 프로그램을 만드는 데 몰두했다. 파머 일당은 곧 자유의 날이 오리라 믿었다. 라스베이거스의 돈이 그들의 머리 위로 비 오듯 쏟아지고 모두가 엄청난 배당금을 따게 될 것이라고 확신했다.

돌아가는 회전판 위로 구슬을 던지면 구슬은 매우 규칙적으로 회전판 위쪽 가장자리에서 회전한다. 하지만 공기 저항이 구슬에 제동을 걸기 때문에 구슬은 점점 중심 쪽으로 떨어지고 딜러는 '베팅 중지'를 선언한다. 이제 비로소 우연이 작용하기 시작한다. 구슬은 회전판 가장자리의 마름모꼴 모양 중 하나에 부딪힌 다음 몇 번 이리저리 튕기다가 결국 38개 숫자 칸 중 하나에 떨어진다.

그러나 구슬은 그렇게 규칙 없이 움직이지 않는다. 파머는 성공의 열쇠를 일찌감치 발견했다. 구슬이 맨 처음 어떤 마름모꼴에 부딪히는지 알 수 있다면 구슬이 최소한 어떤 칸에는 떨어지지 않을 거라고 예측할 수 있다. 그런데 구슬은 이 순간까지 동일하게 운동하기 때문에 구슬의 속도와 공기의 저항을 알면 구슬이 맨 처음 어떤 마름모꼴에 부딪힐지 쉽게 계산할 수 있다. 그리고 나서 구슬이 어떤 칸에 떨어질지 예측하려면 구슬의 회전 속도만 알면 된다. 얼마 동안의 실험을 거친 뒤 파머는 축구 전문가가 공이 날아오는 경로를 보고 사이드슛이 어디에 떨어질지 알 수 있는 것처럼 구슬의 경로를 꽤 정확하게 예언할 수 있었다.

하지만 카지노는 실험실이 아니었다. 카지노에 구슬의 경로를 알기 위한 측정기와 컴퓨터를 밀고 들어갈 수는 없는 노릇이었다.

그리하여 남자는 엉덩이 밑에, 여자는 가슴에 컴퓨터를 감출 수 있는 옷을 재단하였다. 그런 다음 발로 컴퓨터를 터치할 수 있도록 연습하고 몸에 전선을 연결했다. 카지노를 돌파하려면 팀워크도 필요했다. 그리하여 카지노에서 파머 일당의 컴퓨터는 숨겨진 안테나를 통해 무선 교신을 할 수 있었고 피부에 약한 전기 충격을 줌으로써 그 예측 결과를 알렸다. 결함이 있는 컴퓨터가 한 여자 프로젝터의 가슴에 부상을 입히는 일이 발생하자 파머는 기계의 크기를 계속 줄여 구두창 안에 장착시켰다. 마이크로 컴퓨터 초기에 그것은 정말 걸출한 기술적 업적이 아닐 수 없었다.

1978년 초 파머 일당은 라스베이거스에서 시스템 활용에 들어갔다. 그러나 몇 번 시험 가동을 해보고 기술적인 결함을 제어하기 위해 수시로 화장실을 드나드는 바람에 파머 앞에는 칩이 산처럼 쌓이기 시작했다. 게다가 기계가 장난을 쳐서 파머는 계속 벌에 쏘인 것처럼 의자에서 튀어 일어나야 했다. 딜러는 미심쩍은 눈길로 파머를 쳐다보았다. 파머는 멕시코 여행에서 얻은 설사병으로 고생하고 있다고 둘러대어 가까스로 딜러의 의심을 잠재웠다. 그리고 네 시간 후 파머가 돌격을 멈추었을 때 컴퓨터는 땀에 푹 절어 있었다.

그 후 몇 년간 프로젝터들은 수천 달러를 벌어들였다. 그들은 평균적으로 1달러를 베팅하여 1.40달러를 되가져왔다. 미국 룰렛 게이머들이 평균적으로 1달러 베팅에 95센트만을 되찾는 것을 고려하면 그들의 이익은 엄청난 것이었다.

그럼에도 파머 일당은 부자가 되지는 못했다. 기계가 계속 고장 나는 바람에 종종 엄청난 금액을 잡아먹었기 때문이다. 그리하여 팀은 해체되고 프로젝터들은 꿈꾸던 자유를 누리는 대신 다시 일자리를 찾아야 했다. 하지만 파머와 그 친구들이 이 일을 통해 남긴 업적은 빛났다. 그들은 오늘날까지 룰렛의 우연을 꿰뚫어 보기 위해 유일하게 활용 가능한 시스템을 고안했을 뿐 아니라 의도하지 않게 카오스 연구의 선구자들이 되었다.

이런 일이 알려지자 카지노는 마지막 순간에 베팅하는 게이머들을 내쫓았다. 파머 일당들은 매번 컴퓨터가 계산을 끝내는 마지막 시점에 베팅했기 때문이다. 게다가 네바다 주에서는 카지노에 컴퓨터를 투입하는 것을 엄격하게 금지하는 법안이 통과되었다.

그러나 파머는 오늘날에도 이와 비슷한 노하우를 활용하여 돈을 벌고 있다. 파머는 히피 생활과 작별을 고하고 교수 자리를 얻었으며 산타페에 '프리딕션 컴퍼니The Prediction Company'라는 기업을 설립했다. 150명의 직원을 거느린 이 회사는 오늘날 스위스 유명 은행의 수백만 달러를 증시에서 굴리며 돈을 벌어들이고 있다. 컴퓨터로 조종되는 투자가 어떻게 이루어지고 얼마나 이윤을 내는지에 대해 파머는 일절 침묵하고 있다. 하지만 스위스 은행은 계약을 이미 두 번이나 연장했다고 한다.

우연이 존재하지 않는 뉴턴의 세계

파머 일당은 그들의 기술로 돈을 벌었지만 부자가 되지는 못했다. 왜 그랬을까? 그리고 우연은 카지노 같은 인공적인 세계가 아닌 일상을 얼마만큼이나 지배하는 것일까?

파머의 승리는 300년 전 인간 인식의 새로운 시대를 열었던 물리학의 승리였다. 정원에서 사과가 머리에 떨어졌을 때 농부의 아들 아이작 뉴턴은 하늘과 땅에 똑같은 자연 법칙이 통용되는 건 아닐까 의심했다. 그렇다면 천체를 운행하는 힘과 사과를 떨어뜨리는 힘은(룰렛 회전판 위에서 구슬을 회전시키는 힘도) 같을 거라고, 일상에 존재하는 모든 사물의 역학은 정확하게 예측할 수 있으며 이것들은 해와 달이 뜨고 지는 것처럼 우연한 일이 아닐 거라고 말이다.

하늘과 땅에 똑같은 법칙이 적용된다니. 이것은 1666년의 학계에서는 전대미문의 생각이었다. 요즘의 잣대로 보면 문외한이나 다름없었던 당대의 학자들은 아리스토텔레스의 견해를 신봉하고 있었다. 그리스의 위대한 철학자 아리스토텔레스와 그의 신봉자들은 천체의 영원한 운행은 예견할 수 있고 계산도 가능하지만 이 땅에는 다른 법칙이 통용된다고 보았다. 지상은 외부적인 힘의 영향을 별로 받지 않으며 각각의 만물에 내재한 충동을 따르는 것이라고 말이다. 이 세계관에 따르면 사과는 중력에 이끌려서 땅에 떨어지는 것이 아니라 가을에는 사과가 땅에 속한 것이기에 땅에 떨어진다. 오늘날의 우리는 과거 학자들의 이런 터무니없는 생각에 코웃음을 친다. 그러면서도 실생활에서 만나는 많은 문제에서는 아직도 그 시대와 비슷하게 생각한다. 가령 룰렛에서 세 번 연이어 빨간색이 나왔다는 이유로 이번에는 드디어 검은색이 나올 것이라는 기대 속에는 사물이 저절로 질서를 지킬 것이라는 깊은 믿음이 깃들어 있다.

그러나 뉴턴의 세계에서 이런 생각은 끼어들 자리가 없었다. 수

많은 실험이 뉴턴의 운동 법칙을 확인했고 뉴턴을 현대 물리학의 아버지로 만들었다. 뉴턴에 따르면 '힘'만이 사물을 변화시킬 수 있다. 사과가 나무에서 떨어지고, 발사된 대포알이 도시로 떨어지는 것은 중력이 작용하기 때문이다. 로켓은 추진력에 의해 속도를 얻는다. 힘이 작용하지 않으면 아무것도 변하지 않는다. 질량은 관성이 있기 때문이다.

뉴턴의 세계는 시계의 기계 장치와 같다. 그곳에서는 우연이란 존재하지 않으며 따라서 알 수 없는 운명도 존재하지 않는다. 방정식이 모든 물체의 운동을 결정한다. 사물의 현재 상태와 그에 작용하는 갖가지 힘을 안다면 미래를 예측할 수 있다. 룰렛 구슬의 경로든 아니면 3004년 10월 26일에 달이 지는 것이든 말이다.

이런 생각이 얼마나 혁명적인지는 뉴턴의 동시대인들도 잘 알고 있었다. 그리하여 프랑스의 수학자 조제프루이 라그랑주는 뉴턴의 물리학을 인간 정신의 가장 위대한 산물로 받아들였으며, 사회 전반에서 세계가 논리적이라는 가르침을 열광적으로 수용했다. 프랑스에서는 볼테르가 뉴턴에 대한 대중적인 책을 써서 학술 작가로 성공을 거두었고 이탈리아에서는 『여성을 위한 뉴터니즘 Il Newtonianismo Per Le Dame』이라는 책이 불티나게 팔렸다. 영국의 아이들은 『뉴턴의 세계 Newtons System der Welt』라는 책을 선물로 받았다.

그러자 이제 물리학 법칙뿐 아니라 인생의 법칙도 알 수 있다는 낙천주의가 확산되기 시작했다. 뉴턴의 학설은 더불어 사는 사회생활 역시 예측이 가능할 것이라는 희망을 안겨주었다. 그리하여 뉴턴 스타일의 인간관계 맺기와 뉴턴에 근거한 국가 경영을 소개하는 책들이 출판되었다. 스코틀랜드의 철학자 데이비드 흄은 1748년 뉴턴의 결정주의를 인간 행동에 적용하였다. 다른 철학자들 역시 사회를 뉴턴 역학처럼 정돈하고자 사회생활에서 일반적으로 통용되는 규칙을 발견하고자 애썼다. 이른바 사회물리학의 탄생이었다. 천문학자 피에르시몽 드 라플라스가 뉴턴의 천체 역학에 관한 방대한 저작을 발표했을 때 나폴레옹은 왜 이런 방대한 글에서 우주의 저작권자인 신에 대한 언급이 한마디도 나오지 않느냐고 물었다. 그러자 라플라스는 이렇게 대답했다.

"폐하, 이제 그런 가설은 필요가 없습니다."

라플라스의 악마도 못 당하는 것

나폴레옹 시대에 잠시 내무부장관을 지냈던 라플라스는 뉴턴적인 세계에서는 모든 것이 미리 정해져 있다고 확신했던 사람이었다. 라플라스는 이렇게 말했다.

"모든 데이터를 분석할 만큼 포괄적이고 완벽한 지성은 그렇게 할 수 있을 것이다. 그런 완벽한 지성의 눈에는 불확실한 것은 아무것도 없으며 미래는 과거처럼 눈앞에 생생하게 펼쳐질 것이다. 인간의 이성은 이런 완벽한 지성의 희미한 그림자다."

사람들은 라플라스가 상정한 이런 초자연적인 지성을 '라플라스의 악마'라고 불렀다. 라플라스에 의하면 우연은 존재하지 않는다. 모든 역학은 단순한 법칙에 복종할 뿐이다. 그래서 진화이론가인 카를 지그문트는 라플라스의 악마는 "한 장의 스틸사진을 보고 우주 전체의 역사를 유추해낼 것"이라고 말했다.

이런 견해에 의하면 우리가 예기치 못한 일을 경험하는 이유는 우리의 지성이 모든 개별적인 것 속에서 세계의 계획을 이해할 만큼 '포괄적이지' 못하기 때문이다. 라플라스는 정계에 입문해서도 지나치게 분석적인 태도로 일관했던 것이 틀림없다. 그리하여 나폴레옹은 그의 참기 힘든 꼼꼼함에 대해 한탄하며 6주 만에 내무부장관을 갈아치웠다. "라플라스는 뭐 하나 그냥 넘어가는 법이 없고…… 행정 업무를 하면서도 너무 지나치게 꼼꼼하게 따졌다."

라플라스도 자신이 꿈꿨던, 모든 것을 다 아는 악마의 지성이 어떤 어려움에 봉착하게 될 것인지를 알았다. 아무리 슈퍼 뇌라도 '모든 데이터를 분석하는 것'은 쉽지 않다는 것을 말이다. 구두 속에 숨긴 컴퓨터로 백만장자를 꿈꾸었던 도인 파머와 그의 친구들을 좌절시킨 것도 바로 그런 점이었다.

라스베이거스의 룰렛 구슬은 뉴턴의 법칙에 따라 구르고 튀므로 원칙적으로는 구슬의 경로를 정확하게 예측하는 것이 가능하다. 하지만 구슬이 어떤 숫자 칸에 들어갈 것인지를 예측하기 위해서는 구슬이 처음에 어디에서 얼마만큼 빨리 회전하는지를 초자연적인 정확성으로 알아내야 했다. 구슬이 첫 번째 마름모꼴에 부딪혀 중심으로 튀어 들어갔다가 다시 다른 마름모꼴에 부딪히고 하다 보면 측정의 아주 작은 오차도(마치 입 모양만 보고 말을 전달하는 게임에서 작은 오해가 곧이어 엉뚱한 메시지로 발전하는 것처럼) 나중에는 걷잡을 수 없이 커지게 마련이었다. 그리하여 구슬이 마름모꼴에 부딪힐 때 측정에서 0.1밀리미터의 오차만 생긴다 해도 구슬은 전혀 다른 각도로 튀어나가고 구슬이 회전판 내부의 경사 부분을 올라갔다가 다시 마름모꼴로 질주할 즈음이면 이런 오차는 몇 배로 늘어난다.

어떻게 한 치도 어긋나지 않게 구슬을 추적한단 말인가? 파머 일당들은 이런 어려움을 알았기에 꼭 집어 하나의 숫자에 걸기보다는 대충 숫자판 이쪽에 떨어질 거라고 예상하는 데 만족해야 했다. 물론 그것만으로도 아무 숫자나 찍는 다른 게이머들에 비하면 엄청나게 유리한 고지에 서 있었다. 하지만 이런 예측에도 실수가 있었다. 그리하여 종종 모종의 부정확성이 끼어들면 구슬은 예측한 곳으로 떨어지지 않았고, 구두창 밑 컴퓨터의 계산은 무용지물이 되었다.

그러므로 어떤 시스템이 법칙을 따르고 우리가 그 법칙을 정확히 안다고 해도 그 시스템의 행동을 아무 때나 정확히 예언할 수 있는 것은 아니다. 우리의 시선은 그리 예리하지 않고 그럴 수도 없기 때문이다. 지식이 언제나 인식에 이르게 하는 것은 아니다. 뉴턴 이후의 낙천적인 지식인들에게 이런 통찰은 커다란 충격이었다.

구두 속의 컴퓨터로 무장한 파머와 그의 친구들은 지식을 가진 자들에 속했다. 그들의 도전은 수년 후 '결정론적인 카오스'라고 대서특필되었다. 결정론적인 카오스! 그렇다. 한편으로 일은 자연 법칙에 의해 예정된 대로 진행된다. 따라서 결정론적이다. 하지만 그럼에도 정확하게 예측할 수 없으므로 우리는 그것을 카오스로 경험한다. 파머 일당이 그래도 대충 맞는 예측을 하여 돈을 딸 수 있었던 것은 룰렛 구슬이 튀는 횟수가 그나마 몇 번 정도에 불과하기 때문이었다.

구슬이 부딪히는 횟수가 많을수록 예측은 더욱 힘들고 불확실성은 더욱 배가된다. 그리하여 구슬의 경로가 어떤 법칙을 따르는 게 분명할지라도 구슬의 경로는 우연에 의해 결정되는 것이나 마찬가지가 된다. 우리의 지식이 불완전하기 때문이다.

지수적으로 불어나는 부정확성

인도의 수학자 세타는 체스 게임을 고안한 발명가이다. 왕은 체스 게임이 너무 재밌었던 나머지 그에게 선물을 내리기로 했다. 그는 왕에게 선물로 체스판 64개의 칸에 쌀을 채워 달라 청하며, 처음 칸에 쌀알을 하나 놓고 한 칸 한 칸 가면서 앞 칸보다 두 배의 쌀알을 놓아 그 개수만큼 받기를 원했다. 두 번째 칸에는 쌀알 두 개(2^1), 세 번째 칸에는 네 개(2^2), 네 번째 칸에는 여덟 개(2^3)……. 왕은 처음에 이렇게 보잘것없는 것을 바라는 현자를 우습게 생각했다.

그러나 나중에는 자신이 체스판을 절대로 다 채우지 못할 것이라는 사실을 깨달았다. 계산기를 잠깐 두드려보면 알 수 있듯이 계속 제곱을 해가면 숫자는 금방 불어난다. 그리하여 체스판의 절반인 32번째 칸에 이르면 왕은 총 40억 개 이상의 쌀알을 내놓아야 한다. 그리고 체스판의 마지막, 즉 64번째 칸에 이르면 2^{63}개, 즉 10^{19}이라는 엄청난 수에 도달한다. 이것은 10억 개가 100억 개 있는 것이다.

화물차에 싣는다고 해도 그 쌀을 모두 실은 행렬은 지구에서 태양까지 이를 정도다.

이렇게 불어나는 것을 수학 용어로 '지수적 성장'이라고 한다. 눈덩이 효과라고도 한다. 작은 눈덩이를 굴리다 보면 금방 눈사태를 일으킬 정도로 커다랗게 불어난다는 의미다. 이자로 돈이 불어나는 것도 이런 법칙을 따른다(물론 눈덩이처럼 빨리 불어나는 경우는 극히 드물지만 말이다). 그리고 쉽게 잡지 못하는 전염병도 시간이 가면서 지수적으로 감염자를 불려 나간다.

모든 일이 무작위로 일어나는 카오스적인 시스템에서도 이런 현상이 잦다. 룰렛 구슬이 튀거나 당구공이 부딪힐 때 초기의 불확실성은 지수적인 원칙에 의거하여 폭발적으로 증가한다. 그리하여 현자의 체스판에서 쌀알이 점점 빨리 불어나듯이 부정확성도 매초 배가적으로 증가한다.

그래서 가장 좋은 컴퓨터와 측정기를 동원한다 해도 아주 짧은 시간이라면 모를까 시스템의 개별적인 부분의 역학을 예언하는 것은 실제로 불가능하다. 정밀한 예측에 요구되는 측정과 계산의 정확성이 매초 지수적으로 상승하기 때문이다.

부정확성이 매초 배가된다고 할 때 1초 후가 아닌 2초 후 시스템의 행동을 예언하려면 계산은 네 배 더 정확해져야 한다. 그리고 1분 뒤를 예측하기 위해서는 계산은 10^{18}만큼 더 정확해야 한다. 너무나 빠르게 상상할 수 없을 만큼 그리고 정확하게 측정하고 계산해야 하는 상황에 이르는 것이다.

더 정확해야 한다는 것은 컴퓨터의 계산과정이 더 늘어나야 함을 의미하고 그러면 자연히 시간도 더 오래 걸린다. 그러므로 부정확성이 지수적으로 불어나는 상황에서 꽤 긴 시간 뒤를 예측하려면 오늘날 가장 성능 좋은 컴퓨터를 동원해도 몇십억 년이 걸리는 작업이 될 것이다. 그러면 예언 자체가 불가능해진다. 예언하려는 현상이 이미 오래전에 종료된 뒤일 것이기 때문이다. 대부분의 시스템은 따라잡을 수 없을 만큼 빠른 컴퓨터라 할 수 있다. 그러므로 우리가 그 경로를 계산해서 그 시스템을 따라잡고 시스템의 행동을 예언할 수 있는 길은 없다. 그렇게 할 수 있을 때만 우연을 지배할 수 있을 텐데 말이다.

미래에 기술이 아무리 발달해도 이런 상황은 그다지 개선되지 못할 것이다. 컴퓨터의 속도는 물리적 한계가 있어 무한정 빨라질 수 없기 때문이다. 라플라스의 악마는 당구공이 잠시 후 어느 지점에 있게 될 것인가를 계산하는 것만으로도 엄청나게 뛰어난 지능을 소유해야 할 것이다. 아무리 컴퓨터로 무장해보았자 이런 일은 인간 이성의 능력 밖에 있다.

그런데 실생활에서는 물리학에서보다 더 많은 영향이 작용한다. 더 먼 미래일수록 더 많은 우연에 대비해야 한다. 하늘을 쳐다보면 다음 몇 시간 동안의 날씨가 어떨지 예측할 수 있다. 하지만 세계사에 대한 노스트라다무스의 예언에 대해서는 그가 죽은 지 수백 년이 지난 후에도 아무도 확실히 말할 수 없다.

아인슈타인의 당구

잠깐 보기만 해도 물리학에서 가장 간단한 시스템조차 예측이 불가능하다는 것을 알 수 있다. 다음은 아인슈타인이 든 예다.

a) 일단 한 번 맞아서 두 개의 쿠션 사이에서 이리저리 왔다 갔다 하는 당구공을 생각해보라.

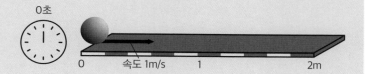

b) 속도를 정확히 안다면 당구공이 잠시 후 어디에 위치할 것인지 예측할 수 있다. 당구공이 가는 길은 '속도×지나간 시간'에 해당하기 때문이다. 따라서 당구공이 1초에 1m 전진한다면 1초 후에는 1m만큼 가 있을 것이다.

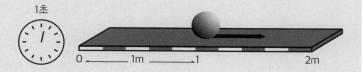

c) 그러나 완벽한 스톱워치도 없고 또 우리가 정확하게 스톱워치를 누를 수 없기 때문에 속도를 재는 데 오차가 생길 수밖에 없다.

d) 이런 부정확성은 시간이 지나면서 증가한다. 오차가 일반적인 스톱워치의 측정 최대치인 초당 1/10m에 불과하다 해도 1초 후의 장소의 불확실성은 10cm가 된다. 따라서 공은 선으로 표시된 부분 중의 어딘가에 위치할 것이다.

1초

0 | 10m | 2m
장소의 불확실성의 범위

e) 3초가 지나면 불확실성은 3배, 즉 30cm로 증가한다. 공이 그동안에 쿠션에 부딪혔으므로 운동 방향이 바뀌었다.

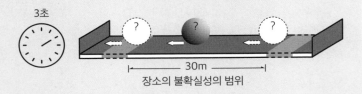

3초

| 30m |
장소의 불확실성의 범위

f) 20초 후 불확실성은 2m에 달하고 그것은 당구대 전체의 넓이에 해당한다. 따라서 초기 측정의 오류는 눈덩이처럼 불어나 우리의 계산으로는 공이 어디에 위치할지 도무지 예측할 수 없다. 따라서 20초 동안 눈을 감았다 뜬 뒤 당구대를 보면 공의 위치는 완전히 우연한 것으로 보일 수밖에 없다.

20초

0 1 2m
| 장소의 불확실성의 범위= 2m |

신의 손에는 주사위가 있는가

그러므로 모든 일이 법칙에 따라 진행되고 있다 해도, 우리가 그 일들을 예언할 수 없는 것은 전혀 모순이 아니다. 그렇다면 미래는 우리가 읽을 수 없도록 계획되어 있는 것일까? 삶은 인간이 파악할 수 없는 운명을 따르고, 라플라스의 악마의 능력을 지닌 초인적 존재만이 세계의 흐름을 내다볼 수 있는 것일까?

이런 의견은 형이상학적 결정론의 입장이다. 형이상학적 결정론에 따르면 세계의 흐름은 법칙에 의해 정해져 있으므로 우연은 없고 필연만이 존재한다. 모든 자연의 변화와 인간의 선택은 미리 정해져 있으며, 2012년 바덴바덴 카지노에서의 첫 번째 룰렛 게임에서 구슬이 어떤 숫자로 떨어질지도 이미 정해져 있는 것이다. 그해의 크리스마스이브를 누구와 어떻게 보낼지도 말이다. 자유는 환상에 불과하다. 그러나 이런 결정은 우리의 경험과 사고로는 접근할 수 없기에 '형이상학적인'이라는 수식어가 붙는다.

이런 이론은 논리적이지만 검증될 수 없는 성질의 것이기 때문에 맞다, 틀리다 말할 수 없다. 어떤 이론을 검증하려면 그 이론에서 출발한 예측이 현실과 일치하는지를 점검해야 한다. 만약 현실과 맞지 않으면 우리는 그 이론을 폐기하고, 현실과 일치하면 그 이론을 받아들이거나 아니면 더 나은 테스트로 검증한다. 하지만 형이상학적 결정론에서는 이런 테스트가 불가능하다. 제한된 이성을 가진 인간들로서는 그 이론에서 출발한 어떤 예측도 할 수 없기 때문이다. 그리하여 결코 알 수는 없지만 모든 것을 결정하는 운명을 믿느냐,

우리의 무지로 인해 예측할 수 없는 것을 우연이라 부르느냐 하는 것은 각자 개인의 취향에 달린 일이다.

20세기의 가장 위대한 물리학자 알베르트 아인슈타인은 우연을 거부했다. 아인슈타인은 결정론자였다. "신은 주사위 놀이를 하지 않는다"는 것이 아인슈타인의 신조였고 이로써 아인슈타인은 당대를 선도하는 양자물리학자들과 대립적인 위치에 있었다. 하지만 아인슈타인의 생각은 이미 모든 것이 예정되어 있다고 생각하는 사람이 논리적으로 어떤 어려움에 처할 수 있는지를 보여준다. 우연을 인간의 무지에서 비롯된 허상으로 여기는 사람은 시간에 대해 생각해보아야 한다. 모든 것이 미리 결정되어 있다면 더 높은 지성은 그것을 예견할 수 있을 것이며, 오늘날 벌써 모든 지식을 소유하고 있을 것이다. 그렇다면 이런 의미에서 모든 미래는 미래가 아니라 과거가 되지 않는가?

시간에 '공간의 네 번째 차원'이라는 지위를 부여했던 아인슈타인은 바로 그런 생각이었던 듯하다. 죽기 한 달 전인 1955년 3월, 아인슈타인은 친구의 상을 당했고 그 친구의 가족들에게 보내는 애도의 편지에서 "과거와 현재와 미래를 구분하는 것은…… 오랜 환상일 뿐"이라고 썼다. 아인슈타인의 사고 자체는 무리가 없지만 그런 생각은 우리가 일상에서 느끼는 느낌과는 동떨어져 있다.

무질서의 탄생과 확산

미래가 현재와 어떻게 구별되는지는 아마도 여러분의 책상을 한 번 쳐다보기만 해도 알 수 있다. 내가 지금 책상을 말끔히 정리해놓을 지라도 장담하건대 며칠 뒤에는 다시 뒤죽박죽 상태가 될 것이다. 왜 이렇게 무지막지한 카오스의 행진이 이루어지는 것일까? 그것이 자연 법칙일까, 아니면 그 안에서 미래에 대한 인간의 무지가 드러나는 것일까?

사실 질서와 무질서는 더 높은 관찰자의 시각으로만 인식될 수 있다. 책상 위에 놓인 서류에 이런 개념은 의미가 없다. 홀로 놓여 있든지, 두 개의 빈 찻잔 사이에 놓여 있든지, 아니면 우연히 처리되지 않은 세금신고서 사이에 끼어 있든지 서류에게는 상관이 없다. 그러나 나한테는 그렇지 않다. 그러므로 서류가 아닌 인간처럼 책상 위의 물건들을 일목요연하게 정리해보려고 할 때만이(또는 카오스 안에서 헛되이 그것을 시도할 때만이) 질서와 무질서를 이야기할 수 있다.

그러나 유감스럽게도 정리된 상태보다 뒤죽박죽인 상태를 만들 가능성이 훨씬 크다. 그리고 바로 여기에 우연이 작용한다. 발신인이 서로 다른 열 통의 편지를 가지고 있는데, 그 편지를 알렉산더 Alexander에서 차카리아스 Zacharias까지 발신인의 이름에 따라 알파벳 순서로 쌓는다고 하자. 한 사람이 한 통씩만 보냈다는 가정하에 알파벳 순서로 편지를 쌓는 방법은 단 한 가지다. 그에 반해 알파벳 순서와 무관하게 편지를 쌓는 방법은 훨씬 많다. 열 통의 편지를 쌓아놓

을 방법은 무려 3,628,800가지나 된다.[2]

알파벳 순서로 쌓아놓은 편지 더미에서 한 번은 이 편지를, 또 한 번은 저 편지를 꺼내어 읽고 아무렇게나 다시 꽂아둠으로써 무질서가 탄생한다. 그리하여 우리는 편지가 어떤 순서로 배열되어 있는지 더는 알지 못하게 된다. 그럴 때 저절로 처음의 알파벳 순서의 배열로 돌아가는 것이 가능할까? 거의 불가능하다. 3,628,800가지의 배열 중 단 한 가지만이 알파벳 순서를 따른다. 그러므로 알파벳 순서대로 저절로 배열될 확률은 3,628,800분의 1, 즉 0에 가깝다고 할 수 있다. 어떤 부가적인 행동을 한 것도 없는데 단지 부주의 때문에 알파벳 순서로 정리된 편지에 무질서가 확산하는 것이다.

그리하여 이제 우리가 맨 아래 놓인 편지를 꺼내면 그것은 아마도 Z로 시작하는 차카리아스의 편지가 아니라 다른 편지일 것이다. 이제 편지의 배열은 우리 눈에 완전히 우연하게 보인다. 그러나 거기에서 드러나는 것은 우리 지식의 제한성일 뿐, 더 높은 지능은 아마도 순서의 변화를 파악할 수 있을 것이다. 하긴 단 열 통의 편지라면 인간의 뇌로도 파악이 가능할지도 모른다. 그러나 우리에게는 이런 인식이 가능하지 않으므로 우리는 그 속에서 우연을 보는 것이다.

---

2   한 편지는 다른 편지 바로 다음에 있게 된다. 그러므로 첫 번째 자리에는 10통 중의 한 통이 놓일 수 있고 두 번째 자리에는 9통이, 세 번째는 8통이, 네 번째는 7통이 놓일 수 있으며, 이런 식으로 계속된다. 그리하여 편지는 총 10×9×8×7×6×5×4×3×2×1가지의 방법으로 배열할 수 있다. 이것을 계산기로 계산해보면 3,628,800이라는 숫자가 나온다.

엔트로피, 무질서의 법칙

인간의 무지는 심지어 측정할 수도 있다. 앞서 편지가 뒤죽박죽되는 경우 우리의 무지는 정확히 3,628,800배 불어난다. 처음에 우리는 편지 더미가 단 한 가지의 상태, 즉 알파벳 순서로 쌓여 있다는 걸 알지만 나중에 이 편지는 360여만 가지 중의 한 상태가 된다. 우리는 편지가 어떻게 배열되어 있는지 모른다. 무질서는 늘어났고 그에 따라 우리의 무지도 커졌다.

이런 과정은 어디에서나 볼 수 있다. 커피에 우유를 탈 때 우유 단백질 분자들은 처음에 한데 모여 있다. 이때 우리는 아직까지 찻잔 속의 상태에 대해 잘 알고 있다. 한쪽은 검은 커피요, 다른 한쪽은 흰 우유다. 하지만 커피는 곧 밝은 갈색으로 변하고 우유는 모든 방향으로 퍼진다. 이제 우유 분자의 위치를 알아내거나 우유를 커피에서 다시 분리해내려는 시도는 뒤죽박죽이 된 편지에서 자신이 원하는 편지를 골라내려고 하는 것만큼이나 의미가 없는 일이다. 우리는 시스템에 대한 지식을 잃어버린 것이다.

성능 좋은 현미경으로 우유 분자들의 길을 추적한다고 해도 우리는 곧 룰렛 구슬의 위치를 예측하려는 물리학자와 같은 상황에 처하고 만다. 초기의 조건이 조금만 달라져도 그것은 곧 강한 영향력을 행사하여 우리의 예측은 금방 효력이 없어진다. 모든 분자가 룰렛 구슬처럼 뉴턴의 방정식을 따를지라도, 즉 아주 결정적으로 행동할지라도 말이다.

원한다면 우리는 현미경을 활용하여 그 시스템이 취할 수 있는 상태의 수를 확인할 수 있을 것이다. 우유와 커피가 서로 완벽하게 분리되어 있을 때 취할 수 있는 상태는 몇 가지뿐이다. 알파벳 순서로 배열한 편지 더미에서 페트라의 편지가 파울과 피아의 편지 사이에 존재하는 것처럼 모든 분자는 같은 종류의 분자들 가까이에 있을 것이기 때문이다. 그에 반해 무질서가 지배할 때, 즉 우유와 커피가 서로 뒤죽박죽 소용돌이치고 있을 때는 아주 많은 상태가 가능하다. 물리학자들은 이런 상태를 무지無知, 혹은 엔트로피라 부른다. 우리가 시스템에 대해 무지할수록, 그리하여 그 시스템에서 일어나는 일들이 우리에게 우연하게 다가올수록 엔트로피는 더 증가한다. 기술에서 엔트로피의 양은 굉장한 의미가 있으므로 모든 엔지니어가 엔트로피에 대항해 싸운다.

물론 우리는 이런 것에 대해 정확히 알고 싶어 하지 않으므로 현미경을 동원하는 대신 대충 그렇다는 것을 아는 데 만족할 것이다. 우리에게 중요한 사실은 커피의 색깔이 검정에서 밝은 갈색으로 바뀌었다는 것, 즉 우유와 커피가 완전히 뒤섞여서 맛있는 밀크커피가 되었다는 것이다. 무질서, 즉 완전한 확산diffusion의 상태는 우리가 무척 바라는 상태다. 그러나 언제 어디서나 이런 상태가 되리라는 것을 확신해도 좋을까?

이 질문에 대한 대답은 루트비히 볼츠만이 제시했다. 오스트리아의 물리학자 볼츠만은 28세 때 자연의 모든 과정이 예측 가능하다는 생각과 결별을 선언했다. 그는 1872년 빈 왕립아카데미에 제출한 기체 분자의 '열적 평형'에 관한 논문에서 인간의 존재 영역뿐 아니라 물리학의 모든 영역에서(당시 그 존재가 확실히 규명되지 않았던 원자에서 사회생활에 이르기까지) 무지와 무질서가 중요한 역할을 한다는 이론을 피력했다.

이 주장으로 볼츠만은 당시 학계에서 강력한 비판을 받았고 값비싼 대가를 지불했다. 동료들과의 마찰은 그렇지 않아도 우울과 혼돈스런 삶을 살았던 이 천재 물리학자를 더욱 자기 회의로 몰아넣었다. 그리하여 볼츠만은 여러 차례 노벨상에 추천되었지만 결국 한 번도 수상하지 못한 채 생애 마지막 20년 동안 거주지와 대학을 빈번하게 바꾸다가 1906년 트리에스트의 두이노 성에서 목을 매어 자살하고 말았다.

볼츠만은 당시 모든 전문가가 알고 있던 룰렛 게임에서의 우연의 법칙이 모든 곳에서 적용된다는 것을 파악했다. 룰렛 게임에서 우리는 구슬이 언제 빨간색, 검은색에 떨어질지 알지 못한다. 그러나 게임을 계속 반복하다 보면 빨간색과 검은색에 떨어지는 비율이 상당히 균형을 이룬다는 것을 알게 된다. 따라서 우리는 룰렛 게임에 대해 일반적인 진술을 할 수 있다. 카지노에서 하루 저녁 내내 빨간 숫자만 나오는 경우는 완전히 배제할 수는 없지만 극히 드물다고 말이다.

커피잔(또는 쌓아놓은 편지)에서도 마찬가지다. 우리는 우유와 커피의 각 분자가 어떻게 움직이는지 정확하게 계산할 수는 없다. 하지만 상위적인 시각에서 커피가 금방 균일하게 밝은 갈색을 띨 거라는 사실은 잘 알고 있다. 룰렛의 경우 확률의 법칙을 알기 위해서는 연속적으로 게임을 아주 많이 해야 한다. 결과의 확산은 시간이 흐르면서 비로소 나타난다. 그에 반해 커피 색깔은 수많은 분자의 운동을 통해 동시적으로 확인된다. 마치 단번에 룰렛 게임을 아주 많이 한 것처럼 말이다.

그리하여 룰렛 게임에서는 하루 저녁을 보내도 빨간 숫자와 검은 숫자가 나오는 비율이 완전히 균형을 이루기가 힘들지만, 커피잔에서는 우유의 형태가 금방 사라져버리고 커피와 완전히 섞이어, 찻잔에는 최대한의 무질서가 지배하게 된다.

바로 이것이 볼츠만이 발견한 열역학 제2법칙이 말하는 것이다. 무질서(혹은 엔트로피)는 항상 증가한다. 커피에 우유가 확산되는 것도, 마치 유령이 조종하는 것처럼 시간이 갈수록 책상이 뒤죽박죽되는 것도 마찬가지다. 우연은 자신의 법칙을 따른다.

결국, 언제나 우연이 승리한다

우리는 놀랄 정도로 '적은' 카오스에 둘러싸여 살아간다. 우리의 신체는 몇십억 개 분자의 투입하에 최고로 섬세한 생명 과정의 균형을 이룬다. 우리가 사는 도시에서는 수만 명의 사람이 그런대로 질서 있게 더불어 살아간다.

볼츠만에 따르면 자연은 커피잔에서 우유와 커피가 뒤죽박죽되는 것처럼 무질서를 향한 충동을 가지고 있다. 그렇다면 어떻게 세계는 40억 년 동안 카오스에 빠지지 않고 유지되어온 것일까? 그것은 바로 우리가 질서라는 아주 예외적인 상태를 유지하기 위해 지속적으로 에너지를 투입하고 있기 때문이다. 우리는 책상을 치운다

(그것은 노동, 즉 에너지가 소요된다). 그리고 자동차를 정기적으로 정비소에 맡긴다. 그러면 정비공은 비싼 돈을 받고 자동차가 망가지지 않게 조치를 취해준다. 우리의 몸속에서도 세포가 끊임없이 새로워지고 면역체계가 청소를 함으로써 질서가 유지된다. 그런 작업이 이루어지도록 우리는 계속 영양을 섭취해 에너지를 공급해야 한다. 지구상의 생명이 약 20억 년 전부터 지금까지 존재할 수 있는 것도 태양이 끊임없이 에너지를 방사해주고 있기 때문이다. 그 덕분에 유기체들은 계속 회복, 재생될 수 있다.

그리스 신화에서 지하세계의 시시포스는 바위를 산 위로 올렸다가 바위가 아래로 굴러떨어지면 다시 산 위로 올리는 벌을 받았다. 무질서에 대항한 자연과 인간의 싸움도 그와 비슷하다. 에너지 투입이 중단되면 무질서가 세력을 떨치게 된다. 질서는 고정되어 있지 않다. 에너지가 무한하지 않기에 질서도 영원할 수 없다. 자동차는 고물이 되며 인간은 죽고 태양도 빛을 잃는다. 무질서에 대한 질서의 승리가 아름답게 빛날지라도 그것은 일시적일 뿐, 결국은 언제나 우연이 승리한다.

자연은 질서에서 무질서로 향한다

우연이 우리를 뒤죽박죽의 길로 인도한다고 해서 우연을 미워할 필요는 없다. 결국은 우연이 역사를 전진하게 하니까 말이다. 앞을 예견할 수 없다는 사실만이 미래와 과거를 구분한다. 우리는 우연의 작용을 통해서만 시간의 흐름을 경험한다.

　비디오테이프를 되감으면 사람들이 뒤로 걷는다. 자동차도 뒤로 질주하고 상대방에게 내뻗은 주먹이 주먹을 뻗은 당사자에게 돌아온다. 우스꽝스럽기 짝이 없지만 이런 장면은 사실 현실에서도 전혀 불가능한 일은 아니다. 그러나 도망가던 사람이 뒤로 걸으며 깨진 창문으로 돌진하고 바닥에 있던 유리 파편들이 모두 공중으로 날아올라 온전한 유리로 맞추어져 창문이 되는 것을 보면 어떠한가?

　왜 날아간 주먹이 되돌아가는 것은 받아들이면서, 유리 파편들이 처음처럼 온전해지는 것은 기이하게 느낄까? 두 가지는 같은 운동 법칙에 기초하고 있는데 말이다. 뉴턴의 법칙은 시간과 운동이 되돌아가는 것을 금하지 않는다. 네트를 넘어간 테니스공은 반대쪽으로 되돌아올 수 있다.

　거꾸로 돌린 비디오테이프의 유리 파편도 이런 법칙에 따라 움직인다. 깨진 유리 파편의 역학은 테니스공의 역학과 똑같다. 유리와 테니스공을 구성하고 있는 개개의 원자의 입장에서 보면 그렇다. 여기서는 미래와 과거가 교환될 수 있다. 아무것도 변하지 않는다. 소립자들은 서로 다른 상태 사이를 넘나들었을 뿐, 먼저냐 나중이냐를 말하는 것은 무의미하다.

　우리가 세계에 확대경을 대고 모든 조각 하나하나를 관찰하면 이상하게도 시간의 특정한 방향은 존재하지 않는 것처럼 보인다. 커다란 전체를 볼 때만이 우리는 필름을 앞으로 돌리는 것과 뒤로 돌리는 것이 같지 않다는 것을 깨닫게 된다.

　주먹이나 테니스공이 깨진 유리 조각과 다른 것은 주먹과 테니스공은 움직이는 입자의 질서가 그대로 유지되고 있는 데 반해 깨진 유리의 경우는 입자의 질서가 무너졌다는 것이다. 유리가 깨지면 유리의 질서도 사라진다. 편지 더미를 알파벳 순서로 배열하는 것은 한 가지 방식이지만 헤쳐놓는 방법은 아주 여러 가지인 것처럼, 유리가 유리판으로 되어있는 것은 한 가지 방식으로 가능하다. 그러나 그것이 깨어져 바닥에 흩어져 있을 때는 굉장히 여러 형태가 될 수 있다.

그렇게 자연은 개연성이 없는 것에서 개연성이 많은 것으로 옮겨간다. 질서에서 무질서 쪽으로 말이다. 그래서 깨진 창문은 절대로 저절로 복구될 수 없다. 물론 그것은 물리학적으로 완전히 배제된 일은 아니다. 역학 법칙으로 볼 때 바닥에 떨어진 파편들이 주변에서 열을 받아들여 이것을 다시 운동 에너지로 바꾸어 되돌아 날아가 다시 원상태의 유리판이 되는 것은 전혀 불가능한 일은 아니다. 다만 이것은 카지노에서 룰렛 구슬이 밤새 빨간 숫자에만 떨어지는 것보다도 더 가능성이 없는 일이다.

질서와 무질서의 개념은 수많은 입자로 이루어진 시스템을 관찰할 때에만 비로소 적용된다. 양말 몇 켤레는 별로 무질서하지 않다. 그에 반해 서랍 가득 들어 있는 양말은 매우 무질서하다. 질서에서 무질서로 옮겨가면서 비로소 과거와 미래가 생긴다. 결국 우리는 우연 덕분에 시간의 흐름을 뒤쪽이 아닌 앞쪽에서부터 경험하게 되는 것이다.

우리의 존재 역시 우연 덕분이다. 앞날의 모든 것을 알고 있다면 삶이 무슨 가치가 있겠는가? 모든 장면을 이미 알고 있는 영화는 볼 필요가 없다. 그러므로 우연이 없는 삶은 죽도록 지루할 것이다.

카오스, 세계를 설명하는 새로운 이론

하와이에 있는 나비의 날갯짓이 알프스 지방에 폭풍을 일으킬 수 있을까? 이런 전대미문의 질문을 제기한 것은 1980년에 전성기를 맞았던 카오스 연구였다. 1960년대 미국의 기상학자 에드워드 로렌츠는 대기권의 공기 조류에 대한 단순한 수학 모델을 제시했다. 그 모델은 세 개의 변수와 세 개의 방정식으로 이루어진 것으로, 초당 17개의 연산을 수행하는 로렌츠의 컴퓨터 '로열 맥비'로 계산 가능한 것이었다. 로렌츠는 거기서 방정식의 초기 조건에 약간만 변화를 주면 완전히 다른 결과가 나온다는 것을 발견하였고 그로부터 대담한 결론을 내렸다. 당구공을 칠 때 미미한 차이가 완전히 다른 상황을 만들어 내는 것처럼 대기에서도 아주 작은 장애가 대기의 역학을 완전히 변화시킬 수 있다는 것이었다. 당시 학회에서 한 학자가 로렌츠의 주장대로 대기가 그렇게 불안정하다면 갈매기의 날갯짓이 날씨를 변화시킬 수도 있지 않겠느냐고 질문했는데, 로렌츠는 나중에 강연하면서 갈매기를 더 친근한 나비로 바꾸었다. 그리고 그때부터 나비효과가 이 사람 저 사람의 머릿속에 출몰하게 되었다.

"작은 원인, 커다란 결과." 이 말은 카오스 이론을 핵심적으로 요약한 것일 뿐 아니라 카오스 이론의 역사를 요약한 것이다. 이제 기상학뿐 아니라 삶의 모든 영역에서 아주 작은 것이 눈사태처럼 불어나 어마어마한 사건이 될 수 있다는 믿음이 확산되었다. 겉보기에 아주 무의미한 행동도 우리가 그 결과를 확실하게 제시할 수 없어서 그렇지 결과가 없지 않다는 것이었다.

카오스 이론은 1990년대 초까지 전성기를 누렸다. 고속도로 정체에서 주식시장에 이르기까지 카오스적인 설명이 적용되었다. 의학자들과 물리학자들은 카오스 이론을 적용하여 아기의 불규칙적인 심장 박동을 통해 갑작스러운 영아 사망을 예언하고자 노력했고, 기업 컨설턴트들은 '카오스 경영'이라는 것을 통해 기업의 조직을 향상시키기 위한 값비싼 세미나를 열었다. 연극과 오페라, 소설에서도 세계의 예측 불가능성을 환영했다. 카오스는 세계를 설명하는 '새로운' 이론으로 자리 잡았다.

그러나 그러는 동안에 카오스 이론은 잠잠해졌다. 카오스 물리학이 사고 모델로서는 흥미롭지만 현실에서는 그다지 통하지 않는다는 사실이 밝혀졌기 때문이다. 즉, 초기의 부정확성이 시간이 흐름에 따라 지수적으로 불어나는 것은 사실이지만 그 결과들은 카오스 이론가들이 믿는 것처럼 언제나 필연적으로 나타나는 것은 아니었기 때문이다. 몇 개 안 되는 구성요소로 이루어진 상당히 이국적인 체계는 카오스 물리학 방정식으로 탁월하게 묘사할 수 있다. 가령 끈으로 연결된 공으로 이루어진 이중 진자에서는 카오스 물리학의 예언대로 진자의 특정한 움직임이 불규칙하게 되풀이되는 카오스 효과를 관찰할 수 있다.

하지만 현실은 대부분 상호작용을 주고받고, 서로 연결되어 있는 수많은 구성요소로 이루어져 있고, 이렇게 복잡한 체계에서는 카오스 물리학의 방정식이 부합하지 않는다. 대부분의 체계에 내재된 무질서의 경향이 초기의 장애들을 쉽게 무마시켜버리기 때문이다. 그리하여 나비의 날갯짓으로 유발된 폭풍은 우유가 커피에 확산되는 것과 마찬가지로 빠르게 희미해진다. 기류의 변화가 눈에 띄지 않고 일반적인 뒤죽박죽 속에서 그냥 가라앉아버리는 것이다.

물론 '작은 원인이 커다란 결과를 부를' 때도 있다. 1998년 에세데에서 일어난 사고에서처럼 파손된 바퀴가 고속으로 달리던 기차를 탈선시키기도 한다. 하지만 그런 일은 정말 역설적으로 우연이 별로 끼어들지 않는 곳, 즉 시스템이 아주 간단하거나(이중 진자에서처럼) 또는 엔지니어들이 모든 불규칙성을 제거하려고 노력했던(독일의 고속철도 ICE에서처럼) 곳에서 나타난다. 그렇지 않고 보통의 복잡한 체계에서는 수많은 우연한 움직임이 모든 개별적인 장애를 완화시키는 완충장치처럼 작용한다. 고요한 콘서트홀에서는 기침 소리 하나도 방해가 되지만 축구 경기장같이 모두가 와글와글 떠는 곳에서는 전혀 눈에 띄지 않는 것처럼 말이다.

일개 곤충의 날갯짓이 똑같이 대기에 영향을 미치는 수십억 개의 다른 영향들을 제치고 어떻게 관철될 수 있겠는가? 로렌츠의 방정식은 너무 단순했다. 로렌츠가 선택한 세 개의 변수는 대기권의 역학을 설명하기에 충분하지 않다. 새로운 계산으로 기상 예측이 힘들다는 것을 보여주었지만, 제아무리 세상의 모든 나비가 날갯짓을 해도 대기의 기단을 뒤흔들 수는 없는 노릇이다. 오늘날 우리는 전문가들이 소위 '비선형 역학'이라 칭하는 것이 아주 드문 경우에만 적용된다는 것을 알고 있다. 소나기가 쏟아지기 직전의 날씨처럼 시스템이 두 가지 상태 사이에서 갈피를 잡지 못하는 경우에만 말이다.

하지만 카오스 연구는 수학과 물리학을 풍요롭게 만들었다. 카오스 연구에서 개발된 계산 방식들이 다른 분야에도 활용되기 시작했고 오늘날 역설적이게도 더 정확한 기상 예측 같은 분야에 활용되고 있다. 하지만 카오스 연구자들은 그들의 장밋빛 약속을 실현하지 못했다. 갑작스러운 영아 사망을 줄이지도 못했고, 카오스 방정식을 응용하여 주식으로 돈을 벌어들이지도 못했다. 고속도로의 정체도 여전히 변함이 없다. 카오스 이론이 우리에게 알려주고자 했던 것과는 다르게 결과를 빚어내지 않는 사건들도 있는 것이다.

Chapter 4

그 모든 예언은 불가능하다

거짓말쟁이 패러독스

누군가 "난 거짓말쟁이야"라고 말한다. 그럼 이 말을 어떻게 받아들여야 할까? 이 사람은 진짜 거짓말쟁이일까? 이미 그는 지금 본인이 거짓말쟁이라고 진실을 말하지 않았는가? 반대로 그가 정직한 사람이라고 해도 그의 말이 모순적인 것은 마찬가지다. 거짓말을 안 하는 정직한 사람이 자신을 거짓말쟁이라고 했으니 말이다. 따라서 그의 말은 이리 돌리고 저리 돌려도 믿어줄 수도 반박할 수도 없는 쓸데없는 소리일 뿐이다.

이런 역설을 고안한 사람은 기원전 6세기 크레타 섬의 동굴에 살며 동시대인들로부터 거의 신처럼 떠받들어졌던 에피메니데스라는 철학자다. 에피메니데스는 300세까지 살며 아테네와 크레타섬 사이의 평화를 이룩했다고 전해진다. 철학자들은 오랫동안 이 에피메니데스의 거짓말쟁이 패러독스에 몰두해왔다. 필리테스 폰 코스는 이 모순적인 발언을 풀어내려고 밤새 매달리다가 죽고 말았으며, 사도 바울도 이 말을 언급했다. 사도 바울은 제자 디도에게 보낸 편지에서 "크레타인 중의 한 사람, 그들의 선지자(에피메니데스)가 말하되 크레타인들은 항상 거짓말쟁이이며 악한 짐승이며 배만 위하는 게으름뱅이라 하니"라고 썼다. 그리고 다른 철학자들처럼 진실을 규명하는 데 그리 오래 지체하지 않고 "이 일로 인하여 그들을 엄하게 꾸짖으라"라고 말했다.

에피메니데스의 발언은 자신을 포함하여 모든 크레타인이 거짓말쟁이라고 말했다는 데에 모순이 있다. 그러나 이 진술은 거짓도 아니다. 자신을 거짓말쟁이라고 소개한 에피메니데스의 말은 논리적으로 부정확하며 그의 말이 진실인지 판단하기 위한 정보가 충분하지 않다.

무지와 우연은 동전의 양면이다. 우리가 주변 세계를 모두 아는 것은 현실적으로 불가능하다. 어쨌든 우리는 노력과 인내로 지식의 경계를 확장하고 우연으로부터 자리를 억지로 좀 얻어낸다. 그러나 에피메니데스의 이 모호한 발언에는 그런 노력이 통하지 않는다. 여기서는 기본적으로 그 누구도 불확실성을 제거할 수 없다. 우리에게 필요한 정보는 도무지 존재하지 않기 때문이다.

버트런드 러셀이 이 패러독스를 풀기 위해 10년의 세월을 절망적으로 보낸 끝에 결국 1931년에 오스트리아의 수학자 쿠르트 괴델이 이런 패러독스를 풀기 위한 모든 시도는 전혀 전망이 없는 것임을 선포하기에 이르렀다.

논리는 특히나 엄격한 언어를 사용한다. 그리고 그 언어는 명명백백해서 굳이 증명하지 않아도 맞는 것으로 받아들여지는 몇 안 되는 진술, 즉 공리公理에 기초한다. 공리는 가령 "모든 인간은 유한하다"와 같은 문장이다. 이런 공리에서 다른 명제들이 유추되거나, 수학자들의 표현대로 증명된다. 그리하여 "미키 재거는 유한하다"라는 문장의 증명은 다음과 같이 진행된다.

미키 재거는 인간이다.

그리고 모든 인간은 유한하다.

그로써 '미키 재거는 유한하다'라는 문장은 증명되었다.

괴델의 놀라운 통찰은 '참'인 모든 문장은 아주 간단한 논리체계에서만 증명되나 이런 간단한 체계는 너무 단순해서 별 쓸모가 없다. 어떤 체계가 어느 정도 광범위한 현실을 묘사하기에 적합해지면 어쩔 수 없이 모순이 생긴다는 것이다. 즉 옳지만 증명할 수 없는 진술이 생긴다. 괴델의 명제는 학문의 기본적인 확신을 흔들었다. 인간의 인식에는 언제나 틈이 있을 수밖에 없다는 말이기 때문이다.

가령 "이 명제는 증명될 수 없다"라는 문장도 불확실한 진술이다. 이 문장이 에피메니데스의 말과 비슷하다고 느껴지지 않는가? 괴델은 이 문장은 증명될 수 없음을 논증해 보였다. 그 문장이 참이라는 것을 알지만 그것을 증명할 수 있는 논리의 도구가 없는 것이다.

문제는 이 문장이 거짓말쟁이 패러독스와 마찬가지로 자기 자신에 관한 진술을 하고 있다는 것이다. 즉, 자기 연관성이 개입된 문장이다. 앞으로 더 살펴보겠지만 자기와 관련된 것은 종종 해결할 수 없는 모순을 낳고, 그로써 우리는 어쩔 수 없이 우연의 작용에 내맡겨지게 된다.

우리는 어떤 사건의 원인을 완벽하게 알 수 없을 때에 우연을 경험한다. 하지만 어떤 사건이 발생한 원인의 일부가 자신이라면 이 원인은 관찰되는 사건과 분리될 수 없고, 이런 상황에서는 피드백이 나타날 수밖에 없다.

피드백은 원자물리학에서와 같이 규명하고자 하는 현상이 그 연구에 투입되는 수단과 분리될 수 없는 경우 개입된다. 피드백은 우리 일상에서도 끊임없이 등장한다. 가령 부모는 자녀를 양육하면서 도리어 자녀의 영향을 받는다. 주식 투자자들은 앞으로 어떤 주식이 오를까를 생각하여 매수를 결정하지만 주가의 등락은 바로 투자자들의 결정에 영향을 받는다. 다음 장에서 우리는 이런 식으로 삶을 예측할 수 없게 만드는 상황에 대해 더 살펴볼 것이다.

그리하여 우리는 우리 스스로 미래를 만들어내고, 우리의 결정으로 미래에 영향을 끼칠 수 있으며 바로 그렇기에 미래에 대해 제한된 진술밖에 할 수 없다. 우리가 어떤 일에 더 많이 관여하고 더 큰 영향을 끼칠수록 그 결과는 더욱더 예측하기 어려워진다. 그러므로 우리가 삶을 임의로 계획할 수 없는 것은 역설적이게도 우리가 누리는 자유의 대가라 할 수 있다. 우리의 뇌는 미래를 내다보도록 만들어지지 않고, 프랑스 작가 폴 발레리의 말처럼 "미래를 만들어 나가도록" 창조되었기 때문이다.

수학의 우연

가장 정확한 학문인 수학에도 우연은 존재한다. 수학은 순수한 이성의 학문으로서 몇 안 되는 확인 가능한 공리에 기초하여 명확한 규칙에 따라 지어진 사상의 집이다. 세상에서 계획적으로 진행되는 곳이 있다면 바로 수학이라고 할 수 있을 것이다.

하지만 컴퓨터를 사용하는 사람이라면 누구나 엄격한 절차와 공식의 세계에도 우연이 있음을 경험했을 것이다. 마우스 포인터에 모래시계가 등장할 때 괴델의 명제를 생각하는 사람은 아무도 없겠지만, 이처럼 신경을 소모시키는 기다림은 논리학의 한계와 깊은 연관이 있다. 우리는 이 모래시계가 언제 사라질지 알기만이라도 하면 좋겠다고 생각한다. 아니면 컴퓨터가 또다시 다운되었다는 것을 바로 알 수는 없을까 생각한다. 하지만 그럴 수는 없다. 그저 프로그램을 실행시킨 후 그것이 적당한 시간에 결과에 도달하기를 바랄 뿐, 컴퓨터 시대 선구자들이 깨달았던 것처럼 어떤 프로그램이 그 연산을 언제 끝낼지는 알 수 없는 일이다. 운이 나쁘면 끝내 대답을 듣지 못할지도 모른다. 어딘가에 매듭이 있어서 컴퓨터가 계속 그 매듭을 빙빙 돌지도 모르고 중지 신호를 받지 못한 채 계속 네트워크에서 새로운 데이터를 끄집어내고 있을지도 모른다. 그럴 때는 리셋 버튼을 눌러 중단시킬 수밖에 없다.

컴퓨터로 하여금 그가 연산을 언제 끝낼지, 아니 끝낼 수나 있을지를 예측하게 하는 것은 논리적으로 불가능하다. 그것은 컴퓨터에 자신에 대한 정보를 요구하는 것이기 때문이다. 에피메니데스가 거짓말을 하고 있는지 아닌지, 암시조차 얻어낼 수 없었던 것과 마찬가지로 말이다.

컴퓨터는 주어진 일을 끝낸 후에야 재귀적인 진술을 할 수 있다. 그러나 그때는 사용자 역시 계산이 얼마나 걸릴지 궁금해하지 않을 것이다. 따라서 사용자는 프로그램이 중단되기를 기다리는 수밖에 없다. "계산이 끝나지 않으면 답도 없다"고, 1940년대 컴퓨터의 원칙을 고안했던 앨런 튜링은 말했다.

알 수 없는 데이터 셋을 가진 프로그램이 특정 시간이 경과한 뒤 연산을 끝낼 것인가 끝내지 않을 것인가는 동전 던지기처럼 예측할 수 없는 일이다. 프로그램의 처리가 끝날지 말지는 어떤 의미에서 동전 던지기보다 더 우연하다. 동전 던지기에서 앞면과 뒷면이 나올 비율은 50 대 50이다. 그러나 어떤 프로그램의 계산 결과를 기다리는 것이 보람 있을지는 일반적인 확률로 표현할 수 없다. 이런 확률은 계산이 불가능하다. 그것은 해결되지 않는 자기 연관성에 묶여 있기 때문이다. 이런 경우 확률은 미국의 수학자 그레고리 카이틴이 증명한 것처럼 우연의 수로 표시할 수밖에 없다.

그리하여 우리는 순수하게 논리적인 문제의 답으로 논리나 이성과는 전혀 관계가 없어 보이는 숫자를 얻게 된다. 카이틴은 그 수를 오메가로 표시하였다. 오메가는 기독교에서 세상의 끝을 상징하는 말이다. 카이틴은 "하느님은 도박에 약하신 듯, 순수 수학에서까지 주사위 놀이를 한다"라고 말했다.

양자역학의 우연

"자네는 주사위 놀이를 하는 신을 믿고, 나는 완벽한 법칙을 믿는다네."

아인슈타인은 1926년 친구 막스 보른에게 이렇게 말했다. 위대한 물리학자 아인슈타인은 죽을 때까지 원자의 영역에서는 우연을 피해갈 수 없다는 젊은 동료들의 인식을 받아들이지 못했다. 그러나 아인슈타인도 소립자들이 우리가 일상에서 경험하는 것과는 다른 물리학 법칙을 따른다는 사실을 무시할 수는 없었다.

일상에서는 실감할 수 없는 소립자 세계의 특징의 하나는 스핀, 즉 자전하는 성질이다. 이것은 입자를 점이 아닌 화살촉처럼 생각하면 쉽게 이해할 수 있다. 끝이 아래 혹은 위, 아니면 오른쪽 혹은 왼쪽을 향하고 있는 연필을 생각해도 좋다. 위쪽을 향하는 스핀을 가진 전자는 책상에 세워진 연필과 비슷하다. 곧추세워져 있는 연필에 자를 대면 우리는 연필의 길이를 잴 수 있다. 이때 자를 수평으로 대면 아무것도 잴 수 없다. 얼마 되지 않는 연필의 직경을 무시한다면 수평의 길이는 0이다.

이 연필처럼 위쪽을 향하는 전자의 스핀의 경우 수직 방향으로는 연필과 마찬가지로 전체의 수치를 재게 될 것이다. 그러나 수평으로 측정할 때 전자는 연필과는 다르게 작용한다. 기대와 달리 결과가 0이 나오지 않는 것이다. 아인슈타인은 그 이유를 알고 있었다. 양자물리학에서는 모든 수치가 허락되어 있지 않다는 것을 말이다. 양자의 세계에서는 작용이 임의로 미세하게 세분될 수 없고 작은 팩, 즉 양자 단위로만 교환될 수 있다. 자연이 뜀뛰기를 하는 것이다. 이 뜀뛰기는 우리가 보통 깨닫지 못할 만큼 미미하다. 그러나 원자와 소립자들의 세계에서는 중요한 역할을 한다.

그리하여 전자의 스핀은 특정한 값을 받아들일 수밖에 없다. 그 값은 각 방향으로 1/2의 단위에 달한다. 이 값은 가장 작은 작용 팩, 즉 방금 말했던 양자에 해당한다. 스핀은 결코 '0'이 될 수 없다. 1/2에서 0이 되기 위해서는 전자는 허락된 것보다 더 작은 뜀뛰기를 해야 할 것이기 때문이다. 전자의 스핀이 반정수 값을 가질 수밖에 없다는 것은 아인슈타인의 상대성이론과 밀접한 관련이 있고 복잡한 계산으로 증명된 것이다.

따라서 우리가 위쪽으로 향하고 있는 전자의 스핀 값을 수평 방향으로 잴 때는 어떻게 되겠는가? '0'은 금지되어 있기에 전자는 '오른쪽'이나 '왼쪽' 중 한쪽을 선택할 수밖에 없다. 즉, 1/2이나 -1/2의 값에 해당한다. 이미 말했듯이 스핀은 측정 시 반정수가 되어야 하기 때문이다. 이것은 연필이 책상 위에 수평으로 누울 때만이 가능하다. 그리고 진짜 실험에서 물리학자들은 실제로 그런 장면을 보게 된다. 측정 시에 전자가 그의 상태를 바꾸는 것이다.

이것이 바로 양자역학의 특징이다. 우리는 상태를 변화시키지 않고 무엇인가를 연구하는 데에 익숙하다. 와이셔츠 깃을 쟀을 때 42센티미터가 나오면 목둘레를 재도 같은 치수가 나온다. 그러나 양자의 세계에서는 다르다. 양자의 세계에서는 측정이 시스템에 개입한다. 그리하여 전자의 스핀을 확인하는 것은 목둘레를 재는 것보다는 오히려 주식을 사고파는 것과 비슷하다. 투자자들이 주식을 사고팔면 주가가 변한다. 마찬가지로 물리학자들은 그들이 알아내고자 하는 입자에 영향을 끼친다. 그래서 두 경우 모두 자기 연관성이 개입되는 것이다.

장기적으로 전자의 스핀이 '오른쪽'으로 눕는 비율과 '왼쪽'으로 눕는 비율은 거의 같다. 장시간 동안 동전 던지기를 할 경우 거의 같은 비율로 앞뒷면이 나오는 것처럼 말이다. 실험을 거듭할수록 두 가지 가능성(오른쪽으로 쓰러지는 값 1/2과 왼쪽으로 쓰러지는 값 -1/2)이 상쇄되어 스핀 값의 총량은 평균적으로 다시 0이 된다. 그러나 특정한 실험에서 전자가 어느 방향을 택할지 예측하는 것은 불가능하다. 그것은 우연에 의해 정해진다.

그럴 수밖에 없는 것이 두 가지 가능성은 늘 동등하기 때문이다. 입자는 어떤 숨겨진 힘이 잡아끌기 때문이 아니라 단지 금지된 '0'의 상태를 피하기 위해 때로는 '오른쪽'으로 때로는 '왼쪽'으로 쓰러진다. 이런 상황에서 자연은 우연적으로 행동할 수밖에 없다. 그런 실험의 결과를 예측하는 것은 에피메니데스가 그의 말의 신빙성을 증명하기를 기대하는 것만큼이나 불합리할 것이다. 두 경우 모두 예측이나 증명을 위해 필요한 정보들이 존재하지 않는다. 상황은 정해져 있지 않다.

양자이론에서의 우연은 일상에서의 우연과는 구별된다. 일상에서 우리는 무지로 인해 우연을 경험한다. 그곳에서의 문제는 우리가 현실을 알기 위해 노력을 기울이지 않거나 노력을 기울일 수가 없다는 것이다. 이 경우 더 많은 지식을 가지면(도인 파머가 구두 속의 컴퓨터를 가지고 해냈던 것처럼) 일상의 우연을 훨씬 잘 제어할 수 있다. 그러나 원자의 세계에서 그런 전략은 통하지 않는다. 여기서는 우연이 우리의 무지에 근거하는 것이 아니라 바로 자연 법칙에 근거하기 때문이다.

불확정성의 원리

우연은 물리학의 토대가 된다. 그리하여 우리의 익숙한 생각이 소립자의 세계에서는 통하지 않는다. 룰렛 구슬이 전자처럼 작았다면 파머는 결코 그 경로를 계산해낼 수 없었을 것이다. 전자는 가는 길이 정해져 있지 않기 때문이다.

사람들은 전자의 지점과 속도를 잴 수 있다. 그러나 그 자료는 전혀 예측 능력이 없다. 입자는 유령처럼 공간을 돌아다니며 한 번은 여기에, 한번은 저기에 출몰한다. 원자물리학의 여러 가지 실험 보고서를 읽으면 마치 방금 무선으로 위치를 확인한 결과 지브롤터 해협을 12노트Knot로 달리고 있던 배가 다음 순간 태평양이나 북해를 가로지르고 있다는 설명을 듣는 기분이다.

우리는 보통 현재의 지점과 경로, 그리고 속도에 근거하여 한 시간 후에는 배가 어디쯤 있을지 예측할 수 있다. 그러나 소립자의 세계에서는 그런 예측이 불가능하다. 입자의 장소와 임펄스impulse, 힘의 크기와 힘이 작용한 시간의 곱는 방금 살펴보았던 스핀과 비슷하게 행동하기 때문이다. 그리하여 우리가 장소나 임펄스 중 한 가지를 확인하자마자 다른 하나는 규정이 불가능해진다. 우리가 장소를 확인하면 임펄스의 크기는 우연에 맡길 수밖에 없고 임펄스를 정확히 재고자 하면 입자가 위치한 장소를 더 이상 예측할 수 없는 상태에 이르게 된다.

즉, 측정이 입자의 상태를 변화시키는 것이다. 그리하여 물리학자들은 라디오에서 흘러나오는 음악을 들으며 대체 라디오 안에 무엇이 들었기에 이렇게 좋은 음악이 나오는지 궁금해하는 호기심 많은 아이의 심정이 된다. 그 아이가 그렇듯이 물리학자는 두 가지를 모두 가질 수 없다. 음악을 들으려 한다면 라디오 내부에 대해서는 알 수 없다. 라디오를 분해한다면 라디오 속에 든 부속품들을 마주하게 되겠지만 음악 감상은 끝나버린다.

일상에서 그런 어려움들은 라디오를 다시 조립한다든지 하는 별로 어렵지 않은 과정을 통해 해결될 수 있다. 그러나 양자이론에서는 이런 어려움이 불가피하다. 베르너 하이젠베르크가 발견한, 양자이론의 그 유명한 '불확정성의 원리'가 말하는 것이 바로 그것이다. 장소와 임펄스, 에너지와 시간이라는 측량 단위는 서로 연관되어 있다는 것, 그리하여 우리가 한 가지를 결정하면 다른 한 가지는 불확실하고 우연한 결과가 된다는 것, 장소와 임펄스를 함께 확정하는 것은 불가능하다는 것이다. 그렇지 않으면 우리는 시스템이 담고 있는 것보다 더 많은 정보를 캐내는 것이 되기 때문이다.

양자이론은 수많은 실험으로 확인되었다. 소립자 물리학에서의 우연은 우리가 입자와 원자들에 대해 얼마만큼 알 수 있는가를 결정할 뿐 아니라, 더욱 실제적인 결과를 가진다. 방사성 입자가 언제 분열할지를 예측하는 것은 불가능하며 입자를 가두는 것도 불가능하다. 특정한 임펄스를 가진 전자가 어디에 위치하는지도 기본적으로 정확히 확정할 수 없기에 우리는 왕왕 그가 전혀 있을 법하지 않은 곳에서 그를 만날 수 있다. 전자, 그리고 전자를 포함한 원자들은 벽 속을 통과하여 다닐 수 있는 것이다.

예언은 불가능하다

사람들이 앞을 내다보지 못하고 행동하는 이유를 양자역학에서 찾으려고 애쓸 필요는 없다. 삶의 모든 상황 속에서 다른 사람의 행동을 예언하려는 시도는 여러 가지 이유에서 이미 불가능하다. 그러나 우리가 인간의 행동을 예언할 수 없는 더 심오한 이유는 에피메니데스의 거짓말쟁이 패러독스와 같은 것, 즉 자기 연관성 때문이다.

사람의 행동을 예언하는 것이 불가능한 첫 번째 논리는 간단하다. 주변 사람들의 행동을 확실하게 예언할 수 있다고 장담하는 사람이 있다고 상상해보자. 그 예언자는 내가 오늘 저녁에 영화관에 갈 것이라고 예언한다. 이때 내가 반항적인 기질이 있는 사람이라면 사람들의 기대에 반하는 행동을 하고 싶어 한다. 그리하여 예언자의 말을 듣자마자 전화로 영화표 예매를 취소하고 그냥 집에 머무른다. 그러므로 예언자의 예언은 빗나가게 된다.

그렇다면 그 예언자는 내가 이렇게 반항하리라는 것을 몰랐을까? 천만에! 그는 알았을 것이다. 그리하여 예언자가 내가 반대로 행동할 것이라고 예언한다면 나는 다시금 그의 마음에 드는 행동을 할 필요가 없다는 생각에 그냥 영화를 보러 갈 것이다. 이때 예언자가 내가 그러리라는 것을 예언했다면 상황은 처음으로 돌아가 다시 시작된다. 결국 예언자는 미래를 올바르게 예언할 수 없다. 양자역학이 뇌 속에서 기능을 하든 하지 않든 그것은 중요하지 않다. 하지만 자기 연관성의 논리는 원자물리학에서의 측정과 비슷하다. 자기 연관성이 작용하는 곳에서는 원자물리학에서처럼 관찰자가 관찰 대상에 영향을 끼치게 되는 것이다. 그리하여 예언자는 그의 예언을 통해 관찰되는 시스템(나)에 영향을 끼치고 그럼으로써 자신의 정보를 잃게 된다.

이때 악순환을 피하는 유일한 방법이 있다. 예언자가 그의 예언에 대해 입을 굳게 다물거나, 다른 사람에게 말하는 경우 비밀을 지키도록 약속하는 것이다. 하지만 이런 일은 거의 비현실적이다. 사람들이 예언을 원하는 것은 결국 그 예언에 따라 자신의 행동을 조절하기 위해서다. 그리하여 예언을 들은 사람은 그의 반응으로 다시 나에게(그로써 내가 계획한 영화 감상에) 영향을 끼칠 것이다.

그렇다면 나는 나 자신의 결정을 예언할 수 있을까? 다른 사람의 나에 대한 예언을 듣지 않는다면 나는 나 자신의 행동을 예언할 수 있을까? 물론 인간의 사고와 행동에도 인과법칙이 적용된다. 하지만 자신의 행동이 나오기 위한 원인을 낱낱이 파악하고 그로부터 미래의 결정을 유추해내는 일은 불가능하다. 그리하여 우리가 결정을 내릴 때에 그 결정은 어느 정도 우연하게 보일 수밖에 없다.

누군가 연인과의 관계가 소원해져서 "몇 달 후에는 헤어질 거야" 하고 자신의 행동을 예언했다고 하자. 하지만 그는 곧 이렇게 자문할 것이다. 몇 달 후에 헤어지느니 지금 당장 헤어지는 게 낫지 않을까 하고, 질질 끌며 힘들어하느니 고통스럽지만 빨리 끝내버리는 게 낫다고 말이다. 하지만 이런 내면의 소리에 따라 행동한다면 자신의 예언은 틀린 것이 된다. 그것도 역설적으로 바로 그 예언 때문에 말이다.

자유는 예측할 수 없음의 대가로 주어지는 것이다. 우리는 우리의 행동을 스스로 정할 수도, 예언할 수도 없다. 그래서 우리가 내린 많은 결정들은 우연한 것처럼 보인다. 자기 연관성이 초래하는 많은 결과 중 가장 놀라운 것은 우리가 자신을 꿰뚫어볼 능력이 없다는 것이다.

예언자가 모든 예언을 함구한다면 그를 예언자라고 부를 수 없을 것이다. 예언이 불가능한 두 번째 논리는 인간 정신의 복잡성에 기초하는 것으로, 그에 대해 철학자 카를 포퍼는 이렇게 말했다.

"누군가 나의 행동을 예언하려 한다면 그는 나를 움직이는 모든 것을 알아야 할 것이다."

그리하여 이 예언자 앞에서 내가 단 하나의 비밀도 없다고 상상해보자. 예언자는 내가 알고, 생각하고, 느끼는 것을 모두 알고 있다. 그리고 나로 하여금 결정에 이르게 하는 모든 규칙을 꿰고 있다. 규칙이 존재하지 않으면 예언자는 예언을 할 수 없을 테고, 나의 결정이 우연한 것이 될 테니까 말이다. 따라서 예언자는 내가 나 자신에 대해 알고 있는 것보다 나에 대해 더 많이 알고 있어야 한다.

나에 대해 더 많이 알고 있다고 해도 예언자의 뇌는 나의 행동을 예언하기 위해 나의 뇌가 결정에 이르기까지 거치는 모든 단계를 밟아 나가야 한다. 하지만 그의 뇌는 나의 뇌보다 더 빠를 수 없다. 나의 입장이 되어 생각해야 할 뿐 아니라 자신의 내적 상태에도 관여해야 하니까 말이다. 그리하여 나보다 먼저 결론에 도달하기는 힘들다. 그리고 바로 이런 이유에서 스스로의 행동을 예언하는 것도 불가능하다. 스스로의 행동을 예언하려면 스스로의 생각을 추월해야 하니까 말이다. 컴퓨터가 프로그램의 결과를 예언할 수 없는 것처럼 우리도 우리 생각의 결론을 예언하기가 힘들다.

뇌보다 더 능력 있는 컴퓨터도 내 행동을 예언하는 건 불가능할 것이다. 인간의 모든 결정을 추적하고 예언하기 위해 컴퓨터는 최소한 인간의 정신처럼 복잡해야 할 것이기 때문이다. 그런 컴퓨터가 우리 인간처럼 자신의 동기를 가지고 행동한다고 하자. 그러면 컴퓨터의 내면은 살과 피로 이루어진 인간만큼이나 꿰뚫어 보기 힘들 것이다. 우리는 컴퓨터의 동기를 파악할 수 없고 그의 행동도 예언할 수 없을 것이다. 컴퓨터가 우리보다 생각이 더 빠르니까 말이다. 특히나 우리는 스탠리 큐브릭의 고전 SF영화 〈2001: 스페이스 오디세이〉에서 나오는 우주비행사들과 싸우는 음흉한 슈퍼컴퓨터 HAL 9000처럼 컴퓨터가 어떤 이유에서 지금 우리를 속이고 있는지를 도무지 알아낼 수 없을 것이고, 그런 컴퓨터의 예언은 가치가 없을 것이다.

따라서 인간의 정신이 개입되자마자 미래를 내다볼 수 있다는 희망은 사라진다. 인간에게 우연의 본질을 보여주는 것이 하필이면 엄격하게 논리적으로 행동하는 컴퓨터라는 것이 역설적이지만, 어떤 경우는 우리가 자신을 꿰뚫어 볼 능력이 없어 예언이 불가능하고, 또 어떤 경우는 이론적으로는 개별적인 과정을 추적할 수 있을지라도 시간상의 제약 등으로 그것을 현실화시키는 것이 불가능하다. 오늘날 존재하는 최고 성능의 슈퍼컴퓨터라도 적잖은 일상의 문제들을 해결하는 데에 우주의 일생보다 더 오랜 시간이 필요할 테니 말이다. 그리하여 우리는 어쩔 수 없이 우연과 마주친다.

예언이 가능한가 불가능한가를 따지는 것은 우리의 지적 호기심을 채워줄 수 있을지 모른다. 그러나 우리가 해결해야 하는 불확실함은 여전히 남아 있다. 어쨌든 마크 트웨인이 한 말은 옳다.

"예언은 어려운 일이다. 특히 그것이 미래에 관한 것이라면."

Chapter 5

우연을 운명이라 믿는 이유

우리는 왜 첫인상을 믿을까

심리 연구 결과 지원자에 대한 인사담당자들의 판단은 15초면 이미
정해진다고 한다. 악수 한 번이면 모든 것이 끝나는 것이다. 주변 사
람들이 나를 판단하는 데 그 이상의 시간을 허락하지 않는다는 사실
이 두렵기까지 하다. 하지만 고용주들이 이런 식으로 사람을 판단하
는 것은 현명한 일일까? 우리가 처음 만난 사람에게 바로 호감을 느
끼는 것이 잘하는 일일까?

　1970년에 휴스턴 대학은 의과대학에 지원한 학생들을 먼저 필
기시험을 쳐서 걸렀다. 그리고 필기시험 합격자 중에서 면접을 통해
최종 합격자를 선정했다. 면접관들은 학업을 잘 감당하고 나중에 더
좋은 의사가 될 것으로 예상되는 학생들을 뽑았다고 자부했다. 그런
데 그해에 행정 착오가 생기는 바람에 의과대학에 더 많은 인원이

배정되었고 대학 측은 면접에서 떨어뜨렸던 지원자들을 합격시키는 수밖에 없었다.

그러면 면접에서 떨어졌던 학생들은 나중에 실력이 부족한 의사가 되었을까? 절대 그렇지 않았다. 소위 높은 점수로 합격한 학생들과 면접에서 떨어졌던 학생들의 성적은 첫 기말고사에서 전혀 차이가 없었다. 몇 년 후 의사가 되었을 때도 능력의 차이를 찾아볼 수 없었다. 그러므로 설명은 단 한 가지다. 면접에서 합격한 학생들은 떨어진 학생들에 비해 '면접에서만' 더 우세했을 뿐이다.

세계적인 스타들도 비슷한 경험을 했다. 1944년 마릴린 먼로는 사진모델이 되고자 했지만 당시 캐스팅 전문가들은 시큰둥한 반응을 보였다. 한 에이전시는 심지어 "당신은 실무를 배워 비서가 되거나 아니면 결혼하는 편이 좋을 것 같다"라고 말했다. 탭 댄서이자 배우로 이름을 날렸던 프레드 아스테어도 마찬가지였다. 1927년 할리우드 제작사는 그에게 "연기도 못하고, 노래도 못하고, 약간 대머리에 춤만 조금 출 줄 안다"라고 말했다.

지원자를 선발하는 사람은 파티에서 처음 만난 사람과 계속 이야기를 나눌까 말까를 고민할 때와 별다르지 않게 행동한다. 몇 초 지나지 않아 그는 속으로 '지적이군', '교양 있어', '자만심에 빠져 있네' 등등의 꼬리표를 붙인다.

사적인 만남에서는 그 이후 관계가 실망스럽게 흘러가도 빠져나갈 구멍이 있다. 하지만 회사에서 부적합한 지원자를 채용했다가는 많은 금전적 피해를 보기 십상이다. 그래서 인사심리학은 오래전부터 한 인간을 평가하기 위해 얼마만큼의 정보가 필요하며, 그 판단은 얼마나 믿을 만한지 고민해왔다. 하지만 수십 가지의 연구를 통해 내린 결론은 무척 허탈했다. 어떤 사람과 대화하는 동안 받게 되는 인상이 우리의 이성에 강력한 영향을 행사하는데, 문제는 이 인상이라는 것이 상대방에 대해 그다지 많은 것을 알려주지 않는다는 것이다. 그 이유는 무의식중에 상대방의 객관적 특성이 아니라 그 사람이 나와 잘 맞는지에 대해 판단하기 때문이다.

의미심장한 결론이다. 첫인상을 중시하는 우리는 환경에 따라 사람의 행동이 좌우된다는 것을 고려하지 않고 있다는 것이다. 히스테리컬한 상사가 집에서는 자애로운 어머니일 수도 있다. 반대로 자애로워 보이는 상사가 집에만 가면 폭군으로 변할 수도 있다. 우리는 매일 다른 역할 속으로 들어가, 각각의 환경이 요구하는 행동을 한다. 그리하여 어떤 사람을 어떻게 경험하느냐는 상당 부분 우리 자신의 몫이다. 상대방은 우리가 보내는 신호에 반응하기 때문이다.

우리는 상대방에게 특정한 행동을 하게 하고 그것으로 우리가 처음 상대방에게 가졌던 이미지를 확인한다. 그리하여 우리의 행위에 대한 상대방의 반응을 통해 그에게 투박하고 어리석은 사람이라거나 간사하고 영리한 사람이라는 꼬리표를 붙이게 된다. 이러한 꼬리표는 상대방의 뜻과는 전혀 상관없이 붙여지지만 그것은 어느새 진실이 되고 만다.

미국 프린스턴 대학의 심리학자들은 우리가 주변 사람들에 대해 어떻게 미묘한 영향을 끼치는지 연구했다. 그들은 백인 대학생들에게 다양한 피부색의 지원자들에 대한 가상 면접을 실시하도록 했다. 그런데 이 실험에서 백인 대학생들은 지원자가 흑인일 경우 신체적으로 더 거리를 두고, 자꾸만 말이 꼬였으며, 서둘러 대화를 끝냈다. 물론 악의는 아니었다. 대부분의 학생들은 나중에 비디오로 자신의 행동을 보고는 매우 놀라워했다. 그러나 지원자들은 면접관들의 기분을 민감하게 느꼈다. 그리하여 흑인 지원자들은 백인 면접관들의 이런 태도로 인해 도리어 불안해져서 실수를 저질렀고 그 결과 백인 경쟁자들에 비해 나쁜 점수를 받았다.

그다음 실험에서 연구자들은 가상 면접관들에게 이번에는 흑인 지원자들에게 의식적으로 친절하게 대하고 백인 지원자들에게는 무뚝뚝하게 대하라고 했다. 그러자 이제 백인 지원자들이 떨어졌다. 신경이 예민한 상태에서는 그만큼 자신 없는 행동이 나오기 때문이다.

결국 사람을 판단할 때 우리는 자로 재듯이 할 수 없다. 오히려 인간관계에서 우리는 입자 실험을 하는 물리학자들과 비슷한 형편에 처한다. 어떤 상태를 관찰하려고 할 때마다 그 상태를 변화시키게 되는 것이다. 우리가 이미 보았듯이 그런 피드백을 통해 우연이 작용하게 된다. 이번 장에서는 인간의 상호관계에서 어떻게 피드백이 발생하고 그것이 어떻게 인간의 행동을 예측할 수 없도록 만드는지 살펴볼 것이다.

이성을 가리는 군중 심리

우리는 일상의 모든 영역에서 예측할 수 없는 일들에 부딪힌다. 정치든, 배우자와의 관계든, 자녀와의 관계든 모든 예측은 자기 연관성에서 좌절한다. 원하든 원치 않든 예언하고자 하는 일에 영향을 끼친다.

오이디푸스의 비극도 그의 부모가 델포이의 신탁을 믿었던 것이 화근이었다. 여사제 피티아는 아들이 아버지를 죽이고 어머니의 연인이 될 것이라는 신탁神託을 전한다. 그러자 라이오스와 이오카스테는 이런 끔찍한 일을 막기 위해 아기를 산속에 버린다. 그 뒤 아기는 양치기에게 발견되어 그의 보살핌을 받고 자란다. 그리하여 다름 아닌 라이오스와 이오카스테가 그들의 아들을 버렸기 때문에, 훗날 피티아의 예언대로 오이디푸스는 라이오스가 아버지인 줄 까맣게 모르고 싸움 끝에 그를 죽이고는 어머니와 결혼해 네 아이를 낳게 되는 것이다.

사람들은 오이디푸스의 비극을 피할 수 없는 운명의 힘으로 받아들인다. 그러나 우리는 이 이야기를 다르게 읽을 수도 있다. 즉, 그것을 믿기 때문에 예언이 이루어진다는 것이다. 피티아가 모호한 신탁 대신 오이디푸스의 생애가 어떻게 될 것인지 더 자세한 정보를 알려주었더라면 라이오스와 이오카스테는 아들을 버리지 않았을 것이다.

이런 예언의 현대 버전은 바로 증권 전문가들의 조언이나 정치적 여론조사다. 시민들과 언론과 정치인들이 서로 영향을 주고받는 것이야말로 민주주의에서의 바람직한 효과다. 그러나 그런 효과를 통해 의사결정이 이성보다는 군중 심리에 의해 이루어지고, 그래서 전혀 예기치 않은 결과가 나올 때가 얼마나 많은지 생각하면 우려스러운 마음이 든다.

그런 메커니즘은 선거전에서 특히 눈에 띈다. 증시에 관한 조언이 투자자들의 구매에 영향을 미치는 것처럼 선거 예측은 유권자들의 결정에 영향을 미친다. 축제 때 음악이 나오는 왜건 뒤에 사람들이 모여들고, 그러면 이를 보고 더 많은 사람이 모여드는 것처럼 마음을 정하지 못했던 유권자들이 설문조사에서 앞서는 당에 표를 주는 밴드왜건 효과는 전형적인 피드백 현상이다. 우리는 승자의 편에 서기를 좋아한다. 응답자에게 누구를 지지하는지 묻는 동시에 다수의 의견은 어느 쪽으로 기울어질지를 묻는 여론조사는 이런 조사가 표심에 영향을 줄 거라는 생각을 계산에 넣는다. 그리하여 여론조사 전문가들은 자신이 지지하는 후보와 다수가 지지할 것이라고 생각하는 후보를 일치하게 응답하는 경우 그 응답을 신뢰성 있는 것으로 판단한다. 하지만 어떤 응답자가 자신은 여당이 죽도록 싫지만 그럼에도 여당이 선거에서 승리할 것이라고 대답한다면 그 응답자를 흔들리는 유권자로 분류한다.

그와 상반된 현상도 선거 연구자들을 괴롭힌다. 한 후보의 승리를 확신하는 유권자는 애써서 선거전을 치를 이유가 없다고 생각하기 때문이다. 1992년 오스트리아 대선에서 사회민주당이 고배를 마실 때도 그랬다. 모든 예측 결과가 사회민주당 후보 루돌프 슈트라이허가 색깔 없는 보수주의자 토마스 클레스틸을 가볍게 제치고 당선될 것으로 나오자 루돌프 슈트라이허의 추종자들은 그만 방심하고 말았다.

승리를 확신하는 유권자들은 선거 당일 투표를 하는 대신 야외로 나가 휴일을 즐긴다. 1987년 헤센 주 선거에서도 여론조사에서 월등히 앞섰던 홀거 뵈르너가 그런 방심으로 인해 고배를 마셨다.

주가와 환율은 술 취한 사람과 같다

증시에 나타나는 피드백과 의외성의 작용은 좀 더 복잡하다. 프랑스 수학자 루이 바셸리에는 1900년에 이미 증권거래소 시세가 우연에 맡겨진 채 흘러간다고 주장하여 사람들의 눈총을 받았다. 주가와 환율은 술 취한 사람이 비틀거리는 것처럼 제 마음대로 지그재그를 그린다고 주장했던 것이다. 하지만 당시 재계는 물론이고 대학의 학자들도 바셸리에의 이 불편한 이론을 귀담아듣지 않았다. 그리하여 바셸리에는 세간에 잊혔고 브장송의 작은 대학에서 조용히 커리어를 마쳤다. 그러나 그로부터 70년 후 미국의 경제학자 폴 새뮤얼슨은 바셸리에와 같은 의견을 개진하여 노벨상을 받았다.

주가가 술 취한 사람처럼 비틀거린다면 이것은 증시가 아주 비합리적이며, 주식 투자자들이 계산을 못 하는 존재라는 뜻일까? 새뮤얼슨의 대답은 놀랍게도 그 반대였다. 심지어 투자자들이 완벽하게 이성적으로 행동하는(그리 현실적이지 않은) 경우에도 주가는 예측할 수 없다고 했다. 그것은 이성에 의해 결정되는 시장에서 투자자들의 지식, 즉 기업과 전망에 관한 정보가 곧바로 주가에 반영되기 때문이다. 모든 새로운 정보가 돌발적으로 가격에 영향을 미친다. 가령 어떤 기업이 예기치 않은 이윤을 얻을 것이라는 정보가 흘러나오면 민감한 투자자들은 해당 주식을 산다. 하지만 모든 투자자가 그렇게 이성적으로 결정하여 그 주식을 사기 때문에 가격은 치솟는다. 그리하여 얼마 안 가 그 주식은 그리 매력적이지 않은 종목이 된다. 예언이 즉각적으로 현실에 의해 만회당하고 그로써 낡은 것이

되어버리는 것이다. 경제학자들은 그것을 증권시장의 효율성이라고 표현한다. 새뮤얼슨에 따르면 예기치 않은 사건들만이 그렇게 이성적인 기준에 따라 가까스로 균형을 잡아나가는 주가를 움직이는데, 이런 사건들은 우연히 등장한다.

실제로 증시의 변동을 예측하고자 하는 대부분의 노력이 수포로 돌아간다. 금리와 환율에 대한 예측도 더 나을 게 없다. 뷔르츠부르크의 경제학자 페터 보핑거와 로버트 슈미트는 독일의 거대 은행과 로이터 정보 서비스, 그리고 유럽경제연구소의 달러 환율에 대한 예측을 실제 현실과 비교 연구했고 상당히 민망한 결과를 얻었다. 경제 전문가들의 예측은 거의 언제나 현재의 트렌드를 미래까지 연장하는 것에 그치고 말더라는 것이다. 즉, 달러가 막 오르고 있으면 계속 오를 것으로 전망했고 달러가 떨어지면 계속 떨어질 것으로 전망했다. 미래에 대한 예측은 현재에 대한 진술의 반복에 불과했다. 볼프스부르크의 경제학자 마르쿠스 슈피복스는 증권과 이율에 대한 독일 거대 은행과 연구소의 예측이 얼마나 맞아떨어지는지 연구했는데 그 또한 별 볼 일 없었다.

어떻게 그럴 수 있을까? 그 이유는 여기에서도 피드백 효과가 작용하기 때문이다. 영국의 경제학자 존 메이너드 케인스는 분석가들이 언제나 다수의 의견에 편승할 수밖에 없다는 것을 일찌감치 인식했다. 그것은 분석가가 자신이 동료들보다 시장의 흐름을 더 잘 파악하고 있다고 자신할 때도 마찬가지다. 왜냐하면 '나 홀로' 주장을 하여 그 주장이 맞아떨어져도 그의 이미지에는 별로 도움이 안 되기 때문이다. 그런 경우 기업은 그 분석가가 그저 운이 좋아서 맞혔다고 평가한다는 것이다. 그러나 그 주장이 빗나가면 완전히 무능한 사람으로 낙인찍힌다. 결국, 세간의 늑대들과 함께 울부짖는 게 안전하다. 만약 예측이 빗나간다 해도 시장에 워낙 악재가 많았던 탓으로 돌리면 되고, 다행히 예측이 맞아떨어지면 엄청 능력 있는 전문가로 칭찬을 받게 된다는 것이다. 따라서 분석가들로서는 자신의 이성과 반하여 행동하는 것이 더 이롭다. 경제학자들은 이런 현상을 '이성적인 군중행동'이라고 칭한다.

따라서 전문가의 분석을 귀담아듣지 않고 그냥 우연히 찍어서 투자한 사람이 더 많은 수익을 올렸다 해도 놀랄 일이 아니다. 폴 새뮤얼슨은 펀드 매니저들의 수익이 평균적으로 신문의 증권란에 다트를 던져 꽂힌 회사의 주식을 사는 식으로 투자하는 것보다 더 낮다고 비꼬았다. 즉, 주가가 예기치 않게 움직이면 어떤 주식을 사든지 상관없다는 것이다. 월스트리트 저널은 새뮤얼슨의 이런 조롱에 위기감을 느낀 나머지 1988년에서 2002년까지 그달의 스타 매니저를 선정했다. 그러나 높은 임금을 받는 은행가들의 실적은 그리 빛나지 않았다. 147번의 시합 중 90번 이윤을 내고, 57번은 휴짓조각을 만드는 정도였다. 그나마 이런 실적도 월스트리트 저널이 그들이 추천하는 종목을 실어주고 투자자들이 그 증권을 사도록 부추겼기 때문에 가능한 것이었다. 프린스턴 대학의 경제학자 버튼 맬키엘의 계산 결과 이런 효과로 딜러와 그들에게 돈을 맡기는 투자자 모두 이익을 올렸음이 드러났다. 그러나 은행가들이 받는 엄청난 보수를 고려할 때 투자자 입장에서 은행가들이 이 정도 수익을 올리는 것은 미흡한 것이었다.

거품에 몰려드는 사람들

그러나 투자자들은 새뮤얼슨이 가정한 것만큼 언제나 이성적이지 않다. 투자자들은 증권 전문가의 은밀한 조언이나 새로운 기술의 환상적인 능력을 믿고 그 주식을 주문함으로써 가격을 올린다. 그러나 결국 사람들에게 그 주식을 사게 만드는 것은 그 주식이 오를 것이라는 전망 외에 다른 것은 없다. 그리하여 증권거래소에서는 거품이 생긴다. 이런 상황에서 개인투자자들은 다른 사람들의 어리석은 행동에 편승하는 게 현명해 보이기 때문이다. 순진한 투자자들은 사상누각을 진짜로 믿고 더 높은 가격을 주고 주식을 산다. 주식을 공정한 가격에 사는 것보다는 돈을 버는 것이 중요하기 때문이다.

그리하여 기업에 대한 정보뿐 아니라 투자자들끼리 서로 영향을 끼친다. 이런 인식을 이용하여 성공적인 투자를 했던 사람이 바로 존 메이너드 케인스였다. 이 전설적인 경제학자는 주식시장이 미인 선발대회와 비슷하다고 보았다. 주식을 사는 것은 100명의 미인 중 가장 매력 있는 여섯 명을 뽑는 것이나 마찬가지인데 거기서 모든 측면을 집계하여 등수를 가장 잘 알아맞히는 사람들이 수익을 올린다는 것이다. 따라서 영리한 사람은 자신의 취향에 따라 결정하지 않고 주변 사람들에게 통하는 미의 이상에 따라 결정한다는 것이다.

결국 투자는 생각을 읽는 기술이다. 그러나 우리는 유감스럽게도 그런 소질이 별로 없다. 스위스 경제학자인 토르스텐 헨스는 간단한 실험을 통해 시장의 신호들을 올바로 해석하는 것이 얼마나 어려운지를 보여줬다. 헨스는 각각 다섯 명씩 짝을 지어 몇 개의 그룹을 만든 후 그들에게 컴퓨터 앞에 앉아 주식거래를 하도록 했다. 가격은 수요와 공급에 따라 정해졌으며 팀마다 다섯 명의 대학생 외에 여섯 번째 참가자로 예기치 않게 주식시장에 영향을 미치는 요인들을 상징하는 주사위를 하나씩 배정하였다. 실제 주식시장처럼 주식을 사고파는 행위는 모두 익명으로 이루어졌다. 가상 투자자들의 수가 많지 않았음에도 그들은 가격 곡선을 통해 주변 사람들이 어떤 주식을 사는지를 유추해낼 수 있었다. 그러다가 주사위의 작용으로 다수의 동종 주식이 매물로 나오자 가상 투자자들은 패닉 상태에 빠졌다. 그들은 한 사람이 뭔가 불안해진 모양이라고 생각하고 자신들도 주식을 팔아치웠다. 그러자 다른 사람들도 똑같이 반응했고 주가는 폭락했다.

장기적으로는 경제의 흐름과 투자자들이 얻을 수 있는 정보들이 주가를 결정한다. 그러나 단기적으로는 모든 종류의 히스테리와 불안과 어리석은 행동이 주가에 주도적인 역할을 한다. 경제학의 새로운 조류인 '행동재무학Behaviorial Finance'은 이런 행동 배후의 규칙을 알아내어 그것을 이용하고자 했고 20년의 연구 끝에 이론적인 근거를 마련했다. 조지 소로스는 그 방법으로 50억 달러를 벌었다. 특히 1992년 9월 영국 파운드화를 팔아치워 거의 하룻밤 사이에 10억 달러를 벌어들여 '영국은행을 폭파한 사나이'라는 별명을 얻게 되었다.

행동재무학의 가장 간단한 원칙 중 하나는 '추락하는 천사'를 잡으라는 것이다. 유행하는 주식을 샀다가 손해를 본 투자자들이 이 주식을 팔아치우면 그 주식 가격은 끝도 없이 추락하게 된다. 그러다가 시간이 흘러 어느 용감한 사람이 그 주식의 가치가 그리 나쁘지 않다고 생각하고 그 주식을 산다. 그러면 그 주식의 가격은 다시 오르고 그 오름폭은 전체 시장의 상승폭보다 더 크다. 즉, 다른 투자자들의 염세주의를 이용해 돈을 벌 수 있다. 미국 경제학자 베르너드 봉과 리처드 탈러는 과거 가장 많이 떨어진 주식을 보유함으로써 수년간 평균 이상의 수익을 올렸다.

하지만 이런 전략도 결코 오래가지 못한다. 여기에도 피드백이 작용하기 때문이다. 이런 성공적인 방법이 세간에 널리 퍼지면 점점 많은 사람이 따라 하므로 더는 그 방법이 통하지 않는다. 모두가 가지려고 다투는 천덕꾸러기 주식은 있을 수 없으니 말이다.

놀랍게도 이런 심리적인 역학은 인간에게만 통하는 것이 아니다. 뉴멕시코 주 산타페 연구소의 경제학자 브라이언 아서는 컴퓨터끼리 거래하게 만들어서 비슷한 현상을 관찰할 수 있었다. 브라이언 아서는 컴퓨터들이 서로 최대의 이윤을 추구하도록, 그리고 스스로 투자 규칙을 변화시킬 수 있도록 프로그래밍했다. 한동안 컴퓨터들은 자신의 처방에 따라 사고팔았다. 절대 통하지 않는 전략들은 사라졌다. 어떻게 해야 이익을 올릴 수 있는지에 대한 다수의 의견도 생겨났고, 다수의 의견을 따른 컴퓨터들은 대부분 중간 정도의 이윤을 얻었다. 새로운 전략을 고안하고 그로써 한동안 동료들을 놀라게 하는 컴퓨터들은 많은 수익을 올렸다. 그러나 그 승리도 계속되지는 않았다. 연구자들이 이런 성공적인 컴퓨터 하나를 한동안 쉬게 했다가 다시 투입했을 때 그 컴퓨터는 참담하게 실패했다. 다른 컴퓨터들은 그동안 계속 발전하여 새로운 전략들을 개발한 것에 비교하면 이전의 승자는 거기에 부응하지 못했다.

월스트리트의 수학자 나심 니콜라스 탈레브가 쓴 『행운에 속지 마라』라는 책에는 한때 새로운 전략으로 엄청난 수익을 올렸으나 그 방법이 갑자기 더는 먹히지 않으면서 번 돈보다 더 많은 돈을 잃은 주식 투자자들의 이야기가 실려 있다. 소로스조차 안전할 수는 없었다. 영국은행에 대규모 공격을 감행한 지 6년 후 모스크바 증시가 예상치 못하게 급락했을 때 소로스는 단번에 20억 달러를 잃었다.

미래에는 날아다니는 자동차를 탄다고?

어느 정도 나이가 있는 사람이라면 1960~70년대에 유행하던 21세기에 대한 장밋빛 환상을 기억할 것이다. 나 역시 어른이 되면 어떤 세상에서 살게 될 것인지를 생생하게 보여 주는 어린이 책들을 읽으며 자랐다. 그런 책에 따르면 2000년에 우리는 기술적인 파라다이스에서 살게 될 터였다. 디즈니 영화에서 알라딘이 양탄자를 타고 날아다니는 것처럼 날아가는 플랫폼을 타고 도시를 누비게 될 것이며, 지구촌 어디나 잘살게 되어 집 청소는 말할 줄 아는 로봇이 도맡아 할 거라고 했다.

동화작가들의 과장된 환상이 이런 내용을 만든 것은 아니었다. 이런 책들은 다분히 유명한 미래학자들의 연구 결과에 바탕을 두고 쓰인 것이다. 1950년에서 1970년까지 미래학은 상당히 촉망받는 학문이었다. 미국 정부뿐 아니라 군수 기업체에서까지 미래 연구를 대폭 지원했고, 미래학자들은 그런 지원을 받으며 실현 가능한 미래를 그리기 위해 노력했다. 뉴욕 허드슨 연구소의 물리학자 허먼 칸은 미래학 분야에서 내로라하는 스타였다. 그가 1967년 미국 정부위원회의 미래 인식들을 결집하여 펴낸 『우리가 경험하게 될 미래Ihr Werdet Es Erleben』라는 책은 날개 돋친 듯이 팔려 우리 집 서가에도 꽂혀 있었다.

지금 그 책을 읽으면 정말 우습다. 미국의 위원회는 세계의 발전을 거의 동일한 규칙에 따라 전개되는 체스 게임처럼 보았던 것 같다. 미래학자들은 팩스와 이동전화의 등장을 예언했다. 또한, 집마다 선반 위에 중앙 컴퓨터와 연결된 컴퓨터가 있어 장서 목록 조회나 계좌 이체, 숙제 도우미의 역할을 하게 될 것이라고 했다. 인터넷의 등장을 예언했던 것이다. 하지만 결정적인 점에서 오류를 범했다. 현재 우리 책상 위에 놓여 있는 컴퓨터는 중앙 컴퓨터와 연결되지 않고는 제 기능을 못하는 모니터와 키보드가 아니라, 칸 시대에 최고로 치던 IBM의 계산 능력을 능가하며 중앙 컴퓨터에 접속하지 않아도 편지 쓰기에서 게임까지 다양한 과제를 수행하고 있다. 전자공학의 발달을 그토록 밝게 전망했던 위원회가 어떻게 그처럼 순진한 생각을 했을까? 그들이 예언했던, 와인 잔을 깨뜨리지 않고 닦을 수 있는 로봇은 세금신고를 도와주는 컴퓨터보다 훨씬 더 높은 계산 능력을 보유해야 가능할 텐데 말이다.

따라서 미래학자들은 기술의 발전을 어느 정도 올바로 예견했지만 우리가 그것을 투입하는 방식은 예견하지 못했다고 할 수 있다. 칸의 책이 출판되었을 때에는 실제로 밑에 선반 같은 것이 달린 커다란 중앙 컴퓨터가 존재했고 나사NASA는 중앙 컴퓨터로 달의 움직임을 계산했다. 그러므로 경제 분석가들이 환율을 예언할 때와 다르지 않게 미래학자들은 현재 상황을 미래에 투사시켰다. 위원회 보고는 2000년에는 달에 유인 우주정거장이 생길 것이며 바다 밑에 집을 짓고 살 거라고 예견하였다. 그런 것들은 오늘날 기술적으로 불가능하지는 않다. 다만 아무도 거기에 관심이 없을 뿐이다. 게임 규칙이 변한 것이다.

컴퓨터의 사용은 그런 반작용의 좋은 예다. 전자공학의 발전은 칸의 시대와는 다르게 컴퓨터를 사용하도록 했고, 이것은 다시금 기술의 발전을 다른 쪽으로 유도하였다. 그러므로 미래학자들은 다른 투자자들의 태도가 변하는 바람에 전략을 갑자기 제대로 써먹지 못하게 된 증권 투자자들과 비슷한 딜레마에 빠진 셈이다. 마치 양쪽 눈을 가리고 책장을 조립해야 하는 사람과 비슷하다. 책장에 필요한 모든 부품을 가지고 있으나 어떤 규칙으로 그것들을 맞춰야 할지 몰라 더듬더듬 찾는 사람들. 가끔 제대로 명중시킬 때도 있지만 그것은 쉬운 일이 아니다.

그러나 미래학자들은 기술 분야의 명중률에 대해서는 조금도 부끄러워할 필요가 없다. 그들이 일어날 확률이 아주 높은 것으로 찍은 100가지 중 30가지가 현실이 되었으니 말이다. 하지만 인간 행동과 관련한 예언일수록 더 빗나갔다.

칸과 그의 동료들은 2000년에 일본, 스웨덴, 스위스가 원자 폭탄을 보유하고 있을 것이며 인도만이 핵무기 보유에 소극적일 것이라고 예언했다. 그러나 현실은 반대로 되었다. 그리고 소련이 2000년대에도 막강한 권력을 휘두를 것이고, 독일은 여전히 분단되어 있을 것이며, 동독은 지구상의 가장 부유한 나라 10개국에 속할 것이라고 예언했다.

자본주의 국가들의 국민소득에 관련된 위원회의 예언은 꽤 낙천적이었음에도 어느 정도 현실과 맞아떨어졌다. 그러나 인간의 생활양식에 관한 예언은 대폭 빗나갔다. 예언대로 되었다면 오늘날 우리는 무엇을 하고 여가를 어떻게 보낼 것인지에 대해 심각하게 고민해야 했을 것이다. 기계가 생필품을 생산하고 친절한 관료들이 재화의 분배를 책임지고, 대부분의 사람들은 오래전에 부자가 되어 있다. 따라서 일은 그저 좋아서 하는 것일 뿐 일자리가 없어 스트레스와 고통을 받는 사람들은 이미 사라진 지 오래일 테니 말이다. 당시 히피족이었던 칸의 동료들은 삶을 즐겁기만 한 것으로 꿈꾸었다.

환경운동과 제3세계의 피난민 물결, 코로나19 같은 바이러스의 발생과 피해……. 미래학자들로서는 꿈도 꾸지 못했던 것들이다. 한 방향에서만 생각하고 피드백을 잃어버렸기 때문이다. 가령 복지 혜택은 세계적으로 교통량의 증가를 불러오고, 이것은 곳곳에서 새로운 고속도로와 비행기 활주로 건설에 대한 반대시위를 불러일으키는 동시에 코로나19 바이러스와 같은 병원균의 확산을 촉진시킨다. 그리고 그 전염병은 다시금 경제적으로는 취약한 국가들의 생존을 위협한다. 하지만 어떤 발전이 가져올 결과들, 그 결과들의 결과를 예측하는 것은 불가능하다. 에피메니데스의 문장이 거짓임을 증명하는 것이 불가능하듯이 말이다.

계획적 사고의 오류

칸과 그의 동료들은 무제한으로 발달되는 기술이 미래에 우리에게 영화 같은 삶을 선사할 것이라고 희망했다. 그들은 우리가 꿈꾸는 미래에 따라 사회가 전개될 거라 믿었다. 그러나 오늘날처럼 복잡한 세계에서 계획에 착착 들어맞는 공동생활은 존재할 수 없다. 계획이 있으려면 계획을 세우는 사람, 즉 모든 중요한 정보를 가지고 이런 정보의 기초 위에서 올바른 결정을 내리는 위원회 같은 것이 필요하기 때문이다. 오스트리아의 경제학자 하이에크는 씨족 사회보다 조금만 더 복잡해져서 노동이 분화되기 시작하면 사회는 계획대로 진행될 수 없으리라 전망했다. 국가뿐 아니라 회사나 공동체도 마찬가지다.

어느 기업에서 계획에 따라 모든 것을 진행한다면 경영진은 결정에 필요한 모든 정보를 가지고 있어야 한다. 그러나 수뇌부 한 사람이 전체의 공장을 훤히 꿰고 있을 수는 없으므로 그는 다른 소식통들에 의존할 수밖에 없다. 그러나 다른 사람들 역시 현실을 그대로 전달해줄 수는 없다. 그들이 아무리 사사로운 이익을 챙기지 않는다 해도 오해가 생기는 것은 불가피하고, 자연스럽게 저 밑에서 일어나는 일과는 다른 정보를 전달할 수밖에 없다. 그 결과 현실에 맞지 않는 결정들을 내리게 되고 계획은 원래의 의도대로 실행되지 못한다.

모든 회사원의 책상에서 자료들을 불러올 수 있는 컴퓨터도 이런 딜레마에서 벗어날 수 없다. 정보들이 준비되고 요약되어야 하기 때문이다. 자료가 요약되지 않으면 결정자들은 나무 하나하나에 신경 쓰다가 숲을 보지 못하게 된다. 그러므로 요약은 불가피하지만 요약하는 과정에서 서로 다른 해석의 여지가 생기며 그로써 오류가 발생하는 것을 피할 수 없다. 더구나 한 사람이 도맡아 중요한 결정을 내릴 수 없으므로 상황은 더욱 복잡해진다. 지도부가 회의하면 서로 다른 의견들이 충돌할 수밖에 없으며, 결국 그 문제를 최적으로 해결할 수 있는 협상안이 도출될 수밖에 없다. 그러면 일은 다시 원래 의도에서 빗나가게 된다.

그 밖에 공장에서 일하는 선반공은 수뇌부에게는 없는 전문 지식을 가지고 있다. 그러므로 지도부에서 선반공에게 일을 어떻게 수행하라고 지시하는 것은 불합리하다. 선반공이 더 잘 알고 있기 때문이다. 하지만 선반공이 자신의 직접적인 관심사를 스스로 알아서 결정하다 보면 다시 우연이 시스템에 개입될 수밖에 없다. 선반공은 그의 결정으로 함께 일하는 다른 사람들에게 영향을 끼치게 되니 말이다.

하지만 다른 선택은 없다. 지도부가 능력을 발휘할수록 상황은 더 악화된다. 사회주의 국가의 계획경제도 좋은 의도를 가지고 출발했지만 좌초할 수밖에 없었다. 계획하는 사람들이 정보를 제대로 평가할 수 없었기 때문이다. 모스크바의 행정부는 우즈베키스탄에 얼마나 많은 신발이 필요한지를 알 수 없다. 그것은 현지의 구두장이나 신발 상인만이 알아낼 수 있다. 행정부가 무리하게 그런 일을 결정할 때 사람들이 꽁꽁 언 발로 신발가게 앞에 길게 줄을 늘어서는 일이 발생한다.

동물도 계획경제가 유익하지 않다는 것을 아는 듯하다. 집으로 귀환하는 벌은 각자가 알아서 꼬리를 흔드는 춤을 추어 동료들에게 꿀이 많은 곳이 어디인지 알려준다. 붉은 사슴 무리는 다 자란 개체들 3분의 2가 일어서면 움직이기 시작한다. 동물 행동학자들은 최근 동물들이 민주적인 의사결정을 한다는 사실을 연속적으로 밝혀냈다. 아프리카 들소는 암컷들의 머리 움직임으로 진행 경로를 결정한다. 암컷들이 쳐다보는 방향의 평균치에 해당하는 방향으로 나아가는 것이다. 우두머리가 다른 동물들보다 경험이 많을지라도 그런 식의 의사결정이 우두머리의 명령보다 우선한다. 다수의 결정으로 한 개인이 범할 수 있는 오류를 피하기 위해서다. 개인보다는 집단에게 더 많은 정보가 있는 법이다. 이런 이점은 민주적 의사결정이 시간이 오래 걸린다는 핸디캡을 무마시키고도 남는다고 영국의 생물학자 라리사 콘라트는 말한다.

그러나 인간처럼 높은 지능을 가진 존재는 개인의 의견을 존중하여 거기에 따를 경우 대가를 치러야 한다. 아무도 마지막에 어떻게 될지 알 수 없기 때문이다. 아프리카의 들소의 경우 물로 가는 길과 초원으로 가는 길 사이에서 앞일을 예견하여 선택할 수 있을지 모른다. 들소는 모두 같은 것(물을 마시는 것)을 원하기 때문이다. 그러나 인간은 관심사가 다양하다. 또한 들소는 머릿속으로 다른 들소들은 어떻게 할지 생각하지 않는다.

그에 반해 인간은 끊임없이 다른 사람들의 생각을 알아내고자 한다. 다른 사람들보다 한발 앞서고자 하기 때문이다. 그리하여 인간은 생각 읽기와 추측의 끝없는 순환에 사로잡히고 그것은 인간의 삶을 우연으로 인도한다. 하지만 인간의 삶을 유쾌하고 재미있게 만드는 것은 모두 이런 기술 덕분이다. 계획에 따라 진행되는 틀에 박힌 세계에서는 결코 이만한 발전이 이루어지지 않았을 것이다.

ALLES ZUFALL

우연이 만든 세계

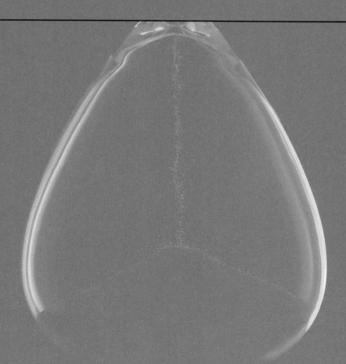

가장 놀라운 우연은 우연한 일이
전혀 일어나지 않는 것이다.

- 존 앨런

Chapter 6

인류의 모든 것은
우연에 빚지고 있다

잠자리의 우연한 탄생

때로는 작은 기적이 가장 놀라운 기적이 되기도 한다. 여름날 짝짓기를 하고 있는 잠자리를 본 적이 있는가? 수컷은 꼬리 끝부분을 집게 삼아 암컷의 머리를 감싼다. 암컷은 앞다리로 수컷의 아랫부분을 꽉 붙들고 자신의 몸통을 둥글게 말아 두 마리가 함께 동그란 바퀴를 만든다. 이렇게 몸통을 원 모양으로 결합한 후 잠자리들은 공중을 활강한다. 때론 암컷이, 때론 수컷이 위로 올라가는 동안 수컷은 정자를 암컷의 생식기 속으로 밀어 넣는다.

공중의 교미 행각은 곡예 그 이상이다. 아래쪽 파트너는 배를 이용해 위쪽으로 날아오른다. 손바닥보다도 작은 곤충의 비행 수준은 곡예비행사로서 부럽기 짝이 없을 정도다. 잠자리는 공중에서 멈췄다가 다시 최고 속력으로 날아 시속 40킬로미터의 속도로 곡선을 그릴 수 있다. 바람의 도움을 받으면 발트해에서 아이슬란드까지 장장 4000킬로미터를 날아갈 수도 있다.

이런 곡예를 가능하게 만들어주는 네 개의 날개는 자연의 걸작이다. 날개마다 열세 개씩 붙어 있는 작은 근육 덕분에 날개를 온갖 형태로 마음껏 비틀 수 있다. 날갯짓할 때마다 날개를 비틀어 작은 공기의 소용돌이를 일으킨다. 그 덕분에 최소한의 에너지를 소비하고도 앞으로 전진할 수 있으며, 자기 체중의 세 배에 이르는 짐을 나를 수 있다. 비행기보다 훨씬 월등한 수준이다. 제아무리 솜씨 좋은 경량 공법 기술자도 잠자리를 따라갈 수는 없다. 잠자리의 경우 날개가 '이륙 중량'의 채 100분의 1도 안 되지만 에어버스의 경우 4분의 1이 넘는다.

잠자리 몸체의 아주 작은 부분도 우연의 작품은 아닌 듯하다. 현미경으로 들여다보면 잠자리의 날개는 아주 미세한 부분에 이르기까지 고심해서 만든 건축가의 솜씨로 보인다. 날개는 평평하지 않고 아코디언의 송풍기처럼 지그재그 모양이다. 재료를 최소한으로 들이고도 튼튼하게 만들어졌다. 작은 관들로 이루어진 구조는 날개의 표면을 빳빳하게 할 뿐 아니라 혈관의 역할도 한다. 또한 군데군데 작은 마디 같은 것이 달려있는데 이는 불균형을 막기 위한 평형 장치다. 날개는 고운 막으로 덮여 있어 빛을 받으면 여러 빛깔로 아른거린다. 그리고 막에는 더러움을 방지하는 왁스가 씌워져 있어 막에 꽃 먼지가 달라붙는 것을 막고 기류를 거스르도록 해준다.

자연은 겨우 3개월의 생명을 위해 이 엄청난 노고를 들였다. 어른이 된 잠자리는 여름이 지나면서 죽는다. 짝을 찾아 짝짓기하고,

수정된 난자에서 새로운 세대가 자라면 자연이 부여한 임무가 완수된다.

이렇게 완벽함을 갖춘 잠자리는 공중을 난 최초의 동물이었다. 잠자리는 공룡 시대 전에도 하늘을 날았다. 화석을 통해 잠자리의 몸 구조가 지난 3억 3000만 년 동안 거의 변치 않았음이 드러났다. 모습은 특별히 변한 것이 없고 다만 크기가 줄어들었다. 공룡 시대에 살던 잠자리는 1미터쯤 되는 것도 있었다.

이런 오묘한 생명체는 어떻게 탄생했을까? 진화론에 따르면 자연은 우연의 결과다. 잠자리 같은 생명체는 그렇게 심혈을 기울여 만든 것처럼 보이지만 찰스 다윈에 따르면 새로운 생명체는 유전자를 도구로 한 무작위적인 실험에서 탄생한다. 다양한 동물 및 식물 종의 경쟁을 통해 비로소 어떤 생물이 살아남고 어떤 생물이 멸종할지 결정된다는 것이다. 그렇게 시간이 가면서 단세포에서 점점 정교한 형태의 생물들이 등장했으며 결국 은하계의 별보다 더 많은 회색 세포들이 협연을 벌이는 인간의 뇌처럼 복잡한 구조물이 생겨났다.

인간의 문명이 만들어 낸 것들은 자연의 발명품에 비하면 초라하기 짝이 없다. 그러나 자연 역시 인간 사회처럼 불확실과 복잡함, 자기 연관성의 문제를 해결해야 했고 그렇게 해왔다. 진화라는 탁월한 전략을 사용해서 말이다. 그러므로 진화론은 실용적 가치를 지니는 학문이다.

인간의 창작물 역시 자연의 발명품과 비슷한 과정을 거친다. 인간의 창의력도 진화가 생물의 왕국을 만들 때 사용했던 무계획적인 실험, 조합, 선별에 기초를 두고 있다. 지난 몇 년 동안 학자들은 이런 우연의 원칙을 기술에 응용하기 시작했다. 하지만 이런 원칙의 응용 영역은 여기서 끝나지 않는다. 새로운 것을 세상에 내놓을 때마다, 우리의 삶을 바꾸고 싶을 때마다 우리는 우연의 작용을 활용할 수 있다.

그러나 이런 생각을 받아들이기는 쉽지 않다. 잠자리 날개를 관찰할 때마다 이런 오묘한 작품이 무계획적으로 탄생했다는 것이 믿기지 않는다. 학자들 역시 다윈 이론을 받아들이기가 쉽지 않다. '빅뱅'이라는 말을 처음으로 사용했으며 20세기 가장 독창적인 과학자로 손꼽히는 영국의 천문학자 프레드 호일은 단세포 생물이 단백질과 지방과 물을 원료로 '저절로' 합성되었다는 의견에 고개를 내저었다. 그건 마치 '폭풍으로 산산조각이 난 여객기가 우연히 다시 조립되는 것'만큼 불가능한 일이라고 말이다.

예전부터 생명의 탄생과 진화에 어떤 창조적인 지능이 개입한 것으로 해석하고자 하는 시도는 끊이지 않았다. 호일 역시 혜성이나 유성이 우주 공간 저 멀리에서 지구로 첫 번째 생명의 씨앗을 날라다 주었다고 믿었다.

기린의 목이 길어진 이유

그러나 이미 1809년에 파리의 귀족 출신 동물학자 장 밥티스트 셰발리에 드 라마르크는 전혀 다른 선구적 해결책을 생각해냈다. 어떤 높은 존재가 아니라 창조물 스스로가 생명의 다양성을 불러왔다는 주장이었다. 이처럼 창조사의 무대를 파라다이스에서 지상으로 옮겨오면서 라마르크는 진화론의 아버지가 되었다.

라마르크의 사고는 다윈에게 길을 열어주었다. 비록 라마르크의 주장이 진실에서 빗나가기는 했지만 라마르크의 생각이 재미있고 그럴듯하므로 잠시 들여다보고 지나가기로 하자.

라마르크는 모든 생물의 자기 개선 노력이 바로 자연 발전의 원동력이라고 보았다. 동물들은 살아남기 위해 '매일 기관을 사용하여' 자신의 신체 구조를 계속 발전시켰다. 라마르크의 시각에서 보면 잠자리는 열심히 날아다닌 덕분에 완벽에 가까운 날개를 얻었다. 즉, '보디빌딩'을 통해 진화가 이루어진 셈이다. 라마르크는 기린을 예로 들어, 기린이 나무 꼭대기에 달린 나뭇잎을 따먹기 위해 목을 자꾸 늘인 덕분에 지금처럼 긴 목을 갖게 되었다고 설명했다.

그리고 그렇게 힘들게 얻은 형질들을 다시 잃지 않기 위해 후손에게 그 능력을 유전시킨다고 믿었다.

그럴싸한 생각이다. 다음번 어떤 모임에 갈 일이 있으면 사람들에게 물어보라. 대부분의 사람들이 아직도 그렇게 생각하고 있음을 확인할 수 있을 것이다. 두더지의 코가 왜 들창코인지, 기린의 목이 왜 긴지에 대해 사람들은 생물이 오랜 시간에 걸쳐 생활에 필요한 능력을 추가로 획득하고, 이런 성과들을 다음 세대에 물려주었기 때문이라고 말할 것이다. 민족이나 지역에 따라 사람들의 성향이 다른 것도 그런 특성이 그 민족의 유전자에 뿌리내리고 있기 때문이라고 말이다.

라마르크가 생물이 발전한 원인을 지구상에서 찾겠다는 생각은 옳았지만 그 발전이 이루어진 방법에 대해서는 착각하고 말았다. 라마르크는 자연이 한 걸음씩 합리적으로 행동한다고 믿었다. 그의 주장대로라면 우연이 들어설 자리는 없다. 하지만 자연이 어디서 그런 합리성을 얻어낸단 말인가?

다윈, 자연의 무작위성을 발견하다

1853년 갈라파고스제도를 돌아보는 동안 찰스 다윈은 라마르크가 착각했다는 확신을 굳히게 되었다. 이 외딴 화산섬들에는 몇 종류 안 되는 동식물 속屬이 살고 있었다. 하지만 종은 놀랄 정도로 다양하게 분화되어 있었다. 그래서 다윈은 "섬마다 각기 자신만의 고유한 거북이를 보유하고 있는 듯하다"라고 기술할 정도였다.

특히 핀치의 다양성은 놀라울 정도였다. 남아메리카 대륙에서는 핀치를 한 종류밖에 볼 수 없었는데 갈라파고스제도에는 깃털과 부리 형태와 사는 모습이 서로 다른, 열 종이 훨씬 넘는 핀치들이 살고 있었다. 큰땅핀치와 작은땅핀치는 앵무새와 비슷한 부리로 씨앗을 쪼아 먹었으며 딱따구리핀치는 도구를 활용할 줄 알아 긴 부리로 선인장 가시를 물고는 썩은 나무를 뚫어 그 안에 있는 애벌레들을 잡아먹으며 살고 있었다. 흡혈귀핀치라고도 불리는 부리가 뾰족한 땅핀치는 대개 곡물과 곤충을 잡아먹고 살지만 어떤 섬에서는 바다새의 피를 빨아먹으며 살았다.

부리의 모양은 종마다 주로 먹는 먹이에 맞게 만들어진 것처럼 보였다. 그리하여 다윈은 처음에 라마르크의 주장대로 동물들이 자신이 좋아하는 먹이를 먹다 보니 부리 모양이 변한 것이라고 생각했다. 하지만 핀치의 생태를 더 정확히 관찰하면서 다윈은 헷갈리지 않을 수 없었다. 가령 흡혈귀핀치는 마른 지대에서 번성한다. 하지만 그렇다면 왜 다른 메마른 섬들에는 이 새가 살지 않는 것일까? 흡혈귀핀치는 작은땅핀치가 없는 곳에서만 발견할 수 있었다. 이런 현상은 라마르크의 이론으로는 설명하기 어려웠다.

더욱이 여러 섬에 사는 흡혈귀핀치는 다른 핀치들과 마찬가지로 굉장히 다양한 모습이었다. 출신 지역에 따라 색깔이 달랐고 부리의 크기도 달랐다. 그렇다고 그런 차이가 살아가는 데 큰 도움이 되는 것 같지도 않았다. 그저 환경에 적응하는 것만이 문제가 된다면 이런 다양성을 띨 이유가 없었다.

다윈은 이런 사실에 착안하여 진화론의 가장 중요한 생각에 이르게 되었다. 즉, 자연은 무작위적으로 새로운 형태를 실험한다는 것이다. 남아메리카 내륙 지방에 살던 핀치가 처음으로 갈라파고스에 도착했을 때 그들에게는 무한한 가능성이 열려 있었다. 우연한 유전자 변화를 통해 핀치 한 마리가 특이한 부리 형태를 가지고 태어났고, 덕분에 그 새는 다른 새들이 먹을 수 없는 먹이를 개발할 수 있었다. 그리고 그 새가 번식하여 새로운 몸 형태를 후손에게 물려주었다. 그러므로 라마르크의 생각과 달리 식습관에 따라 몸 구조가 변한 것이 아니라, 몸 구조에 따라 식습관이 변했던 것이다.

하지만 때로는 적응을 더 잘한 종이 새로 생긴 종과 경쟁하여 우위를 점하고, 그로 인해 열등한 모델은 의도했던 대로 계속 발전할 수 없어 사라지고 마는 때도 있을 것이다. 가령 흡혈귀핀치도 땅핀치가 식량을 모조리 먹어치워 버린 섬에서는 살아남을 수가 없었다. 이렇듯 경쟁은 어떤 생물이 살아남을 것인가를 결정한다. 하지만 때로는 양쪽 모두 비슷한 상황일 수도 있으며, 그 경우 둘 다 계속 살아남을 수 있다. 그리하여 생존하는 데는 그렇게 많은 다양성이 필요하지 않음에도 깃털 색깔과 부리 모양이 다양한 핀치들이 있는 것이다.

다윈은 자연의 다양성을 우연으로 설명한다. 어떤 생물도, 인간의 어떤 특성도, 계획에 따른 것은 없다. 진화가 무슨 일을 불러왔건 간에 목표도 의도도 없었으며, 최선의 해결책을 찾겠다는 야망 같은 것은 더더욱 없었다. 중요한 건 그저 살아남는 것이었다. 그러므로 자연사가 우리의 존재를 설명해줄 수 있다는 믿음은 착각이다. 어쩌다 우연히 생겨났고, 그것이 필요하거나 크게 장애가 되지 않아 그대로 유지되었다는 것밖에는 별다른 존재 이유를 발견할 수 없는 특징들이 한둘이 아니다. 그리하여 우리는 지금의 모습으로 살아가고 있다. 그러므로 파란 눈이 더 나을 것도 없고 갈색 눈이나 초록색 눈이 더 나은 것도 아니다.

우리는 모두 우연히 태어났다

그러나 자신을 우연의 산물로 보고 싶은 사람이 누가 있을까? 우리는 본질상 목적 지향적으로 행동하는 데 익숙하다. 그리하여 우리가 상당 부분 무분별한 실험에서 비롯된 존재라는 생각을 받아들이기 힘들다.

다윈의 학설을 받아들이기 힘든 더 큰 이유는 그의 학설이 더 나은 세계에 대한 우리의 믿음을 거스르기 때문이다. 우리는 자신에게 있는 별로 인정하고 싶지 않은 특성을 알고 있다. 그리고 그것을 고치기 위해 애쓰며, 이런 특성을 자녀에게 물려주지 않으려고 한다. 그러나 어느 순간 자녀가 그 특성을 갖고 있고, 그것 때문에 예전의 나처럼 고통받는 것을 보기도 한다. 다윈은 그럴 수밖에 없다고 말한다. 우리 스스로 타고난 유전 장비를 변화시키는 것은 불가능하며, 유전 장비의 변화는 돌연변이나 자연 선택 같은 예기치 않은 힘에 맡겨져 있기 때문이다. 자연과학에 꽤 열려 있는 시각을 지닌 사람도 이런 견해에 우울해하기는 마찬가지다.

그리하여 빈의 생물학자 파울 캄머러는 다윈의 학설에 이의를 제기하고 나섰다. 캄머러는 좋은 습관이 우리의 유전인자를 변화시킬 수 있다고 보는 라마르크 학설의 마지막 신봉자였다. 캄머러는 유전을 통한 인간의 진보를 꿈꾸었다. 그가 일상의 우연성과 법칙성을 열심히 연구했던 것도 자연이 계획적으로 행동한다는 믿음을 확인하기 위해서였다. 캄머러는 『연속성의 법칙The law of the series』이라는 그의 방대한 저작에서 일상에서 비슷한 사건들이 꼬리를 물고 이어지는 이유를 제시하고, 이런 생각을 그의 경험에서 비롯된 예화들로 설명하고 있다. 가령 19번 전철을 타고 연극을 보러 갔는데 극장에서 19번 열에 있는 좌석을 배정받았다면 이런 일들을 우연이라고 믿지 않았다.

또한 캄머러는 일상적 사건뿐 아니라 인간 역사 속에도 숨겨진 의미가 있다고 보았다. 캄머러는 유전자에 대해 "오늘날 대부분의 과학자가 주장한 것처럼 획득된 형질이 전수되지 않는다면 진정한 진보는 불가능하다"라며 이렇게 말했다.

"(그렇다면) 인간의 삶과 고통은 헛된 것이 되어버린다. 삶에서 이룬 모든 것은 그의 죽음과 더불어 끝나버릴 것이며 그의 자녀들과 그 자녀들의 자녀들은 언제나 처음부터 다시 시작해야 할 것이다……. 그러나 한 번 획득된 형질이 간혹 유전될 수 있다면 우리는 더는 과거의 노예가 아니며 미래를 이끌어 나가는 함장이 될 것이다. 우리는 시간이 흐르면서 어느 정도 무거운 짐에서 자유로워질 것이며 점점 더 높은 수준으로 올라서게 될 것이다. 교육과 문명, 위생과 사회적인 업적으로부터 개인만 유익을 얻는 것이 아니라, 모든 행동과 모든 말과 심지어 모든 생각이 다음 세대에 흔적을 남기게 될 것이다."

이런 견해를 굳히기 위해 캄머러는 두꺼비로 실험을 했다. 그는 원래는 육지에 사는 두꺼비를 물속에 넣어두었다. 그리고 얼마 후 수컷 두꺼비의 다리에 경피가 생긴 것을 관찰했다. 짝짓기를 할 때 미끄러운 암컷을 꽉 붙들기 위해 생겨난 것이었다. 그리고 이 특징은 새끼 두꺼비에게도 나타나면서 라마르크의 유전설을 확인했다. 러시아는 이 소식에 열광했고 1925년 캄머러를 모스크바 대학교수로 초빙했다. 그러나 얼마 뒤 누군가가 두꺼비의 피하에 먹물을 주사했고, 그래서 그것이 경피처럼 보였던 것으로 밝혀졌다. 캄머러는 자신의 실험실에서 일어난 이런 음모에 대해 아는 바가 없다고 주장하며 조수들에게 책임을 전가했다(후에 한 영화는 캄머러를 돈을 둘러싼 음모의 희생자로 그렸다). 하지만 아무도 자신을 믿어주지 않자 캄머러는 자신의 귀중한 장서를 모스크바 대학에, 자신의 시신은 빈의 해부학 연구소에 기증하고는 46세의 나이에 권총 자살을 했다.

유전 정보는 유기체가 바꿀 수 없다

캄머러는 이렇게 당시 어떤 생물학자도 절대 의심하지 않았던 자연법칙에 대항했지만 다윈이 갈라파고스제도를 돌아보고 결론을 내린 이래, 라마르크의 학설에 배치되는 연구는 많이 있었어도 라마르크의 학설을 확인하는 연구는 하나도 없었다. 오늘날 라마르크가 틀렸다는 것은 더 확실하게 증명되었다. 20세기 중반 유전자의 구조가 밝혀지면서 기린이 목을, 잠자리가 날개를 열심히 사용하다 보니 긴 목과 멋진 날개를 갖게 된 것이 아니라는 게 드러난 것이다. 몸의 형태와 기능은 설계도, 즉 유전자에 의해 정해지며, 이런 유전 정보는 유기체가 임의로 바꿀 수 없다는 것을 말이다.

체세포의 핵에는 DNA가 있다. DNA는 이중 나선형 구조로 되어 있고 모든 유전 정보, 즉 유전자를 가지고 있다. 그리하여 신체가 유전 정보를 필요로 할 때마다(조직이 자랄 때는 물론이고 일반적인 신진대사 과정에서도) DNA에서 유전 정보를 읽을 수 있다. 복제를 담당하는 분자들이 이 일을 하는데 이 복제 분자들은 단백질을 합성한다. 단백질은 세포의 일꾼이라 할 수 있다. 성장이든, 에너지를 얻는 것이든, 병원균에 저항하는 것이든, 어떤 일이 실행될 때마다 단백질이 필요하다. 유기체에서 진행되는 모든 과제를 위해 자연은 특별한 단백질을 고안했다. 그런 단백질은 인간의 체내에도 몇백 가지가 될 것으로 추정되지만 누구도 정확한 숫자를 모른다. 단백질의 구성은 유전자에 암호화되어 DNA 위에, 염기라 불리는 특정한 분자들의 배열로 쓰여 있다. 유전자에서 단백질로 정보가 흘러가고 단백질은 체내에서 유전적 시나리오를 실행한다.

다르게는 안 될까? 만약 라마르크의 주장대로 습득된 형질들이 유전자에 반영된다면, 그 정보들이 어떤 경로를 거쳐서 유전자에 이르러야 할 것이다. 그러려면 단백질이나 세포 내의 다른 물질들이 유전자를 의도적으로 바꿀 수 있어야 한다. 그러나 그것은 불가능하다. 유전자와 단백질 사이의 전달 물질은 정보를 단지 한 방향, 즉 유전자에서 단백질 쪽으로만 전달할 수 있을 뿐, 거꾸로는 전달할 수 없다. 유기체의 발전 과정에서 유전자가 작동되었다 멈추었다 할 수는 있지만 유전 정보 자체, 즉 염기 배열은 변하지 않는다. 그러므로 DNA는 읽을 수는 있지만 쓸 수는 없는 책이라 할 수 있다.

자연이 유전 정보를 조작하는 것을 막아놓은 데는 그럴 만한 이유가 있다. 모든 생명 과정에서 유전자가 중심적인 역할을 수행하기 때문에 그것을 조작하는 것은 거의 죽음을 의미한다. 진화는 될 수 있는 한 그런 일을 사전에 예방한 것이다. 그리하여 유전 정보는 어느 정도 쓰인 대로 보호될 뿐 아니라 세포에 일련의 복구 메커니즘이 예비되어 있어 화학물질의 공격을 받거나 해서 유전자가 손상될 경우 즉각 원래 상태로 복원된다. 이런 복구 메커니즘이 고장 나면 암 같은 것이 발생할 수 있다.

손해 볼 위험이 있을 때는 검증되지 않은 새로운 것을 포기하고 기존의 것을 유지하는 편이 낫다. 현재 상태가 이상적이지는 않더라도 어느 정도 안전하니까 말이다. 그리하여 유기체는 기존의 유전자로 만족하는 듯하다. 자연은 보수적이다.

우연한 돌연변이의 승리

그러나 지구상에 존재하는 동식물은 학계에 알려진 것만 해도 175만 종에 이르고, 전체의 종수는 그보다 열 배는 많을 것으로 추정된다. 다윈이 옳다면 이런 다양한 동식물들은 모두 공통의 조상에서 유래한 것이다. 따라서 어느 시점에서 유전자가 서로 분화되기 시작했다는 이야기인데, 대체 어떻게 그럴 수 있었을까?

생명의 다양성은 진화가 화를 복으로 바꿀 수 있었기에 가능했다. 즉, 진화는 우연을 새로운 것을 위한 출발점으로 이용해온 것이다. 세포가 분열하면 세포는 늘어난다. 그리고 유전인자도 배가된다. 그런데 이 과정에서 복제가 언제나 원래 상태 그대로 이루어지는 것은 아니다. 종종 각각의 염기가 잘못 읽히는 일이 발생하며 전체의 유전자 시퀀스가 변화하거나 사라지거나 엉뚱한 곳에서 다시 등장하기도 한다. 심지어 유전자 조각들이 거꾸로 새로운 DNA 속에 장착되기도 한다. 이런 오류들은 우연히 발생한다. 원인은 대부분 원자가 가만히 있지 않고 끊임없이 가볍게 요동하기 때문이다. 제어되지 않는 원자의 떨림은 온도가 높을수록 격렬하다. 유독물질이나 에너지가 강한 방사선 같은 외부적인 요인도 유전 정보를 손상시킬 수 있다.

하지만 놀랍게도 그런 돌연변이는 많은 경우 별다른 결과를 초래하지 않는다. 유전자에는 유기체의 기능에 별 필요가 없는 의미 없는 텍스트도 많이 들어 있기 때문이다. 정자나 난자에 고장이 발생하면 대부분 수정이 되지 않거나 배아가 수정 후에 금방 죽게 된다. 그러나 체내의 세포에서 고장이 발생하면 돌연변이는 다음 세대로 유전된다. 그럴 때는 태어나는 아기가 유전병을 앓게 될 수도 있다. 그러나 아주 드문 경우 이런 사고는 오히려 장점으로 작용하여 우연히 부모보다 유전적으로 월등한 아기가 태어날 수도 있다. 그리고 그런 아이는 자신의 형질을 자손에게 물려준다.

돌연변이된 생물의 세포가 특정한 당을 더 효율적으로 에너지로 전환시킨다든지 할 때는 돌연변이로 인해 개선된 변화들이 눈에 잘 띄지 않는다. 반면 어떤 돌연변이는 전체 유기체의 구조를 변화시킬 수도 있다. 결국은 우리의 생물학적 조상들도 유전자의 그런 우연한 변화에 힘입어 태어나지 않았는가. 그런 변화로 물고기가 육지로 올라왔고, 영장류는 앞발의 가장 커다란 발가락을 옆으로 뻗을 수 있게 되었으며, 능숙하게 물건을 집을 수 있을 만큼 발가락을 자유자재로 움직이게 되었다.

그런 사건에서는 '작은 원인, 커다란 결과'라는 말이 오히려 무색해진다. 유전자 원자들 간의 작은 위치 바꿈이 전체 신체의 기능을 좌지우지하며 외모를 결정하기 때문이다. 새로운 돌연변이 생물이 살아남으면 이런 우연의 작용이 그와 그의 후손들에게 고착된다.

파리는 잠자리보다 우둔할까?

잠자리에 비해 파리는 우둔한 생물처럼 보인다. 더 작을 뿐 아니라 나는 동작도 유연하지 못하며 비행 속도도 잠자리의 반에도 못 미친다. 1분당 날갯짓하는 횟수는 잠자리보다 다섯 배나 많으면서도 말이다. 그래서 유유한 날갯짓을 하는 잠자리의 비행은 우리 귀에 들리지 않지만, 파리가 윙윙대는 소리는 자못 시끄럽기까지 하다. 천부적인 몸 구조를 가진 잠자리는 근육과 연결된 네 개의 날개를 각각 자유자재로 움직여 자신이 원하는 방향으로 멋진 비행을 한다. 그에 반해 파리는 날개가 두 개밖에 없으며 그나마 그것도 근육과 직접 연결되어 있지 않아서 날아오르려 할 때마다 등판을 움직여 날개를 젖은 손수건처럼 아래위로 쳐주어야 한다.

그리하여 우리는 파리가 잠자리보다 구식일 거라고, 기본형에 가까운 진화의 선배일 거라고 추정한다. 그러나 그것은 오산이다. 진짜 순서는 반대다. 공중을 날아다닌 첫 곤충이 잠자리와 비슷한 부류였고 파리는 잠자리와 비슷한 몸 구조를 가진 조상으로부터 잠자리보다 최소한 1억 년은 늦게 분화된 곤충으로, 못생겼지만 굉장히 성공적으로 살아남은 곤충이다.

파리에 이르는 과정에서 잠자리의 탁월한 몸 구조와 비행 능력은 사라지고 말았다. 진화는 이미 이룩한 클라이맥스를 다시 저버렸던 것이다. 그러나 대신 튼튼하고 적응력이 뛰어난 파리가 탄생했다. 오늘날에는 파리라는 커다란 집단에서 또 다른 곤충이 분화되어 나오고 있다(모기도 그에 속한다). 그에 반해 잠자리는 별로 중요하지 않은 변방에서 명맥을 유지하고 있는 처지다.

이런 현상이 가능한 것은 진화가 우연히 이루어지기 때문이다. 자연이 목적 지향적으로 최상의 해결책만을 추구한다면 곤충의 발전은 막다른 골목에 다다랐을 것이다. 잠자리처럼 놀랄 만한 작품을 어떻게 더 개선한단 말인가? 잠자리는 3억 년 전 날개가 두 개뿐인 곤충이 먼 미래에 자신을 능가하게 되리라고는 생각하지 못했을 것이다. 자연은 앞날을 내다볼 수 있는 능력이 없다. 그저 무작위적인 걸음을 어디론가로 옮길 뿐이다. 우연에 의해 유전인자가 변화할 때도 바로 그런 일이 일어난다.

대부분의 우연한 실험들은 생존 능력이 없는 존재들을 배출한다. 하지만 그러는 와중에 계획에 따른 진보라면 도저히 배출하지 못했을 걸출한 작품 하나가 그동안의 모든 실패를 무마시킨다. 우연의 원칙에 따른 발명품이 없었다면 진화는 거의 제자리걸음을 했을 것이다.

진보가 계획적으로 이루어지는 것이 아님을 우리는 문화와 기술에서도 경험한다. 구글리엘모 마르코니는 전화의 대용품으로 라디오를 발명했다. 전화선을 놓을 수 없는 배 같은 곳에서 전화 대용으로 사용하려고 만들었지 그 이상은 생각도 하지 않았다. 마르코니는 훗날 자신의 발명에 기초하여 휴대전화와 위성 텔레비전까지 나올 줄은 꿈에도 생각하지 못했을 것이다.

1940년대 IBM의 경영진 역시 기술자들이 처음 나온 전자계산기 (컴퓨터)에 매달리고 있는 것을 탐탁지 않게 생각했다. 공연히 기술개발비만 남용한다는 생각이었다. IBM 경영진은 컴퓨터 같은 것은 전 세계적으로 몇 대만 필요할 것이라고 추측했기에 혁명적인 컴퓨터 개발 대신 타자기를 업그레이드하는 데 주력했다. 그리하여 트렌드를 제대로 파악하지 못하고 뒤늦게 컴퓨터 개발에 착수함으로써 위기를 겪었다.

계획에 따른 진화는 업그레이드된 타자기를 선사할지는 몰라도 컴퓨터를 선사하지는 못한다. 그것은 기껏해야 약간 더 세련된 잠자리를 만들어 낼 뿐 파리를 만들어 내지는 못한다.

진화는 공작이다

고슴도치의 가시는 고슴도치 조상들의 몸을 따뜻하게 감쌌던 털이 변한 것이다. 그리고 포유동물의 이도耳道에서 음파를 증폭하여 전달해주는 작은 뼈들(망치뼈, 모루뼈, 등자뼈)은 파충류 턱관절에 있던 뼈에서 비롯되었다. 자연은 무에서 새로운 것을 만들어내는 대신 기존의 것을 활용하고 임의로 변화시킨다. 그리하여 털은 무기가 되고, 씹는 일을 하는 기관은 감각기관이 된다. 프랑스의 유전학자 프랑수아 자코브는 "진화는 공작이다"라고 말하곤 했다.

그런데 씹는 것을 도와주는 기관이 어떤 과정을 거쳐 귓속뼈로 변한 것일까? 단번에 변하는 경우는 극히 드물다. 여기서도 진화는 우리의 예상과는 다르게 행동한다. 우리는 번득이는 아이디어와 용기를 동원하여 단번에 큰일을 이루고 싶어 한다. 하지만 자연사에서는 통하지 않는다. 진화는 굉장히 근시안적이고 실용적으로 진행된다. 신체 구조의 주요 변화들은 수많은 우연의 결과로 이루어졌다. 임의로 이루어지는 연속적인 돌연변이의 작용이었던 것이다.

영국의 진화생물학자 존 메이너드 스미스는 코끼리 코가 어떻게 그렇게 길어졌는지를 설득력 있게 설명했다. 코끼리들은 거대한 엄니를 소유했던 동물군의 마지막 후예다. 뼈 화석에 따르면 코끼리 조상들의 경우 오늘날의 코끼리와는 달리 엄니가 아래턱에서 나서 자랐으며, 땅에서 영양이 풍부한 뿌리를 캘 수 있도록 삽과 비슷한 모양이었다. 그러다가 우연한 돌연변이로 코가 약간 길어지게 되자 이제 코를 사용하여 좀 더 능숙하게 먹이를 입안으로 밀어 넣을 수 있었다. 그리고 이후 후손들의 코는 계속된 돌연변이로 더 길어졌으며 그럼으로써 먹이를 먹는 데 더욱 유리해졌고, 세대를 거듭하면서 그런 식으로 계속 진행되었다는 것이다. 코끼리와는 상관없이 다른 동물군에서도 비슷한 변화가 이루어졌다는 사실은 이 해석을 뒷받침한다. 맥, 바다코끼리 등도 코끼리 코로 진화되는 중간 단계쯤에 해당하는, 도구로 활용할 수 있을 만한 꽤 긴 코를 가지고 있다.

코끼리 조상에게 삽처럼 생긴 엄니는 어느 순간 불필요해지면서 사라졌다. 그러나 긴 코는 먹이를 입으로 운반하는 데 쓸 만한 것으로 입증되었다. 오늘날 코끼리의 코는 정말로 만능 도구다. 코끼리는 코를 이용하여 물을 마시고 나팔을 불 수 있다. 수컷은 싸울 때 코를 무기로 사용한다. 그리고 서로 인사하거나 애무하고 싶을 때도 서로 코를 휘감는다. 하지만 코에서 이런 만능 도구로 이르는 과정은 몇백만 년이 걸렸고 수많은 우연한 돌연변이가 필요했다. 쓸 만한 기관을 갖게 되는 행운은 세대를 넘어 작은 파편들이 쌓이고 쌓여서 이루어지는 것이다.

기형과 진화는 백지 한 장 차이

적응하지 못하는 자는 세계의 무대에서 사라져간다. 너무 많은 실험을 하는 자도 살아남기 힘들다. 진화의 모든 성공은 우연히 맞아떨어져서 이루어졌으며 많은 희생자를 내고 얻어진 것이다. 그리하여 자연은 이런 딜레마를 극복하기 위해 감탄할 만한 출구를 마련했다. 바로 특정한 유전자를 활용해 우연의 길을 조종하는 것이다. 그리하여 극도로 위험한 실험을 어렵게 하는 동시에 적은 노력으로 충분한 변화가 가능하도록 한다.

모든 동물이 닮아 있는 이유가 무엇인지 생각해본 적이 있는가? 전갈이건 뱀장어건 공작이건, 동물은 모두 대칭적인 모습을 하고 있다. 한쪽 끝에 입이 달린 머리가 있고 다른 쪽 끝에 꼬리가 있다. 그리고 심장이 하나씩 있고 눈과 장이 있다.

다윈의 말마따나 자연은 원하는 것을 시험해볼 수 있을 것이고, 그저 그렇게 해서 생존할 수만 있으면 되었을 텐데. 그러나 땅에서도 물속에서처럼 민첩하게 움직이기 위해 다리와 지느러미를 둘 다 가지고 있는 양서류는 없다. 더 넓은 시야를 확보하기 위해 눈이 네 개 달린 (혹은 꼬리에 한 개 더해서 다섯 개 달린) 말도 없다. 손가락이 열두 개 달린 원숭이도 없다. 이런 일들이 진화론의 법칙에 어긋나는 것이 아닌데도 말이다.

연구자들이 이런 수수께끼를 푸는 데 도움을 준 것은 바로 못생긴 파리들이었다. 유전학자들은 초파리 드로소필라를 계속 관찰하였다. 그 초파리들은 분해했다가 조립을 잘못한 듯 이상한 모습을 하고 있었다. 어떤 파리들은 눈이 있을 자리에 날개가 돋아 있었고, 어떤 것들은 촉수가 있어야 할 자리에 다리가 돋아 있었다. 또 어떤 초파리들은 잠자리처럼 두 쌍의 날개를 가지고 있었다. 유전자코드에서의 우연한 실수가 그 곤충들을 그렇게 완전히 다른 모습으로 만든 것이었다.

1980년대에 분자생물학자들은 드디어 초파리의 난세포에서 몸의 기본 구도를 결정하는 것으로 보이는 유전자 그룹을 발견했다. 바로 혹스Hox 유전자들이었다. 혹스 유전자는 파리 몸의 올바른 위치에서 올바른 기관이 자라도록 발생을 지휘하는 역할을 한다. 각각의 혹스 유전자가 특정한 부위를 담당하는데, 애벌레가 성숙하기 시작하면 이 혹스 유전자들이 차례로 활동에 들어가 막 형성되고 있는 유기체를 각각의 부위로 분절한다. 그리고 머리가 자라나야 할 부분에서는 나중에 등이나 꼬리가 될 부분과는 다른 단백질을 분비한다. 이런 단백질, 즉 호메오 프로테인은 몸의 각 부분을 위한 발생 프로그램을 시작하고 체절과 다리, 날개 등이 자라나는 것을 담당하는 하위 유전자들이 활동에 들어가도록 한다.

그리하여 혹스 유전자가 우연에 의해 뒤죽박죽되면 기형 파리가 태어난다. 연구자들은 초파리의 혹스 유전자 시퀀스를 바꿈으로써 머리에 다리가 돋아나고 눈이 생겨야 할 자리에 날개가 돋아나는 괴상한 파리를 얻을 수 있음을 확인했다. 혹스-설계도의 모든 작은 변화가 새로운 종류의 (종종 생존 가능한) 곤충을 만들어낸 것이다.

다른 동물들에서도 이런 혹스 유전자가 발견되자 놀라움은 더욱 커졌다. 벌레건 가재건 원숭이건 종류를 가리지 않고 이런 혹스 유전자가 설계 원칙에 따라 배아의 발생을 조종했다. 고등생물일수록 혹스 유전자는 더 많았다. 그리하여 초파리의 경우 혹스 유전자가 8개인 데 반해 인간을 포함한 척추동물은 38개였다.

따라서 생물의 유전자는 생각했던 것보다 훨씬 비슷한 것으로 드러났다. 하지만 그렇다면 무엇이 벌레와 사람의 차이를 빚어내는 것일까? 그것은 상당 부분 배아가 성장하면서 혹스 유전자가 활동을 시작하는 시간표에 달려 있다. 특정한 혹스 유전자가 약간 이르거나 늦게 작동을 시작하거나 중단하면 몸의 형태는 무참하게 일그러진다. 분자생물학자들이 뱀을 대상으로 이런 실험을 하자 뱀에게서 몽당 다리가 돋아났다. 하버드의 생물학자 클리프 타빈은 백조의 혹스 유전자가 예정보다 더 오래 발생을 지휘한 결과 백조의 경추가 더 많아져서 목이 닭들보다 더 길어진 것을 발견했다.

기린도 이런 식으로 긴 목을 가지게 된 것일까? 혹스-프로그램의 시간표를 조종하는 유전자에게서 일어난 우연한 변화가 새로운 형태와 비율을 유발하는 것은 틀림없다. 하지만 건축을 담당하는 유전자가 이미 몸을 각각의 분절로 나눈 상태이기에 그런 변화는 전체의 구조까지 흔들지는 않는다. 그리하여 백조의 경우 다른 부위에는 피해를 주지 않고 목만 길어졌다. 우연은 입증된 생명의 기본 구조를 그리 쉽사리 위험에 빠뜨리지는 못한다. 세부적인 부분에서만 실험이 이루어질 뿐, 진화는 보수적인 동시에 진보를 환영한다.

자연과 문화는 목적 없이 흘러간다

인간의 창조성도 진화와 같은 법칙을 따를까? 사회의 정보는 유전자와는 다른 방식으로 확산되며 변화한다. 언어와 문자 덕분에 인간의 지식은 방대한 시간과 거리를 넘어 전수될 수 있다. 그에 반해 진화가 고안한 것은 단지 부모에게서 자식에게로 전수될 뿐이다. 또한, 유전자가 그저 우연히 변화하는 것에 반해 인간들은 목적 지향적으로 지식을 삶의 요구에 끼워 맞출 수 있다. 문화의 진보는 라마르크의 생각에 가깝게 이루어지는 것이다.

또한 정보가 저장되는 방식도 다르다. 생명의 계획은 유전자에 암호화되어 새겨져 있으며 그것이 세포에서 먼저 읽힌 다음 신체 형태와 행동으로 번역된다. 유전자 코드와 외부로 나타나는 형상을 일대일로 대응시킬 수도 없다. 부 또는 모의 유전자 어딘가에 발현되지 않은 빨간 머리 유전자가 있었다면 부모는 모두 금발인데 빨간 머리의 아기가 태어날 수도 있다. 유전자에는 한 생물의 정보만이 아니라 그 조상들에 대한 정보까지 저장되어 있다. 그리고 이런 데이터들은 보이지 않는다.

그러나 문화적 정보는 다르다. 여기서는 모든 지식에 직접 다가

갈 수 있다. 숨겨진 계획 같은 것은 없다. 비틀스의 〈Yesterday〉에 매료되어 자신의 작품을 작곡하게 된 음악가는 그들의 멜로디와 음성을 그저 출발점으로 삼을 뿐이다. 비틀스가 〈Yesterday〉를 작곡하면서 생각했던 것, 그의 영감 같은 것들은 중요하지 않다. 그리하여 문화의 발전은 진화보다는 덜 꼬인다.

그러나 두 영역에서 우연의 역할은 아주 유사하다. 다윈이 경제학자 애덤 스미스의 생각을 모범으로 삼았을 때 그는 이미 이런 사실을 인식했던 것 같다. 애덤 스미스처럼 다윈은 실험과 많은 경쟁(경제에서는 기업 간의 경쟁, 자연에서는 생물 간의 경쟁)의 와중에서 '보이지 않는 손'에 의해 저절로 질서가 생겨날 거라는 생각에서 출발했다. 현재 자연과학의 핵심어가 된 '유전자'와 '진화'라는 말도 원래는 문화학에서 온 개념들이다. 1836년 빌헬름 훔볼트가 유럽어들이 인도-게르만 어원 속에서 파생되어 나왔다고 설명하면서 그런 개념들을 사용했던 것이다. 당시 다윈은 아직 무명이었다.

자연 발전과 문화 발전은 모두 결합의 작용에서 비롯된다. 두 영역 모두 이미 알려진 원료들이 놀라운 방식으로 다르게 조합되어 새로운 것이 탄생한다. 자연사와 문화는 한 걸음씩 전진한다. 그리고 둘 다 결과를 대부분 예측할 수 없다. 자연과 문화 모두 목적 없이 흘러간다. 인간 개개인은 목표를 이루고자 노력하지만 전체 역사는 아무런 목적이 없다. 모든 가능성과 미래의 결과가 확실하게 알려진 시대는 없었다. 쓸모 있는 해결법이 나올 때까지 이쪽에서는 진화가, 저쪽에서는 인간이 실험한다.

자연이나 문화에서 끊임없이 새로워지는 일은 변화하는 환경과

발맞춰 생존하기 위해 필요한 것이다. 충분히 실험하지 않는 자는 발전하지 못하고 민첩한 경쟁자들에게 내몰린다. 진화와 인간의 창조는 모두 엄청난 다양성으로 흘러들고 어느 곳에서도 선과 악을 판가름하는 전능한 존재는 나타나지 않는다. 결국 어떤 생물이, 어떤 아이디어가 승리할지는 경쟁만이 결정한다. 우연 없이는 진보도 없다.

예방 접종의 발견

발전은 잘 알고 있는 것을 가지고 곡예를 부리는 것이다. 자연뿐 아니라 우리 인간도 기존의 것을 조합해서 새로운 것을 창조한다. 1857년 제프모저는 자신의 식당에서 소시지 속을 채우다가 굵기가 가는 창자가 다 떨어지자, 남은 고기를 두꺼운 창자에 채워 끓는 물에 삶아서는 손님들에게 특별 메뉴로 대접했다. 이것이 최초의 뮌헨식 흰 소시지다.

　체계적인 예방 접종법을 마련한 루이 파스퇴르의 일화는 어떻게 새로운 발견에 이르게 되는지를 보여준다. 1878년부터 닭 콜레라의 병원체를 연구하던 파스퇴르는 예기치 않은 일이 생기는 바람에 잠시 연구를 중단하고, 인공 배양된 박테리아를 여름 내내 실험실에 방치해놓았다. 그리고 가을에 다시 연구를 시작하여 아무 생각 없이 이 변질된 병원균을 닭 몇 마리에게 주사했다. 그러자 그 닭들은 가볍게 앓더니 이내 회복되었다. 파스퇴르는 겉으로 보기에도 썩은 것 같은 이 배양액을 버리고 새로이 병원체를 배양했다. 그리고 새로 배양한 박테리아를 새로 들여온 닭들과 썩은 박테리아 배양액을 맞고 회복된 닭들에게 주사하였다. 그러자 놀랍게도 처음 실험에 임한 닭들은 심하게 앓다가 죽어버렸지만 이미 한 번 가볍게 앓았던 닭들은 수월하게 견디어냈다.

파스퇴르는 이런 사실을 더 빨리 깨달을 수 없었을까? 그보다 100년도 더 전에 의학도였던 에드워드 제너가 천연두 백신을 발견했고 유럽의 모든 학자가 이를 알고 있지 않았는가? 하지만 그때까지 아무도 제너의 방법으로 다른 병도 예방할 수 있을 거라고 생각하지 못했다. 인체가 어떤 미생물과 처음 접촉했을 때 이를 병원체로 인식하면 무장을 갖추어 다음 공격에 더 잘 방어할 수 있다는 예방 접종의 원칙을 몰랐던 것이다.

그때까지 의학과 미생물학은 서로 관련 없는 분야였다. 여기에 다리를 놓은 것은 파스퇴르의 천부적인 업적이었다. 그리고 이것이 가능했던 것은 그가 인간과 동물의 유기체에 관해 잘 알고 있었기 때문이며, 다른 한편으로는 둘째가라면 서러울 만큼 미생물 분야에 훤했기 때문이다. 파스퇴르는 부패의 원인인 박테리아를 발견했던 장본인이다. 그리고 우연은 그런 파스퇴르를 도와주었다. 진화에서 기존의 생물을 변화시키는 우연, 하지만 무無에서 무턱대고 형태를 만들어내지는 않는 그 우연이 파스퇴르에게 이미 알고 있던 두 가지 생각을 연결하도록 했다. 파스퇴르 스스로도 이런 사실을 의식하고 있었다. 그리하여 파스퇴르는 말한다.

"우연은 준비가 잘된 사람에게 행운을 선사한다."

모든 발명품은 우연의 작품이다

우연의 작용이 아니었더라면 잠자리에서 파리로의 진화는 절대 가능하지 않았을 것이다. 우연은 우리의 생각 속에서도 지평을 넓혀준다. 계획에 따라 엄격한 논리로 자신의 생각을 발전시키는 사람은 꼼꼼하고 심오할지는 몰라도 다양한 아이디어를 길어 올릴 수는 없다.

17세기의 철학자 고트프리트 라이프니츠는 생각도 뉴턴의 운동 법칙처럼 명확한 원칙을 따른다고 보았다. 그는 인간은 현재의 지식에서 미래에 나타날 모든 것을 유추할 수 있다고 말했다. 미래의 모든 아이디어는 충분히 오래, 그리고 예리하게 생각하는 사람에게 이미 모습을 드러낸다고 말이다.

그러나 우리는 오늘날 라이프니츠의 생각이 틀렸다는 것을 알고 있다. 4장에서 살펴보았듯이 괴델에 의하면 수학 체계의 논리는 결코 참인 모든 명제를 증명하기에 충분하지 않다. 목적 지향적인 사고는 마치 탐조등으로 풍경을 더듬는 것과 같아 세세한 부분들을 살필 수 있지만, 그들 사이의 연관을 알아내지는 못한다. 그리하여 발견이 어렵다. 물리학자이자 작가인 게오르크 크리스토프 리히텐베르크는 라이프니츠보다 100년 뒤에 그렇게 탄식했다.

"내 생각의 저장물들이 서로 오갈 수 있도록 루트들을 만든다 해도 수백 개의 경로는 이용되지 않은 채 남게 될 것이다."

반면 창조적인 사고는 연관성을 인식하고 기존의 재료로 새로운 조합을 만들어낸 것이다. 자연이 신체의 설계도를 가지고 이미 모범을 보인 것처럼 말이다. 창조적 사고를 위해서는 외부로부터의 자극이 필요하다. 우리가 제어할 수도 없고 예언할 수도 없는, 우리의 사고에 미치는 영향들, 여기에 우연이 작용한다.

파리의 화가이자 물리학자였던 루이 다게르는 빛에 민감한 판에 그린 그림을 오래 보관하는 법을 찾기 위해 오랫동안 노력했으나 번번이 헛수고로 끝났다. 그러던 1835년 봄, 다게르는 은도금이 된 동판 하나를 화학약품을 넣어두는 장에 아무렇게나 세워놓았다가 얼마 후 다시 꺼냈다. 그런데 그곳에 그림이 나타나 있는 게 아닌가. 부주의한 행동이 성공으로 이어지는 순간이었다. 약품 장에서 수은이 흘러나왔고 수은 증기에 의해 노출된 부분에 상이 생겼던 것이다. 다게르는 그 현상에 착안하여 사진술을 발견했다.

그런가 하면 인류가 페니실린을 갖게 된 것은 박테리아 배양액 덕분이다. 런던의 세균학자 알렉산더 플레밍이 휴가 동안에 실험실에 박테리아 배양액을 방치해두자 배양액에 곰팡이가 피게 되었는데 곰팡이가 무성하게 생긴 곳에 박테리아가 감쪽같이 사라져버린 것을 목격했던 것이다. 마침 그는 10년 동안 박테리아 감염에 대항하는 물질을 간절하게 찾던 중이었다.

이런 이야기는 얼마든지 있다. 연금술사 요한 뵈트거는 작센의 선제후에게 금을 만들어내겠다고 큰소리쳤지만, 실패가 거듭되자 전전긍긍하던 중 유럽 최초로 도자기를 만드는 데 성공하여 간신히 교수형을 면했고, 스카치테이프라고 불리는 투명 접착테이프는 원래 반창고를 만들려다가 생겨난 것이다. 비아그라는 효과가 신통치 않은 심장병 약이었는데, 그것을 투여받은 남자 환자들이 이상하게 그 약을 끊으려 하지 않는 것이 연구자들의 눈에 띄면서 그 효능이 연구되었다. 리히텐베르크는 "모든 발명품은 우연의 작품"이라며 "똑똑한 사람들이 책상 앞에 앉아 편지를 쓰듯이 발견하는 것이 아님"을 강조했다.

새로운 발견은 불만의 해결책과 오류를 참아내며 많은 실험을 하고 적은 선택을 하는, 다소 불편해 보이는 진화의 법칙을 통해서 탄생할 뿐이다. 우연과 직관이 이성을 대신할 수 있다는 말이 아니다. 논리적 사고가 있어야 우리의 착상이 얼마나 의미 있는지를 점검할 수 있다. 하지만 그것은 2차적 단계다. 처음에는 언제나 우연에 대해 열려 있는 개방적인 사고가 존재한다. 그리하여 프랑수아 자코브는 혁명적인 발견을 추구하는 것을 '밤의 과학night science[3]'이라 명명했다.

자연의 마구잡이 실험

인류는 서서히 자연이 보여 주는 마구잡이 실험에 익숙해져 가고 있다. 연구자들은 진화로부터 배워 우리의 익숙한, 목적 지향적 사고와는 상당히 배치되는 진화의 방법을 자신의 것으로 만들고 있다.

---

[3] 자연과학인 natural science의 natural과 어감이 비슷한 night를 갖다 붙임으로써 약간의 말장난을 한 것이다. <옮긴이>

우연은 미래의 실험실에서 중요한 도구가 될 것이다. 많은 문제는 계획과 계산으로 해결되지 않는다. 행동 가능성이 너무 크거나 어떤 식으로 해결해야 할지 도무지 드러나지 않기 때문이다.

운송업체의 화물차가 어떻게 하면 가장 효율적으로 고객들에게 배송을 마칠 수 있을지 하는 문제도 그렇다. 언뜻 보면 그리 복잡하지 않을 것 같지만 이런 문제를 논리적으로 해결하려 했다가는 큰코다치기 쉽다. 한 집 한 집 옮겨가면서 계산해야 할 것들이 기하급수적으로 늘어나고 사람과 기계는 금방 한계에 다다른다.

하지만 컴퓨터로 꼭 계산만 할 필요는 없다. 다양한 대안을 시험해보는 데 컴퓨터를 활용할 수도 있다. 원칙은 간단하다. 하나의 가능한 접근 방식을 우연한 방법으로 몇 번 변형시켜가면서, 다양한 버전이 얼마나 일을 잘해내는지를 컴퓨터를 활용해 비교하는 것이다. 그리고 나서 좋은 대안들은 남기고 나쁜 대안들은 버린다. 다음 판에 게임은 새로 시작된다. 진화도 이런 식으로 진행된다. 하지만 자연은 이렇게 하는 데 종종 수만 년이 걸리는 반면 컴퓨터 모니터에서는 몇 초 간격을 두고 세대 교체가 일어난다. 그리하여 배송업자는 화물차를 위한 가장 짧은 코스를 찾는 것이다. 복잡한 여행길은 사멸하고 짧은 길이 살아남으며 시간은 점점 단축된다.

모든 과제를 이런 식으로 해결할 수 있다. 진화의 전략은 기계 부품의 형태를 정하는 데도 활용된다. 송풍기의 노즐을 기류와 조화되도록 설치할 때도 그래픽 디자이너가 디자인을 결정하는 데 도움을 준다. 네덜란드의 신호등 체계에도 이런 방식이 활용되며, 앞으로는 유럽의 항공교통을 조종하는 데도 이바지할 것이다. 그리고 런던 로

이드 데이터 뱅크의 보험사기꾼을 적발하는 데도 활용된다. 약리학
자들은 컴퓨터가 아닌 시험관 안에서 인공적인 진화를 통해 새로운
약품을 개발한다. 처음에는 무계획적으로 여러 작용물질을 시험한
후 좋은 것은 살리고 나쁜 것은 버리는 원칙을 따르는 것이다. 우연
은 이렇게 다양한 분야에서 이용되고 있다.

Chapter 7

우월함을 이기는 우연한 승리

더 잘난 놈보다 더 많은 놈이 이긴다

때로 운명은 탄생 후 곧바로 결정된다. 새 영화가 개봉하면 사람들은 극장 매표소 앞에 길게 줄을 늘어선다. 그렇게만 되면 광고가 승리한 것이다. 이제 연쇄반응이 일어날 것이기 때문이다. 영화가 재미있으면 관객들은 사람들을 만나 입소문을 낸다. 그리고 거리에는 영화에 삽입된 노래가 흐른다. 반면 초반에 관객을 끌지 못한 영화는 신속하게 극장에서 사라져버린다. 입소문을 낼 만한 사람들이 없기 때문이다. 그리하여 간판을 내리기도 전에 그 영화는 까맣게 잊히고 만다.

진화도 똑같이 진행된다. 더 좋은 것은 좋은 것의 적이다. 그러나 좋은 것이라고 해서 모두 살아남는 것은 아니다. 더 나은 유전자가 살아남기 위해 무엇을 할 수 있는가? 돌연변이는 돌연변이를 가진 동물이 자손을 남김으로써 확산된다. 자손이 어려서 잡아먹히면 더 좋은 유전자도 사라진다.

가령 한 개체의 영양에게 더 빠른 발이 생기는 등 돌연변이를 통해 좋은 형질이 생겨났어도 그 사실이 그 유전자를 가진 개체들의 안전을 보장하지는 않는다. 다만 그런 새로운 형질을 소유한 유기체들이 번식에 성공할 확률이 높아질 뿐이다. 영화의 흥행에 입소문이 필요한 것처럼 좋은 유전적 소질은 그것을 확산시키는 부모가 필요하다. 그러나 초기에는 발 빠른 영양의 개체 수가 적어 한 마리만 사고가 나도 치명타가 될 수 있다. 그에 반해 느린 영양의 개체 수는 많기 때문에 사자에게 몇 마리쯤 잡아먹힌다 해도 유전자가 존속되는 데는 별다른 문제가 없다.

발 빠른 돌연변이 영양의 새끼 열 마리 중 네 마리가 번식 가능한 나이까지 살아남고, 평범한 영양의 새끼 열 마리 중 세 마리가 살아남는다고 치자. 그렇다면 발 빠른 영양이 생존에 유리한 것은 틀림없다. 그러나 빈의 생물학자 파울 슈스터와 카를 지그문트가 계산한 결과, 그렇다 해도 더 좋은 유전자가 개체 중에서 확고한 기반을 얻을 확률은 50%를 넘지 않는 것으로 나타났다.

그러므로 진화에서 우연은 새로운 유기체를 배출하는 유전자의 게임만 주관하는 것이 아니다. 새로 탄생한 작품이 생명의 무대에서 지속적으로 생존할 것인가, 아니면 사라질 것인가의 문제도 우연이 결정한다. 그리고 자연에서 새로운 것의 미래를 결정하는 많은 원칙은 인간 사회에도 똑같이 적용된다. 무엇보다 경제에서 그렇다.

우연이 미치는 영향은 1세대에 가장 크게 나타난다. 운이 좋으면 더 좋은 유전자는 금방 많은 개체에 확산되고, 거의 사멸될 수 없게 된다. 그러나 발 빠른 영양들이 어미가 되기도 전에 벌써 사자의 뱃속으로 들어가 버리면 종의 미래에 기여하지 못한다.

자연의 혁신은 적당한 시대에 적당한 환경에서 이루어질 때만이 승산이 있다. 기존의 무리 속을 뚫고 들어가야 하기 때문이다. 기존의 거주자들과 새내기 간의 경쟁이 어떤 모습이 될지는 예상할 수 없다. 새로운 형질이 어떤 개체군에 확고하게 뿌리내린다 해도 기후 변동이나 운석의 추락이나 인간의 남벌 같은 재앙이 탁월한 유전자를 가진 동물을 휩쓸어버릴 수도 있으며 그로써 진화는 한 걸음 후퇴할 수도 있다.

따라서 자연의 발전은 좋은 수가 중요한 체스와 비슷하다기보다는 거대한 제비뽑기와 비슷하다. 미국의 고생물학자 스티븐 제이 굴드는 자연사의 필름을 다시 돌리면 지금과는 다르게 흘러갈 것이라고 확신한다.

약한 자에게 주어지는 기회

똑바른 길이 언제나 목표로 이어지는 것은 아니다. 전진하려는 자는 때로 후퇴를 감수해야 한다. 파리는 조상들의 탁월한 비행기술을 희생하고 강인함을 얻었다. 손실에 대한 균형은 훗날에야 이루어질 때가 많다. 하나의 우연이 당장 새롭고 더 우월한 생물을 탄생시키는 경우는 아주 드물다. 대부분의 경우 진정한 이익이 눈에 보이기까지 수많은 진화 단계를 거쳐야 한다. 발 빠른 영양이 탄생하려면 먼저 절름발이 단계를 거쳐야 할 수도 있다. 절름발이 단계에서 뼈 구조의 변화는 오히려 핸디캡이 되지만, 계속된 돌연변이를 거치면 유연한 다리를 가진 후손이 배출된다. 진보를 원하는 자는 우선 설익은 상태를 참아내야 한다. 귄터 그라스의 말마따나 진보는 달팽이처럼 느리다.

그리하여 진보는 보이지 않게 이루어진다. 새로운 버전은 자신의 잠재력을 발휘할 수 있을 때까지 한동안 견뎌내야 한다. 자연과 사회에서 새내기는 처음에 불리한 경쟁을 견디고 살아남아야 한다. 그리고 이러한 일이 가능하려면 새로운 것을 배출하는 공동체가 실험 공간을 허락해야 한다. 경쟁의 압력 또한 너무 거세면 안 된다. 그렇지 않으면 더 성숙해야 할 발명품의 싹이 잘려나갈 수 있다.

이런 불안정한 상황에서는 영양이 사자에게 잡아먹히듯 혁신의 시대가 도래하기도 전에 우연이 혁신을 몰아내버릴 수도 있다. 그러나 바로 그 우연이 새로운 것을 도울 수도 있다. 전염병이 기득권 무리를 쓸어버리는 등 예측할 수 없는 변화가 기존의 것들을 밀어내고 비실거리는 발명품에 힘을 실어줄 수도 있다. 우연은 종종 약한 자의 편에서 싸움으로써 약한 자들에게 우연이 아니면 불가능했을 기회를 허락한다.

절름발이 영양의 경우를 생각해보자. 정상적인 상황에서라면 소수의 절름발이 영양들은 천적의 먹이가 되고 기존의 영양들에게 맛난 풀도 빼앗겨버릴 것이다. 그러나 바이러스가 영양 무리의 반을 쓸어버리면 상황은 역전될 수 있다. 총 네 마리 중 두 마리가 절름발이로 구성된 작은 집단이 있다고 하자. 각각의 영양이 병에 걸릴 확률은 2분의 1이다. 따라서 두 마리의 절름발이 영양이 희생당할 위험은 1/2×1/2=1/4이다. 하지만 두 마리의 건강한 영양이 죽을 확률도 그와 똑같다. 그렇게 되면 절름발이들이 승리한다. 우선은 남아 있는 영양의 수가 절대적으로 많지 않으므로 먹이 걱정을 덜 수 있고, 언젠가는 계속된 '우연한 돌연변이'로 일반 영양보다 발이 빠른 새끼들이 태어날 테니까 말이다.

다양성은 진보에 도움이 된다

우연이 새로운 버전에게 보호 공간을 허용할 수 있는 경우는 개체가 적을 때다. 감기가 유행할 때 대기업의 직원 중 유독 남자 직원들만 감기에 걸리는 일은 없을 것이다. 하지만 직원이 네 명뿐인 작은 회사라면 남자들만 감기에 걸리는 일은 쉽게 일어날 수 있다.

그렇다면 새로운 개체는 작은 개체군에 있을 때 더 유리할까? 그 것은 변화된 특성이 처음부터 이익을 가져다줄 수 있는가 없는가에 달려 있다. 변화된 형질이 처음부터 잠재력을 발휘할 수 있다면 치열한 경쟁에 휩쓸려도 상관없을 것이며 굳이 보호 공간이 필요하지 않을 것이다. 그리하여 큰 개체군에서도 안전하게 자리매김을 할 것이다. 불행한 우연이 그들을 근절시킬 위험이 별로 없으니까 말이다. 그러나 처음에 경쟁할 만한 상태가 아니라면 작은 개체군에 있는 것이 더 낫다. 이곳에서는 우연이 때로 경쟁의 법칙을 무력화시킬 수 있기 때문이다.

또한 개체가 많을수록 자연은 더 많은 실험을 할 수 있다. 그리하여 큰 개체군의 경우 새로운 것이 자리매김하기는 더 어렵지만 새로운 것이 탄생하는 빈도는 더 높다. 그러므로 흩어져 있는 갈라파고스제도의 동물 사회처럼, 작은 하위집단으로 나뉜 커다란 사회가 가장 발전 가능성이 높은 사회다. 갈라파고스제도에 사는 다양한 동물들이 다윈에게 선구적인 생각을 하도록 하지 않았는가! 커다란 사회가 작은 하위집단으로 나뉘어 있으면 새로운 것은 각각의 공동체 안에서 너무 큰 경쟁에 휩쓸리지 않고 퍼져나갈 수 있으며, 새로운 것이 기존의 것보다 더 우월할 경우 먼저 자신의 집단에서 자리매김을 한 다음 전체 사회로 퍼져나갈 확률이 높다. 카를 지그문트는 말한다.

"다양성은 진보에 도움이 된다. 다양성은 우연이 힘을 발휘할 수 있도록 기회를 주기 때문이다. 그에 반해 모든 종류의 독점은 진화를 힘들게 한다."

이런 법칙은 결코 자연에만 적용되는 것이 아니다. 컴퓨터 때문에 고생해본 사람들은 한 기업이 전체 시장을 장악하면 어떤 결과가 빚어지는지 잘 알고 있을 것이다. 미국의 물리학자 프리먼 다이슨은 다양성으로 인해 인류가 빠른 속도로 발전할 수 있었고, 우연이 새로운 버전이 성공하는 걸 도와줄 수 있었다고 주장했다. 인류의 진보는 세계 인구가 아주 일찌감치 독자적인 언어와 문화를 가진 작은 집단으로 나뉘어 있었기에 가능했다. 획일적인 문화는 변화를 허용하지 않고 무조건 적응하라는 무자비한 압력을 통해 만들어진다. 그에 반해 작은 공동체에서는 새로운 생각들이 먹혀들고 무역로를 통해 다른 문화를 꽃피울 수 있다.

자연에서도 그렇지만 사회에서도 진보를 위해서는 새로운 것이 우선 상대적으로 안정된 환경 속에서 발전하고 그다음 방해 없이 퍼져나갈 수 있는 토양이 필요하다. 이는 유럽연합과 같은 국가의 연합에도 유리한 전제 조건이다.

진보를 위한 전제는 문화의 다양성이다. 그러나 점점 글로벌화되는 세계에서 문화의 다양성은 위기에 처해 있다. 지금 지구상의 사람들이 사용하는 언어는 6000개가 넘는다. 그러나 요즘 같은 추세로 가면 절반 이상의 언어가 앞으로 100년 안에 사라질 것으로 보인다. 다양성을 유지하는 것은 좋은 일이다. 바벨탑으로 인한 언어의 혼란[4]은 인류에게 저주가 아니라 축복이었다.

예측할 수 없는 진화

오늘날의 연구자들은 40억 년 자연사의 필름을 되감아 다시 돌려보

---

4   바벨탑은 『구약성서』 「창세기」 11장 1~9절에 기재된 하늘에 이르는 탑으로 끝내 완성하지 못했다. 『구약성서』에 의하면 하늘까지 이르는 탑을 건설하려 한 인간들의 오만한 행동에 분노한 신이 본래 하나였던 언어를 여럿으로 분리하는 저주를 내리면서 바벨탑 건설은 결국 혼돈 속에서 막을 내렸고, 탑을 세우려 한 인간들은 불신과 오해 속에 각자의 언어와 함께 전 세계로 뿔뿔이 흩어졌다고 한다.

고자 했던 스티븐 제이 굴드의 사고 실험을 진짜로 실험한다. 시험관과 페트리 접시에서 진화를 빠르게 진행시킨 것이다.

옥스퍼드의 유전학자 폴 레이니는 미생물인 형광균을 가지고 실험을 했다. 나뭇잎이라면 거의 어김없이 존재하는 이 박테리아는 번식 속도가 빠르고 돌연변이가 잦다. 레이니는 형광균의 생태가 어떻게 다양성을 띠어가는지를 실험했고, 실험을 처음부터 계속 새로이 되풀이하면서 진화의 양상을 확인하고자 했다. 그러고는 형광균이 커다란 개체군으로 존재하지 않고, 다수의 작은 개체군으로 나뉘어 살 때 더 많은 다양성을 띠며 환경에 더 잘 적응할 수 있음을 확인했다. 이것은 절름발이 영양에 대한 사고 실험에서 예상했던 것과 똑같았다.

레이니는 이 실험에서 어떤 조건에서 진화를 예측할 수 있으며, 어느 때에 우연한 결과가 나오는지 주안점을 두고 연구했다. 그는 개체군이 크고 경쟁이 아주 두드러지며 게다가 박테리아가 빨리 번식할 때는 개체군의 발전이 언제나 같은 양상을 띠는 것을 발견했다. 그에 반해 처음에 몇 안 되는 박테리아를 가지고 시작했으며, 박테리아들이 비교적 천천히 번식하고 어떤 적응에의 압력이 없을 때는 우연이 주도적인 역할을 했다. 그런 경우는 출발 조건이 같아도 삶의 형태는 각자 다르게 전개되었다.

그러나 실제 자연사는 레이니가 구축한 작은 세상보다 예측이 더 불가능하다. 실험실에서는 단지 한 종류의 박테리아가 새로운 환경 조건에 적응하면 되었지만, 실제 자연에서는 대부분의 동식물이 다른 생물들과 운명공동체를 이루어 긴밀한 관계 속에서 살아가기 때문이다. 그리하여 곤충이 충분하지 않으면 개구리들이 사라지고 개구리가 사라지면 황새가 먹을 것이 부족해진다. 한 종이 예기치 않은 방식으로 변하면 다른 동물들에게도 영향을 미치게 된다.

이런 피드백 현상 역시 진화를 예측할 수 없게 만든다. 1950년 대에 호주 학자들은 이런 상호작용의 결과를 목격하고 놀라움을 금 치 못했다. 유럽에서 이주해온 사람들이 호주에 토끼를 들여온 이후 토끼가 무섭게 번식하면서 호주의 들판을 황폐화하자 농부들은 치 를 떨어야 했다. 그러자 과학자들은 토끼만 감염되는 바이러스를 계 곡에 풀어놓았고 모기들은 재빨리 그 바이러스를 전 대륙에 확산시 켰다. 3년 후 농부들은 안도의 한숨을 쉬었다. 토끼 대부분이 전염 병의 희생자가 된 것이다. 하지만 기뻐하기엔 일렀다. 얼마 후 토끼 들이 다시 늘어나기 시작한 것이다. 토끼에게 전염병을 일으키는 병 원균에 돌연변이가 생겨나, 전에는 그 바이러스에 감염된 토끼 중 99.5%가 죽었는데 이제는 95%만 죽는 것이었다. 게다가 바이러스 에 감염된 토끼들은 전처럼 감염된 지 며칠 안에 죽지 않고 그 후 몇 주를 더 살았다.

그리하여 토끼들은 멸종되지 않을 만큼 다시 늘어났다. 그리고 빠르게 작용하던 바이러스는 덜 치명적인 새로운 바이러스에 의해 경쟁에서 내몰렸다. 진화의 우위는 결코 한 종에게만 계속 주어지지 않고 환경에 따라 변하는 것이다. 운명의 은총은 재빨리 다른 쪽을 향할 수 있다.

또한, 토끼들도 새로운 상황에 적응하여 점점 많은 토끼가 그 바 이러스에 저항력을 가졌다. 시간이 흐르면서 병균도 숙주도 잘 살아갈 수 있는 새로운 균형이 이루어진 것이다. 그리하여 토끼들은 오늘날도 호주의 들판을 뛰어다니고 있다.

더 좋다고 무조건 이기는 것은 아니다

진화에서도 꼭 더 좋은 것이 이기는 것이 아니다. 살아남는 데 성공한 것이 이긴다. 그것은 앞으로의 일을 더욱 예측하기 어렵게 만든다. 누가 더 나은지는 종종 쉽게 판단할 수 있지만, 누가 시합에서 승리할지는 우연에 달려 있다. 경쟁에서 한 번 이긴 자는 자신보다 더 나은 대적자가 살아남을 수 없는 상황을 만들 수도 있다. 승자가 모든 것을 취하는 것이다.

컴퓨터 자판을 보라. 자판의 철자가 이해할 수 없는 배열로 이루어져 있다. QWERTY의 순서로 된 배열을 힘들여 외우거나, 외우지 못한 사람은 자판을 칠 때마다 먹이를 찾는 독수리처럼 자판 위에서 손가락을 뱅뱅 돌려야 한다. 자판의 철자가 왜 이런 식으로 배열되어 있는지 생각해본 적이 있는가?

이에 대한 대답은 타자에 능숙하지 않은 사람들에게 조금 위로가 될 것이다. 자판의 철자 배열은 의식적으로 우리의 직관에 역행하도록 구성되어 있다. 이야기는 타자기가 처음 나왔던 시절로 거슬러 올라간다. 당시 기술자들은 타자기의 타이프 바가 계속 엉키는 문제와 씨름해야 했다. 1868년 미국 발명가 크리스토퍼 숄스가 지금의 자판과 같은 배열을 생각해내기 전까지는 말이다. 크리스토퍼 숄스는 연달아 나오는 철자를 치기 쉽게 나란히 배열하는 대신 서로 멀리 떼어놓아 엉킴 현상을 방지하고자 했다. 그리하여 가장 빈도수가 높은 철자들을 반대 방향으로 배열했다.

숄스는 특허를 출원하였고 뉴욕의 레밍턴 사는 숄스의 배열을 넘겨받아 세계 최대의 타자기 회사로 급성장했다. 그렇게 해서 쿼티 QWERTY 타자기가 보편화되었다. 당시는 자판 배열의 이런 특별한 논리에 이의를 제기하는 사람이 아무도 없었다. 그리고 다른 배열법이 고안되었을 때는 이미 늦은 뒤였다. 1930년대에 어거스트 드보락이라는 사람이 손가락의 동선을 절약하고 더 빠른 속도로 타자를 칠 수 있는 자판 배열을 생각해냈다. 드보락의 버전은 의심할 여지 없이 더 수월한 것이었고 기술이 발달하여 엉킴 현상도 문제가 되지 않았다. 하지만 이런 새로운 배열 방식은 받아들여지지 않았다. 모두가 QWERTY에 익숙해 있어 타자를 새로 배우기를 원치 않았던 것이다.

오늘날 타자기는 사라졌고 컴퓨터 앞에 앉아 있는 대부분의 사람들이 능숙한 타자수가 아님에도 숄스가 발명한 자판 배열은 그대로 유지되고 있다. 마우스 클릭 한 번으로 더 편리한 드보라의 자판 배열로 키보드 설정을 변환시킬 수 있다는 것을 아는 사람은 거의 없다. QWERTY는 계속 살아남을 것이다.

기술의 발달은 이런 이야기로 얽혀 있다. 문제에 대한 해결책이 일단 한 번 정착되면 그것을 포기하기는 힘들다. 경제에서든 자연에서든 어떤 분야에서 가장 처음 자리를 잡기는 쉽다. 이미 자리를 차지한 기득권자는 공격에 집요하게 저항할 수 있다. 주변 세계를 자신의 이익을 위해 이미 바꾸어놓았기 때문이다. 이 역시 일종의 피드백이다.

모래언덕 위에 맨 처음 떨어진 빗방울은 우연히 길을 뚫는다. 이어 빗방울이 많이 떨어질수록 빗방울들은 처음의 길을 더 깊게 한다. 그리고 결국에는 모든 물이 같은 흐름을 탄다. 이런 식으로 새로운 것은 환경에 영향을 끼치고 환경을 되돌릴 수 없게 변화시킬 수 있다. 모래 위에 떨어진 빗방울처럼 그러는 와중에 처음의 우연은 굳어지고 길이 정해진다.

그렇다면 DNA를 해독한 프랜시스 크릭의 말처럼 자연은 '굳어진 우연'일 뿐일까? 어쨌든 우연이 첫 순간부터 진화를 결정한 것은 틀림없어 보인다. 유전분자가 하필이면 이중 나선 구조로 되어 있어야 하는 특별한 이유는 없다. 실험에 의하면 유전자가 다른 화학적 구조로 되어 있거나 유전 정보를 번역하는 코드가 달라도 가능했을 거라고 한다.

아마도 40억 년 전 진화 초기에는 지금과는 다른 화학구조를 가진 생명의 대안들이 존재했을지도 모른다. 그러나 오늘날의 구조와 같은 단세포 생물들이 우연히 약간 더 일찍 확산되는 바람에, 다른 화학구조로 이루어진 생명은 기회를 얻지 못했을 것이다. 자연사에서 생물들은 언제나 만회할 수 없을 만큼 앞장섰기에 살아남았다. 때로는 재앙이 상황을 뒤집기도 했지만 말이다.

공룡의 종말

지질학적으로 그리 오래되지 않은 시기에 지구는 영원히 주인을 찾은 듯이 보였다. 그 주인은 바로 근 2억 년 가까이 물과 땅과 공중을 지배해온 공룡이었다. 몸집이 닭보다 작지만 아주 사나운 육식공룡 콤프소그나투스에서 키가 4층 건물만 한 채식 공룡 브라키오사우루스까지 다양한 공룡이 진화의 과정을 거쳐 배출됐다. 공룡들은 몇백만 년 동안 생존하다가 멸종하고 새로운 공룡들에 의해 밀려나길 반복했다. 공룡은 진화의 탁월한 성공 모델로 보였다. 만약 7000만 년 전 백악기에 어떤 학자가 지구를 관찰했다면 공룡들의 주머니에 쏙 들어갈 만한 크기의 포유동물이 미래에 지구의 주인이 될 것이라고 도저히 예상하지 못했을 것이다. 그렇다면 어떻게 그리도 눈에 띄지 않던 포유동물이 왕성한 세력을 떨치던 공룡을 제치고 승리할 수 있었을까?

지금부터 약 6000만 년 전에 멸종된 공룡을 둘러싸고 여러 설이 분분했고 현재는 지구에 약 10킬로미터 직경의 소행성이 떨어지는 바람에 공룡이 사라졌다는 설이 가장 설득력 있게 받아들여지고 있다. 1991년, 연구자들은 멕시코 유카탄 반도에 있는 칙술룹 분화구 Chicxulub crater의 잔재가 공룡의 멸종과 비슷한 시기의 것임을 증명했다. 이 칙술룹 분화구는 1000미터 두께의 퇴적층 밑에 놓여 있다.

약 6500만 년 전 유카탄 반도 앞에 떨어졌던 '우주 폭탄'은 현재 지구상에 있는 원자 폭탄을 총동원한 것의 약 1만 배에 이르는 에너지를 방출했을 것으로 추정된다. 이로 인한 화산 폭발과 몇백 미터에 이르는 높은 해일이 광범위한 지역의 생물들을 싹쓸이해버렸을 것이다. 그리고 독성이 있는 거대한 먼지구름이 대기 중에 흩어져 충돌은 세계적인 재난으로 확대되었을 것이다. 이런 재난으로 생물의 약 90%가 지구에서 완전히 사라져버렸을 것으로 추정된다. 발굴되는 화석으로 보아 기껏해야 오늘날 개 정도로 몸집이 작은 동물만이 이 재난에서 살아남은 것으로 보인다. 결국 이 사건으로 공룡은 남김없이 사라져버렸고 포유동물이 승리의 행진을 시작했다.

사실 소행성 충돌은 자연사를 통틀어 늘 있던 일이었다. 하지만 대부분의 충돌은 이 정도의 대량 멸종으로 이어지지 않았다. 그렇다면 백악기 말에는 뭔가 달랐을까? 당시 소행성은 석고가 다량 포함된, 탄산염으로 이루어진 바위 판에 떨어졌고, 이것이 공룡이 멸종한 원인으로 추정된다. 석고 퇴적물이 운석과 충돌하면서 유황화합물을 방출했고, 이 입자가 오랫동안 대기 중에 부유하면서 하늘을 어둡게 하고 기온을 떨어뜨렸다. 이에 따라 대다수의 공룡은 소행성 충돌의 직접적인 결과가 아닌 기후 변화로 죽었던 것으로 보인다.

어떤 학자들은 칙술룹의 소행성 충돌이 캄브리아기 초기 지구상의 생물을 약하게 만든 것은 사실이지만 공룡의 멸종은 우리가 모르는 또 다른 소행성 충돌로 일어나지 않았을까 하는 의문을 제기한다. 이런 견해를 표방하는 프린스턴 대학의 지질학자 게르타 켈러는 새로운 코어 시료법으로 진단한 결과 칙술룹의 운석공이 대량 멸종보다 30만 년이나 앞선 것으로 확인되었다며 칙술룹에 이어 또 하나의 운석 충돌 가능성을 제기한다. 지구 역사에 이렇게 짧은 시차를 두고 소행성 충돌이 잇달아 일어나는 일은 물론 가능성이 아주 희박한 일이지만 말이다.

어찌 됐든 몇 가지 사건의 보기 드문 연결고리가 커다란 생태학적 파국을 유발했다는 것은 사실이다. 이런 사건들은 인간에게는 무척 행운이었다. 소행성이 다른 곳에 떨어졌다면 포유류는 결코 지구의 주인이 되지 못했을 것이고, 여전히 공룡이 지구를 지배하고 있을지도 모른다.

우연에게 간택되다

화산이 폭발하고, 빙하기가 오가고, 대륙이 표류하는 등 이런 재앙들은 진화를 언제나 새로운 방향으로 이끌었다. 마지막으로 커다란 생태학적 혼란이 있었던 시기는 약 300만 년 전, 그때까지 분리되어 있던 북아메리카 대륙과 남아메리카 대륙이 부딪치면서 파나마를 통해 육로가 열렸을 때다. 육로를 통해 북아메리카의 동물들은 남아메리카로, 남아메리카의 동물은 북아메리카로 밀려들었다. 새로 도착한 동물들은 그곳의 생태학적 보호구역 안에서 편안하게 살고 있던 많은 종의 동물을 멸절시켰다. 남아메리카의 유대류도 이때 희생되었다. 지각이 약간 다르게 움직였다면 남아메리카 대륙에는 지금도 호주처럼 캥거루가 뛰어놀고 있을 것이다.

그러므로 진화의 성공 여부는 생물학적 능력만이 아니라 역사적인 우연이 결정하는 것임을 알 수 있다. 카를 지그문트는 "우리는 동물 멸종의 책임을 멸종된 동물의 탓으로 돌리는 경향이 있는데 이는 자본주의 윤리의 반영이자 성공을 우상화하는 행위"라며 "공룡의 멸종 원인이 소행성 충돌이었다면 설사 공룡이 더 큰 뇌와 날씬한 몸을 가지고 있었다 해도 별 도움이 안 되었을 것"이라고 못 박았다.

가상의 시나리오에 재미를 느끼는 사람은 만약 일이 다르게 되었더라면 어떻게 되었을지 그려볼 수 있을 것이다. 미국의 우주물리학자이자 학술 저술가인 칼 세이건은 재기발랄한 상상력을 동원하여 가상의 시나리오를 썼다. 칼 세이건은 호모사피엔스를 대치할 만한 후보로 스티븐 스필버그의 영화 〈쥐라기 공원〉에서 볼 수 있는 영리한 작은 공룡 사우로르니토이데스를 꼽았다. 세이건은 "뇌와 몸집의 비율로 판단할 때 사우로르니토이데스가 가장 지능이 높은 공룡"이라며 이렇게 설명했다.

"그들은 체중 50킬로그램에 뇌용량이 50그램 정도로 몸의 비율이 황새와 비슷했으며 실제 모습도 황새를 닮아 있었다……. 사우로르니토이데스는 작은 동물들을 사냥하고 네 손가락을 활용하여 여러 가지 과제를 수행했을 것이다. 만약 공룡이 멸종되지 않았다면 사우로르니토이데스의 후손이 오늘날의 지구를 지배했을까? 그러면서 책을 쓰고, 독서를 하며 만약 포유류가 승리했다면 무슨 일이 일어났을까를 상상할까? 산술에서도 팔진법을 당연한 듯 활용하면서 십진법은 '새로운 수학'에서나 잠깐 언급되는 아주 말도 안 되는 방법이라고 생각할까?"

우리는 결코 그 대답을 들을 수 없다. 하지만 자연사의 필름을 되감아 다시 돌리면 이야기의 마지막에 지금처럼 인간이 존재하기는 힘들 것으로 생각된다. 다시 반복되지 않을 너무 많은 사건이 우리의 종이 승리하는 데 기여하였다.

찰스 다윈은 우리의 기대를 앗아갔다. 모든 생명이 인간의 존재를 목표로 발전했다는 환상 말이다. 우리의 존재는 우연의 산물이라는 사실을 받아들여야 한다. 하지만 그럼에도 인간을 가능케 한 것은 제멋대로 구는 우연만은 아니다. 유전자의 변화가 예측할 수 없는 돌연변이를 통해 일어나는 것은 사실이지만, 우연의 제한 없는 지배를 허락하지 않는 두 가지 힘이 있다. 첫 번째 힘은 새로운 것이 출현하면 그것은 경쟁 속에서 기존의 것에 대항하여 살아남아야 한다는 것이다. 이 과정에서 무의미한 고안품은 제거된다. 자연에는 아주 탁월하여 언제나 살아남을 수밖에 없는 여러 가지 고안품이 있다. 예를 들면 진화 과정에서 다양한 동물을 거치며 발전을 거듭해 온 눈과 뛰어난 뇌가 그런 것들이다. 그러므로 설사 인간이 승리하지 않았다 해도 오늘날 지구는 공간을 분별할 수 있고 스스로 행동을 조절할 수 있는 생물이 지배할 것이다.

우연을 조절하는 두 번째 힘은 진화가 가진 것만으로 게임을 할 수 있다는 것이다. 자연은 기존의 것을 다르게 조합하면서 새로운 것을 만들어낸다. 따라서 결코 아무 때나 모든 것이 가능하지 않다. 우연은 그런 한계 내에서만 작용한다.

Chapter 8

우연이 만들어낸 뜻밖의 행운

우연을 도구로 싸움에서 이기는 법

냉전 중 원자 무기를 실은 미국의 잠수함이 대양 아래를 가로지를 때 잠수함에 상주하는 지휘관들의 중요한 소지품 중 하나는 주사위였다. 그들은 주사위로 잠수함이 어느 방향으로 나아갈지 결정했고, 그럼으로써 소련의 공격을 잘 피해 다닐 수 있었다. 미리 세운 전략은 적군의 감시나 스파이 활동을 통해 찾아낼 수 있어도, 주사위로 내리는 우연한 결정은 어떤 방식으로도 대응할 수 없었기 때문이다.

사실 싸움에서 우연을 이용하는 것은 태곳적부터 활용되어온 성공 전략이다. 토끼가 도망칠 때도 마찬가지이다. 토끼가 달리다가 급하게 방향을 바꾸는 걸 보면 추적자를 따돌리려는 행동 같지만, 사실 토끼는 추적자가 멀리 보이지 않을 때도 지그재그로 달린다. 추적자가 오래전에 포기한 다음에도 계속 그렇게 달린다. 무작위로 뜀뛰기를 하면서 적을 교란하는 것이다. 대개 이 전략은 꽤 성공적이다. 우연에 맡겨 이리저리 뛰어 다니는 덕분에 토끼는 목숨을 건졌다. 토끼가 정해진 각본대로 달아난다면 여우나 매는 벌써 그 각본을 파악한 지 오래일 것이다.

이런 우연의 전략을 이용하기 위해 자연은 약간의 투자를 한다. 상대방이 가늠하지 못하게 방향을 바꾸려면 일직선으로 쭉 달리거나 규칙적으로 코스를 바꾸는 동물보다는 뇌가 더 복잡해야 한다. 예측할 수 없게 행동하는 동시에 그 상황에 적응해야 하니까 말이다. 하지만 토끼도 두족류頭足類·Cephalopoda 문어, 오징어, 앵무조개, 낙지 등을 지칭하는 생물 분류의 위장술은 따라가지는 못한다. 두족류는 생명이 위험하면 적수가 거의 따라잡을 수 없는 장관을 연출한다. 몸에 예측할 수 없는 순서로 요란한 무늬들이 나타나는데 어떤 무늬들은 몇 초 동안 지속된다. 적수가 검은 점 한 쌍을 두족류의 눈인 줄 알고 쏘아보는 동안 두족류의 몸은 얼룩말 무늬나, 빛나는 지그재그 선이나 칠흑같이 까만 색깔로 변신하고, 적수가 그런 변신에 적응하지 못하고 있는 틈을 타 어느 순간 재빠르게 사라져버린다. 공격자가 두족류의 변화를 예측할 수 있다면 이런 트릭은 통하지 않을 것이다. 위장은 계산할 수 없을 때만 통한다. 달팽이 집의 모양이 제각각 다르고, 표범의 가죽 무늬가 모두 다른 것도 이런 이유에서다.

동물들은 약자를 쓰러뜨리고 강자를 피하기 위해 속인다. 그러나 인간은 같은 인간 앞에서 위장한다. 집을 사려는 사람이 중개업자에게 집값을 최대한 어느 정도까지 예상하는지 이야기해준다면 중개업자는 곧바로 최대 가격을 요구할 것이다. 상한선은 알리지 말아야 중개업자에게 휘둘리지 않을 수 있다. 또한 오늘은 별것 아닌 일로 무섭게 화를 내고 내일이면 세상에 다시없는 친절한 인간으로 돌아가는 상사들이 있다. 직원들은 이런 상사를 보고 다혈질이라 그렇다거나 개인적으로 기분 나쁜 일이 있었다고 생각한다. 하지만 시시때때로 발작적으로 성질을 내는 행동은 아주 권력을 잡으려는 고도의 전략일 수 있다. 때로 아주 작은 잘못으로 직원을 몰아세우는 상사는 다른 직원들에게 어느 정도까지 행동해도 되는지를 모호하게 만들고 섣불리 까불지 못하게 한다. 언제나 계산 가능한 우두머리가 되는 것은 별로 유리하지 않다. 물론 좋은 상사는 직원들의 신뢰를 얻기 위해 되도록 관용을 베푼다. 하지만 이렇게 관용적인 사람이라는 것을 너무 분명히 하면 심술궂은 직원들이 버릇없이 굴 수 있다.

따라서 제멋대로 행동하는 것은 혼란을 유발하여 지배권을 확실히 하는 데 이상적인 수단이 될 수 있다. 악명 높은 전제군주들은 오래전부터 이 사실을 알고 있었다. 그래서 나폴레옹은 "무정부 상태는 절대 권력으로 가는 도약판이다"라고 말하지 않았는가.

가위바위보 필승법

가위바위보에서 이기려면 어떻게 해야 할까? 당연히 상대의 의도를 잘 꿰뚫어야 한다. 상대방이 순진하다면 쉽게 이길 수 있다. 순진한 사람은 두 번 연속 같은 것을 내지 않거나, 반대로 상대를 놀라게 하려고 계속 같은 것을 낼 것이다. 상대가 이런 사람이라면 약간만 머리를 쓰면 된다. 물론 상대가 우리 생각을 엿보기 시작할 즈음이면 잔머리도 통하지 않지만 말이다.

가위바위보에서 이기려면 어떤 전략을 쓸 수 있을까? 가장 간단한 방법은 계속 같은 것을 내는 것이지만 이런 전략은 몇 판 못 가서 금방 들통난다. 그렇다면 보 다음에 바위를 내고 바위 다음에 가위를 내는 식으로, 계속 같은 순서를 반복하면 어떨까? 이 역시 얼마 가지 못한다. 상대가 우리의 전략을 금방 알아챌 것이다. 상대가 바로 전에 냈던 것은 절대로 내지 않는 등 상대편의 행동과 연관하여 어떤 특정한 공식을 따르는 것 역시 좋은 전략이 아니다. 그렇다면 어떤 전략이 최상일까? 결국 정답은 우연에 맡기는 것이다. 상대편보다 앞서거나 최소한 뒤처지지 않으려면 예측 불가능하게 무작위적으로 내는 것이다. 들판을 지그재그로 달아나는 토끼처럼 말이다.

가위바위보는 게임 이론의 면모를 보여준다. 게임 이론이란 헝가리 출신의 미국 수학자 존 폰 노이만이 1920년대에 정립한 개념으로 다양한 분야에 막대한 영향을 끼쳤다. 그 이론은 인간 또는 동물들이 서로 경쟁하며 사는 곳이면 어디에나 적용되었기 때문이다. 임금 협상을 할 때도, 독수리와 뱀의 먹고 먹히는 생존 싸움에서도, 포커를 칠 때도 말이다. 게임 이론을 한마디로 말하면 이렇다. 상대편이 어떻게 행동하든 상관없이, 언제나 손해를 최소화할 수 있는 해결책이 존재한다는 것이다.

파이를 조금이라도 더 먹으려고 혈안이 된 두 소년을 생각해보자. 한 소년이 파이 조각을 자르고 다른 소년이 파이 조각을 집을 때 칼을 든 소년은 파이 조각을 정확히 이등분하려고 노력할 것이다.

그래야 친구가 어떤 걸 집든지 절반은 먹을 수 있기 때문이다. 반면 크기가 다르게 자른다면 더 작은 파이 조각을 먹을 위험이 있다. 이런 간단한 경우 게임 이론은 언제나 '50 대 50'으로 나눌 것을 추천한다. 여기서 소년은 이성적으로 늘 이런 행동을 추구할 것이므로 '순수 전략'이 적용된다.

그러나 가위바위보에서는 우리가 보았듯이 순수 전략이 통하지 않는다. 가위바위보와 다른 많은 상황에서는 다양한 가능성을 무작위적으로 반복하는 것이 최상의 방법이다. 이런 상황에서는 계산이 불가하므로 상대가 대처할 수 없는 '혼합 전략'을 구사해야 한다.

최상의 결정은 최악을 피하는 것

게임 이론은 예측하기 힘든, 얽히고설킨 상황에도 적용된다. 하지만 우리는 폰 노이만의 생각과 다르게 행동하는 데 익숙해져 있다. 일이 어떻게 될지 곰곰이 따져본 다음 거기에 따라 행동한다.

예를 들어, 한 회사원이 지금 다니고 있는 회사의 경쟁사로부터 스카우트 제의를 받았다. 하지만 거절할 생각이다. 지금 다니는 회사에 머물면 곧 승진될 거라고 기대하기 때문이다. 지금 팀장직을 맡은 사람이 곧 육아 휴직을 신청할 예정인데, 지난번에 자신은 육아 휴직이 끝나도 회사에 복귀하지 않겠다고 귀띔했다. 게다가 사장은 자신을 꽤 괜찮게 보고 있는 듯하므로 팀장 자리가 비면 자신에게 그 자리를 맡기는 수밖에 다른 뾰족한 대안이 없으리라.

그러나 일상에서의 의사결정은 대부분 매우 복합적으로 이루어지므로 우리가 예상했던 것과는 다르게 진행될 확률이 높다. 이 회사원이 가정한 것은 다섯 가지이다.

· 지금 회사에 머물면 곧 승진할 것이다.

· 팀장이 육아휴직을 신청할 것이다.

· 팀장은 휴가가 끝나도 복귀하지 않을 것이다.

· 사장은 나를 꽤 괜찮게 생각한다.

· 사장은 팀장 자리를 나에게 맡길 것이다.

이 각각의 가정들이 들어맞을 확률이 80%라고 하자. 그래도 모든 일이 자신이 기대한 대로 이루어질 확률은 3분의 1에 못 미친다 (다섯 가지 가정이 모두 명중할 확률은 $0.8 \times 0.8 \times 0.8 \times 0.8 \times 0.8 = 0.327$로 32.7%다). 이것은 가장 낙천적으로 계산했을 때다. 80%의 명중률이면 아주 높게 잡은 것이고, 대부분의 경우 어떤 결정에 영향을 끼치는 요인은 다섯 가지가 아니라 훨씬 더 많기 때문이다. 그리하여 상대편이 이러저러하게 행동하겠지 하는 우리의 예상은 언제나 빗나간다.

게다가 상대편에서 의식적으로 우리가 계산할 수 없는 수를 써서 우리의 예상을 뒤집어엎으려 할 수도 있다. 게임 이론을 알고 있는 것이 어찌 우리뿐이겠는가? 이것이 폰 노이만의 게임 이론의 배후 논리다. 상대편의 반응을 예측할 수 없다면 상대편의 결정에 상관없이, 어떤 우연한 일이 일어나도 상관없이 행동하는 것이 최상이라는 것이다. 그 때문에 게임 이론의 신봉자들은 승리만을 염두에 두지 않는다. 그보다는 어떤 상황이 되든 가능하면 손해를 최소화하는 데 목적을 둔다. 가위바위보에서의 '혼합 전략' 역시 이런 원칙을 따른다. 무슨 수를 써도 상대방은 우연의 나열에는 당해낼 수 없을 것이다. 최악의 경우 상대방도 마찬가지로 무작위적으로 행동하면 그땐 무승부가 이루어진다. 이탈리아 작가 이탈로 칼비노는 이러한 게임 이론의 핵심을 이렇게 표현하기도 했다.

"당신이 기대할 수 있는 최상의 결정은 가장 최악의 것을 피하는 것이다."

지금까지 미군의 공식적인 독트린은 적이 자신에게 가장 유리한 결정을 내릴 것이라 기대하지 말고 적이 내릴 수 있는 가장 최악의 결정에 근거하여 전략을 선택하라는 폰 노이만의 생각에 기반을 두고 있다. 앞서 언급한 회사원도 마찬가지로 생각해야 한다. 스카우트 제의를 거절할 것이라면, 기대한 승진이 물거품으로 돌아가더라도 이 회사를 계속 다닐지 자문해야 한다.

우연을 악용한 천재

헝가리 부다페스트의 은행가 집안에서 태어나 세계대전이 일어나기 전 미국으로 망명한 폰 노이만은 20세기의 내로라하는, 다방면에 뛰어나면서도 냉소적인 학자였다. 폰 노이만은 게임 이론을 고안했고, 양자역학과 컴퓨터 공학의 발전에 기여했으며 원자폭탄 개발에 선구적인 역할을 했다. 폰 노이만은 "다른 사람들이 이기적이고 비겁하다며 한탄하는 것은 자기장이 왜 전기장 안에서 강해지느냐며 한탄하는 것만큼 미련한 일"이라며 "두 가지 모두 자연 법칙"이라고 말했다. 폰 노이만은 나쁜 것에 대항하기 위해서는 강한 자의 입장에서 생각해야 한다고 확신했으며 게임 이론으로 그 수단을 손에 쥐고 있었다.

어떤 전략은 좋지도 나쁘지도 않다. 그러나 다양한 목적에 오용될 수 있다. 그리하여 처음으로 중요한 일에 응용된 폰 노이만의 인식은 전에 없던 참사를 불러왔다. 2차 세계대전 당시 미국 프린스턴 대학 교수로 재직 중이던 폰 노이만은 일본을 폭격하는 최적의 전략을 짜내야 했다. 폰 노이만에게 이 문제는 가위바위보와 비슷했다. 미국이 주요 군사시설을 공격한다면 일본은 이를 예측하고 그곳에 병력을 집중시킬 것이었다. 그러므로 적에게 최대의 손실을 끼치는 동시에 적군의 입장에서 계산이 불가능한 전략을 찾아내는 것이 중요했다.

당시 폰 노이만을 도왔던 메릴 플러드를 위시한 주변의 젊은 수학자들은 이 연구로 일본 사람들이 어떤 일을 겪을지 알지 못했다. 보안 유지상 폰 노이만의 제자들에게는 연구가 어디에 쓰일 것인지 비밀에 부쳤던 것이다. 그러나 폰 노이만은 이 연구의 목적을 잘 알고 있었다. 현재 미 의회 도서관에 보관된 1945년 5월 10일자 메모지에는 폰 노이만의 필체로 교토, 히로시마, 요코하마, 고쿠라라고 쓰여 있다. 그러나 교토는 문화적 중요성을 고려하여 제외되었고, 1945년 8월 6일 히로시마에 원자폭탄이 투하되었다. 그리고 8월 9

일에는 나가사키에 원자폭탄이 떨어졌다. 이날 아침 짙은 안개가 고쿠라를 뒤덮고 있었기 때문이다.

전쟁이 끝나고 군대와 정부 CIA 등은 폰 노이만에게 고문직을 의뢰했고 대기업도 그를 데려가려고 안달했다. 폰 노이만은 갈등 상황에서는 손실을 피하는 것이 최상의 목표라는 생각을 그대로 적용하여 거의 광기에 가까운 결론에 이르렀다. 그는 1950년 미국 정치인들에게 소련에 핵폭탄을 투하할 것을 권유하며, 소련이 대륙간 탄도 미사일을 만들기 전에 소련의 도시들과 군사기지를 쓸어버려야 한다고 주장했다. 당시 〈라이프〉와의 인터뷰에서 폰 노이만은 이렇게 말했다.

"당신이 왜 내일 그들을 폭격해야 하느냐고 물으면 나는 오늘은 왜 안 되느냐고 물을 것이다. 당신이 그렇다면 왜 오늘 5시에 하지 않느냐고 물으면 나는 그럼 1시는 왜 안 되느냐고 물을 것이다."

폰 노이만은 전례 없는 파괴적 전쟁을 시작하고 수백만 명의 죽음을 감수할 준비가 되어 있었다. 그가 잔인한 군국주의자였던 것은 아니다. 그러나 뿌리 깊은 염세주의로 인해 도덕과 인권을 거스르는 길을 택했으며, 정의감과 동정심 따위는 언제든지 포기할 수 있는 환상에 불과하다고 생각했다. 또한 핵무기의 사용이 어차피 불가피하다면 상대편에서 희생자를 내는 것이 낫다고 생각했다.

폰 노이만이 이끄는 위원회는 미국 정부에 원자력 추진 로켓을 비롯한 군비 확장을 권유했다. 게임 이론에 따르면 구소련의 지도자들은 그들이 공격을 감행하면 몇 시간 이내에 자신들도 죽게 될 것을 알아야 했다. "최악의 경우를 생각하라"는 격언에 따라서 말이다.

그의 영향력이 절정에 달한 1955년, 폰 노이만은 골수암에 걸려서 휠체어 신세를 져야 했다. 할리우드 영화 〈닥터 스트레인지러브〉에서 뛰어난 뇌를 지녔으나 양심이 불구인 닥터 스트레인지러브는 바로 폰 노이만을 모델로 한 것이다. 1957년 그가 워싱턴에서 죽음을 앞두었을 때 국방성은 임종 자리에 관리들을 파견했다. 그가 죽음과 싸우다가 행여 비밀을 누설할까 두려워서였다. 어쨌든 그의 게임 이론은 세계 정세를 변화시켰다.

죄수의 딜레마

게임 이론은 또한 냉전시대의 어처구니없는 군비 확장을 위한 시나리오를 고안했다. 이것을 고안한 사람은 저도 모르는 사이에 일본 폭격 계획을 세웠던 폰 노이만의 제자 메릴 플러드였다.

플러드의 사고 과정은 '죄수의 딜레마'로 유명해졌다. 죄수의 딜레마는 다음과 같다. 두 명의 공범이 체포된다. 그들은 자신들이 모두 범행을 부인하면 경찰은 그들에게서 불법 무기 소지의 혐의밖에 찾아낼 수 없다는 것을 알지만 여차하면 상대방이 죄를 말할 수도 있다는 것을 염두에 두고 있다. 두 사람은 독방에 갇혀 서로 입을 맞출 수 없는 상황이다. 경찰은 심문에서 두 죄수에게 각각 다음과 같이 제안한다.

· 공범을 배신하고 자백하면, 상대는 15년형을 받고 당신은 석방이다.

· 둘 다 자백하면, 5년을 감하여 둘 다 10년형을 받는다.

· 둘 다 자백을 안 하면, 불법 무기 소지만 문제가 되어 1년형을 받는다.

당신이라면 어떻게 하겠는가? 둘 다 침묵을 지키면 1년 후 두 사람은 자유의 몸이 된다. 하지만 나는 입을 다물었는데 상대방이 자백해버리면 나 혼자 15년을 살게 된다. 그러느니 차라리 그냥 말해버리고 10년을 갇혀 있는 편이 낫다. 운이 좋아 상대방이 침묵한다면 곧바로 풀려날 수도 있지 않은가! 게임 이론은 상대방의 행동과는 상관없이 가장 좋은 해결책을 찾으라고, 즉 자백하라고 권유한다. 이 방법의 단점은 서로를 믿어주는 것보다 나쁜 결과가 빚어진다는 것이다.

가위바위보에서는 한 사람이 지면 다른 사람이 반드시 이긴다. 그에 반해 죄수의 딜레마는 전형적인 논 제로섬 게임이다. 즉, 두 사람이 협력하면 동시에 이길 수 있고 그렇지 못하면 모두 질 수 있다. 실생활에서는 협력과 신뢰가 중요한 논 제로섬 게임이 제로섬 게임보다 훨씬 많다. 결혼생활도 두 사람의 배우자가 각자 어느 정도 양보할 때만이 유지될 수 있다. 또한 노조가 파업으로 일관하면 회사도 노조도 함께 망한다. 참고로 이런 문제에도 게임 이론이 적용된다는 것을 발견한 것은 폰 노이만의 동료 존 내시였다.

냉전시대의 강대국들도 비슷한 진퇴양난에 처해 있었다. 강대국끼리 군비를 축소하기로 타협했더라면 양쪽 모두 더 안전하고 예산도 절약할 수 있었을 것이다. 그러나 한쪽만 무기를 포기하면 포기한 쪽만 손해를 보게 될 것이므로 양쪽 모두 무기 보유를 고집했다. 상대방을 신뢰할 수 없기 때문이다. 그리하여 저쪽에서 새 로켓을 만들면 이쪽에서도 당장 따라 만들었다. 스위스 학술 저널리스트 레토 슈나이더는 "전 세계는 죄수의 딜레마에 빠져 있다"라고 말했다.

이 딜레마에 출구는 없을까? 딱 한 번 서로 부딪친 후에 다시는 만나지 않는다면 상대방을 믿어줄 이유가 별로 없다. 보복을 당할 일이 없으니 상대방을 자신의 이익을 위해 이용할 수 있다. 그러나 살다 보면 누구나 다시 부딪치기 마련이다. 양쪽이 다시 같은 상황에 빠질 수 있다는 사실을 고려하면, 양쪽 다 유익하도록 협력하고 싶을 것이다. 지금 배신하면 나중에 보복을 당할 수 있기 때문이다.

미국 정치학자 로버트 액설로드가 컴퓨터를 가지고 가상의 죄수들을 여러 번 죄수의 딜레마에 처하게 한 결과, 가상의 죄수들은 "네가 나에게 한 대로 나도 너에게 한다"라는 모토로 행동한 경우에 가장 가벼운 구형을 받았던 것으로 나타났다. 공범이 신뢰할 만한 사람이라는 것을 입증할 수 있을 때 그들은 침묵할 생각이었고, 공범자가 그들을 한 번 배신하면 그들은 다음번에 공범자를 배신했다. 그리고 공범자가 다시 서로에게 유익한 전략을 택하면 그들도 그렇게 했다. 그렇게 행동하는 자는 배신당하지 않고 협력의 기회를 이용할 수 있다.

그러나 이런 전략의 단점은 너무 무자비하다는 것이다. 상대방이 한번 배신하면 공조체제는 끝장난다. 이에 대한 비극적인 예는 팔레스타인 문제다. 이스라엘과 팔레스타인 사람들은 협력할 용의가 있었다. 두 민족의 지도자들은 노벨 평화상을 수상하기까지 했다. 그러나 다시 폭력 사태가 발생하자 이스라엘 정부는 그대로 앙갚음하였다. 이런 행동은 새로운 테러의 불씨가 되었고 테러는 다시금 폭력으로 이어졌다. 오늘날까지 중동에서는 치고 되받아치는 끔찍한 고리가 끝나지 않고 있다.

우연한 관용이 이익을 준다

우연만이 보복의 악순환을 깨뜨릴 수 있다. 반복되는 죄수의 딜레마 속에서 때때로 한쪽이 협력을 섣불리 포기하지 않고 관대하게 행하고 상대방의 잘못을 참아주면 장기적으로 둘 다 유리하다. 그러나 그럴 때 자신이 상대방의 어떤 부당함을 묵인하고 참아줄 수 있는지를 알려주어서는 안 된다. 그럴 경우 상대방이 악용할 수 있기 때문이다. 관용이 너무 자주 반복되지 않고, 무엇보다 무작위적으로 행해지면 양쪽에 유익이다. 계산할 수 없게끔 행동할 때에만 우리는 좋은 사람이 된다.

카를 지그문트는 컴퓨터 시뮬레이션을 통해 실험한 결과, 죄수의 딜레마에 빠진 게이머들 중에서 '눈에는 눈, 이에는 이'의 법칙을 엄격하게 따른 사람들보다 때때로 상대방의 잘못을 참아준 사람들이 감옥살이를 적게 했다는 사실을 발견하였다.

베른의 대학생들을 대상으로 한 실험에서도 결과는 같았다. 대학생들에겐 형량을 줄이는 대신 금전적 보상을 내걸었다. 실험에서 죄수의 딜레마에 빠진 학생들 중 약 3분의 1은 '눈에는 눈, 이에는 이'를 기본으로 하되 때때로 관대해지는 지그문트의 전략을 선택했다. 그리고 나머지 3분의 2는 '눈에는 눈, 이에는 이'의 원칙을 엄격하게 지켜 이전에 자신의 선택이 먹혀들면 그 선택을 고수하고 그렇지 않으면 선택을 바꿨다. 실험 결과 후자의 학생들처럼 과거를 기준으로 행동할 때 더 불리한 것으로 드러났다. 교대로 차례가 돌아오므로 우연의 전략을 구사한 사람들이 더 성공적이었다.

따라서 우리는 예측 불가능한 행동으로 이익을 얻는다. 예측 불가능한 행동은 경쟁에 유리하고, 협력과 신뢰를 가능하게 한다. 인간 행동을 예측하기 어려운 이유는 우리 뇌가 복잡하기 때문이기도 하고, 우리 스스로 우리의 의도를 숨기기 때문이기도 하다. 아무래도 자연이 우리를 그렇게 만들어놓은 듯하다.

존 메이너드 스미스를 위시한 많은 진화생물학자는 자신의 이익을 위해 때때로 자신의 행동을 예측할 수 없게 만드는 메커니즘이 우리 안에 있다고 추정한다. 물론 그 대가로 우리는 더욱 불확실해질 것을 감수해야 한다. 다른 사람의 계획을 알지 못할 뿐 아니라 자신의 의도도 알 수 없으니까 말이다. 확실한 규범에 따라 행동하는 사람은 시간이 지나면서 자신의 계획을 드러낼 수밖에 없다. 완벽한 포커페이스를 만들기는 쉽지 않다. 우리는 어떤 결정을 내리면서 우리 자신을 드러낼 뿐 아니라, 눈빛이나 행동 또는 어쩌다 나온 말을 통해 자신의 의도를 드러낸다. 그러므로 자신의 의도를 자신도 모를 때만이 그런 일을 막을 수 있을 것이다. 메이너드 스미스의 말마따나 우리는 머릿속에 룰렛판을 가지고 있다.

Chapter 9

육아와 사랑 그리고 우연의 관계

인생은 예측할 수 없다

심리학자 루이스 터먼은 시골의 어느 농가에서 태어났다. 그는 닥치는 대로 책을 읽었고 운동에는 젬병이었다. 성인이 된 그는 스탠퍼드 대학에서 곧 유명한 심리학자로 부상했다. 그는 심리학을 통해 예언이 가능하다고 믿었다. 그는 날카로운 이성이 인간이 가진 특성 중 가장 가치 있으며, 인생의 경로는 예측 가능한 것임을 증명하려고 했다.

터먼은 먼저 인간의 지능을 수치로 파악하고자 했다. 그리하여 지능검사를 고안했고 IQ를 대중화시켰다. 터먼의 관심은 영재들에게 있었다. 그는 지능이 삶을 좌우한다고 믿었고, IQ 135 이상의 상위 1%에 속하는 아이들이 그 믿음의 증거가 되어주길 원했다. 터먼은 캘리포니아주의 학교 수백 곳에 편지를 써서 그 학생들을 만나게 해달라고 부탁했다.

그리하여 1928년 1,500명의 아이들이 모였다. 터먼은 아이마다 서류철 하나씩을 만들어 아이들의 삶을 상세히 기록했다. 건강, 성품, 관심사, 즐겨 읽는 책, 좋아하는 놀이, 남매들과의 관계, 집안의 관습, 심지어 부모가 보유한 책의 수(평균 300권이었다)까지 터먼의 조교는 낱낱이 파악했다. 여기까지는 서막에 불과했다. 선택된 아이들은 정기적으로 스탠퍼드 대학으로부터 우편물을 받았고 아이들이 자라면서 질문 내용도 변했다. 성생활은 어떻게 하고 있는지, 정치에 대해서 어떻게 생각하는지, 한 달 수입은 얼마인지, 결혼 생활은 행복한지 등을 체크했다. 실험 대상이 된 아이들은 죽을 때까지 추적되었다. 그렇게 많은 사람의 삶을 그리도 자세히 조사하고 기록한 것은 전례가 없는 일이었다.

학자들이 익명성을 보장했기에 그들 중 대부분은 죽은 후에야 터먼이 추적한 아이들이었음이 알려졌다. 터먼의 아이들은 열 명 중 한 명꼴로 유명인이 되었다. 노벨상이나 퓰리처상을 받은 사람은 아무도 없었다. 영재들의 수입과 건강 상태는 미국인의 평균 이상이었고 자살률은 평균보다 낮았다.

하지만 인생의 경로를 예언할 수 있을 거라는 터먼의 꿈은 날아갔다. 그들에 관한 서류들에는 심리학자들의 기대에서 벗어난 운명들이 너무 많이 기록되어 있었다. 야망을 품었다가 좌절하였거나, 사회적 사다리에서 빛나는 이성을 써먹을 만큼 올라가지 못한 사람들이 허다했다. 경찰, 타일공, 청소부 등 영재성이 특별히 요구되지 않는 분야에 종사하는 사람들이 많았다. 지능이 높다고 하여 성공한 삶을 사는 건 아니었다. 출세는 개인의 행운, 즉 우연에 의해 결정된다고 했던 백화점 왕 줄리어스 로젠왈드의 말이 더 설득력이 있어 보였다.

터먼의 아이들은 더구나 좋은 조건을 가지고 출발했다. 터먼이 협조를 요청한 학교들은 도시의 중상류층 백인 자녀들이 다니는 학교였다. 터먼은 나중에 자신이 선택한 아이들의 삶에 개입하여 진로를 열어주기까지 했다. 그중 주류 계층에 속하지 않은 사람은 아프리카계 미국인 두 명과 인도 출신 한 명뿐이었다. 터먼의 연구에 사회적으로 불리한 계층 출신의 아이들이 더 많이 포함되었다면 결과는 더욱더 시큰둥하게 나왔을 것이다.

터먼이 지능에만 국한해서 연구한 것이 문제였을까? 지능뿐 아니라 원만한 인간관계가 성공을 결정하는 것은 아닐까? 다른 인격적 특성이 운명을 예측할 수 있게 조종하는 것은 아닐까? 이런 의문을 품은 미국의 사회학자 캐럴 톰린슨과 제시카 고멜은 터먼의 자료들을 다시 연구했다. 그들은 터먼이 추적한 아이 중 여성을 대상으로 인생의 성패를 유년기에 예측하는 것이 가능한지 알아내고자 했다. 그리하여 집안, 유년시절, 성격, 목표 등 성공을 예측하는 열세 가지 기준을 마련했다. 지능만이 성공을 보장하는 것이 아니라면 이런 여러 가지 요인들을 종합해서 교수가 될 사람은 누군지, 전화상담원이 될 사람은 누군지 읽어낼 수 있을지도 몰랐다.

그러나 두 학자는 실망하고 말았다. 인생의 목표나 사교성은 미래의 삶에 어느 정도 영향을 미쳤지만, 이런 요인들로도 인생을 예측할 수는 없었기 때문이다. 이로써 한 인간의 미래를 예언하고자 했던 터먼의 프로젝트는 모두 수포로 돌아갔다. 그렇다면 우리의 삶을 결정하는 것은 무엇이란 말인가?

우연의 포착

철학자 에른스트 블로흐는 방구석에 처박혀 살던 의기소침한 대학생이었다. 어느 날 그는 술집으로 피신해야 했다. 자신의 집에 낯모르는 시체가 안치되어 있었기 때문이다. 도저히 그곳에 있을 수 없어 도망쳐 나온 그는 술집에서 낯선 사람과 이야기를 하게 되었고 그를 통해 어떤 여학생을 소개받았다. 그리고 그 여학생을 따라 전에는 꿈에도 생각하지 못했던 어떤 작은 대학으로 옮겨가게 되었다. 그 대학에서 공부하던 그는 어떤 헝가리 여성을 소개받았고, 그 여성을 찾아 부다페스트로 떠났다. 그리고 부다페스트에서 유명한 철학자를 만났다. 철학자는 그에게 책을 쓰라고 권했는데 그 바람에 그는 한적한 여관에 들어앉아 책을 썼다. 그러다 아내가 될 여성을 만났다.

블로흐는 그 시체가 아니었더라면 그의 삶은 완전히 다르게 흘러가지 않았겠냐고 물었다. 때로는 어떤 우연 하나가 우리를 새로운 삶의 궤도로 들어서게 한다고 말이다. 누구나 그런 일을 경험한 적이 있을 것이다. 블로흐는 분수령에 있는 작은 돌 하나가 빗방울을 지중해 쪽으로 가게 할지, 북해 쪽으로 가게 할지 조종할 수 있다며 때로는 그런 하찮은 사건이 미래를 결정한다고 했다.

그러나 이 이야기를 좀 다르게 이해할 수도 있다. 결정적인 역할을 한 것이 시체뿐일까? 그렇지 않다. 블로흐가 기대하지도, 조종할수도 없었던 일련의 사건들도 함께 인생에 영향을 미쳤다. 그가 술집에서 다른 사람과 이야기를 나누었더라면 어떻게 되었을까? 시체는 다른 사건들보다 더 중요한 것이 아니라, 더 인상적일 뿐이다. 사소한 모든 사건이 주인공의 인생에 분수령이 되었다. 하지만 주인공 자신도 사건 전개의 수동적인 객체만은 아니었다. 방구석에만 처박혀 살았던 의기소침한 대학생이 어떻게 그토록 빨리 사람들에게 호기심을 가질 수 있었을까? 그에게는 틀림없이 기회를 이용할 줄 아는 재능이 있었다. 블로흐는 그 우연을 포착했던 것이다.

우연이 기회가 되려면

수많은 기회 중 하나를 고를 수 있다는 것은 행운이다. 어떤 사람은 인생에 딱 한 번 찾아온 기회를 지푸라기 잡는 심정으로 잡아야 하기 때문이다. 카를 프리드리히 가우스는 별 볼 일 없는 수공업자 집안에서 태어났다. 그는 세 살 때부터 계산에 능숙해 아버지의 임금 계산을 고쳐줄 정도였다. 그리고 여덟 살에는 1에서 100까지의 수를 번개처럼 빨리 더해 선생님을 놀라게 했다. 신동 가우스의 소문은 곧 공작의 귀에까지 들어갔고 공작은 가우스를 힘껏 밀어주었다. 그리하여 가우스는 시대를 망라하여 가장 빛나는 업적을 쌓은 수학자 중 한 사람이 되었다.

가우스의 성공은 한편으로는 어릴 때부터 타고난 재능에서 비롯되었고, 다른 한편으로는 영향력 있는 후원자를 만나는 행운으로부터 비롯되었다. 가우스가 남자로 태어난 것도 행운이었다. 그때 당시 여자로 태어났더라면 뛰어난 뇌를 지녔어도 농부의 집에서 하녀로 일했던 그의 어머니와 비슷한 삶을 살았을지도 모른다. 또 몇 년 일찍 태어났어도 승산이 없었을 것이다. 그랬더라면 가우스가 한창 신동 소리를 들을 시기에 그 공작은 7년 전쟁에 온 신경을 곤두세우느라 교육에 신경 쓸 여력이 없었을 것이기 때문이다.

가우스에겐 몇 번의 기회가 주어졌다. 그는 이 기회를 이용했고, 그의 성공은 많은 부분 행운에서 비롯되었다. 물론 가우스가 개인 교사를 둔 부유한 집안의 아이였더라면 정치적으로 불안한 시기에도 자신의 길을 갈 수 있었을 것이다.

우연이 우리의 길을 결정하는 것과 마찬가지로 환경도 많은 영향을 끼친다. 불리한 환경에서 태어난 사람들은 출세할 확률이 더 낮다. 그럼에도 그가 모든 장벽을 딛고 성공하는 경우에는 재능과 능력 외에 뜻밖의 동시적인 사건들이 성공에 기여한다. 우리는 진화와 관련하여 이런 법칙을 이미 알고 있다. 우연은 종종 약자의 편에서 싸운다는 것을 말이다. 그러므로 정의는 가능하면 많은 사람에게 기회를 만들어주는 것이다.

가능성이 많은 환경 속에 있는 사람은 개별적인 우연의 영향을 덜 받는다. 오늘 기회를 놓치면 내일 다른 기회를 잡을 수 있다. 전체 속에서 개별적인 것들은 그리 중요하지 않다.

개성은 타고날까, 만들어질까

기회는 우리가 그것을 잡을 때 의미가 있다. 우연은 우리의 삶을 변화시킬 수 있지만, 이 우연의 작용 역시 개인적 특성personality에 따라 한계가 주어진다. 그렇다면 무엇이 개성을 결정하는 걸까? 우리는 아이들이 태어나기도 전부터 어떻게 하면 아이를 잘 키울 수 있을까 걱정한다. 아이들의 재능을 우리의 노력으로 계발할 수 있다면 얼마나 좋을까? 우리는 아이들에게 가능하면 좋은 인생길을 열어주고 싶다. 터먼의 동료였던 존 왓슨은 이러한 생각에서 더 앞서나가 다음과 같이 말했다.

"내게 열두 명의 건강한 아기를 데려오라. 그러면 나는 어떤 아이들이든 상관없이 그 아이들을 각 분야의 전문가로 키울 수 있다. 의사, 변호사, 예술가, 심지어 거지와 도둑으로도 말이다. 나는 아이들의 재능과 성향 관계없이 모든 아이를 원하는 대로 만들 수 있다."

그러나 존 왓슨은 자신의 말을 증명하지 못했다. 아무도 그에게 아기를 맡겨주지 않았기 때문이다. 왓슨은 중요하다고 생각하지 않은 타고난 재능과 기호가 사실은 인생에 어마어마한 영향을 미친다는 것을 의심하는 사람은 없다. 이 사실은 쌍둥이 연구에서 인상적으로 드러난다. 한 부부가 같은 유전자를 지닌 일란성 쌍둥이를 따로 키웠다. 그런데 나중에 이들이 어른이 되고 나서 보니 지능, 성격, 관심 분야, 게다가 정치 성향까지 같은 집에서 자란 남매보다 훨씬 비숫했다. 어렸을 때부터 떨어져 살아 공통된 경험을 하지도 않았는데 말이다. 따라서 이들이 이렇게 비슷해진 것은 유전인자가 같기 때문이다.

이런 연구에 따라 행동유전학자들은 지능의 반은 타고나고 반은 후천적으로 만들어지는 것으로 추정한다. 그리고 수줍음 등의 성향은 좀 더 환경에 영향을 받는다고 본다. 그러나 이런 수치들은 좀 더 신중하게 받아들여야 한다. 인간의 정신 능력이나 인격을 IQ처럼 숫자로 표현하는 테스트들은 믿을 만한 경우가 드물고 때로 부적절한 경우도 있기 때문이다. 중요한 것은 유전과 환경 두 가지 모두 영향을 미친다는 사실이다.

부모들은 이런 통찰에 입각하여 자녀의 소질을 원하는 방향으로 최대한 발휘하게 만들려고 노력한다. 그러나 문제는 타고난 소질과 환경 사이의 상호작용이다. 아이들이 스스로 발전해 나가도록 아이들을 자유롭게 해줘야 하는가, 아니면 적절한 경계를 그어주는 것이 필요한가? 아이가 세 살이 되기 전까지는 엄마와 꼭 붙어 있는 것이 좋은가, 아니면 걷기도 전에 놀이방에 맡겨 일찍부터 또래들과 어울려 자라게 하는 것이 좋은가?

불안한 엄마들은 해마다 이런 주제로 육아 상담을 받는다. 상담가들과 심리학자들은 기질에 따라, 그리고 그때그때 유행하는 풍조에 따라 조언을 한다. 확실한 것은 정답은 존재하지 않는다는 것이다. 부모가 똑같이 해도 아이마다 반응이 다르다. 20년 전부터는 전문가들도 그런 의견을 내놓고 있다. 아이를 키워본 부모들은 훨씬 전부터 그 사실을 알고 있었지만 말이다.

샴쌍둥이를 다르게 만드는 요인

가우스가 아버지 사무실을 자신의 천재적인 수학적 재능을 확인하는 장으로 만들었던 것처럼 우리는 어릴 적부터 나만의 환경을 만들어 나가기 시작한다.

그런데 남매의 경우 같은 환경에서 함께 사는 기간이 길수록 오히려 더 달라진다고 한다. 왜 그럴까? 환경의 영향을 받는다면 같은 환경에서 자라는 시간이 길수록 더욱 비슷해져야 하지 않을까? 오래 함께 산 부부가 생활습관, 말투, 심지어 표정까지 닮는 것처럼 말이다.

하지만 형제나 자매의 경우는 다르다는 것이 지능검사 결과에서도 밝혀졌다. 어린 남매들의 경우 지능검사에서 비슷한 결과를 보인다. 유전자의 일부를 공유하고 있을 뿐 아니라 같은 부모의 영향을 받고 있기 때문이다. 하지만 남매가 학령기에 접어들면 상황은 달라진다. 지능검사 결과, 지능이 적잖이 차이가 나는 것이다. 학교 성적역시 차이가 나 부모의 아쉬움을 자아낸다.

남매가 15년 혹은 그 이상 한집에서 살다가 각자 떨어져서 살게 되면 이런 차이는 더욱 두드러진다. 유전적으로 남이나 다름없는 입양 남매들의 경우는 더욱 그렇다. 입양 남매가 자라 성인이 되면 그들의 정신적인 능력은 거리에서 우연히 마주친 행인의 경우보다 더 판이하다. 양부모의 영향은 온데간데없고, 그들이 걷는 독자적인 길이 개성을 바꾸어놓는 것이다.

일란성 쌍둥이는 입양 남매와는 정반대다. 일란성 쌍둥이는 나이를 먹으면서 더 비슷해진다. 지능뿐 아니라 음악적인 재능이라든가 관심사, 사교성 같은 특징들까지 말이다. 보통 남매들과는 달리 쌍둥이는 유전인자가 거의 같기 때문이다. 두 사람의 유전자가 같으면 살아가는 방식도 비슷하고, 주변 환경도 비슷해진다. 그리고 그로써 더욱 비슷한 경험을 하게 되며, 이런 경험들은 다시금 그들의 성격을 비슷하게 만든다.

하지만 두 사람이 같은 유전자를 가지고 매 순간 함께 보냈음에도 너무나 다른 사람이 되기도 한다. 바로 유명한 샴쌍둥이 창 벙커와 엥 벙커가 그런 경우다. 창과 엥은 1815년 가슴이 서로 붙은 채 당시 샴이라 불리던 태국에서 태어났다. 창과 엥은 일란성 쌍둥이였으므로 같은 유전자를 지녔고 몸이 서로 붙어 있다 보니 59세에 죽음을 맞이하는 순간까지 일거수일투족을 함께해야 했다. 편지를 쓸 때도 '나'라는 표현 대신 '우리'라고 표현할 정도였다. 하지만 그들의 성격은 너무나도 달라 마크 트웨인은 이들을 모델로 한 소설 『샴쌍둥이』에서 쌍둥이를 미국 시민전쟁에서 서로 적군이 되어 싸우게 할 정도였다.

창은 엥에 비해 훨씬 똑똑하고 강했으나 화를 잘 내는 성격이었다(칼로 엥을 위협한 적도 있었다). 그리하여 둘은 분리되기를 너무나도 갈망했다. 창은 한동안 알코올 중독에 시달리기도 했다. 그에 반해 엥은 술을 마시지 않았고 감정의 기복이 심하지 않은 담담한 성격이었다.

틀림없이 둘은 몸이 붙어 있는 형제와는 별도로 자신의 개성을 만들어가고 싶었을 것이다. 하지만 그들이 어떤 방향으로 발전해 나갈지는 아무도 예측할 수 없었다. 그들의 출발 조건이 너무나도 동일했기 때문이다. 하지만 부모와 주변 사람들은 두 형제를 각각 다르게 대했을 것이고, 이에 대해 창과 엥 모두 나름대로 반응하면서 각자 조금씩 개성을 형성해 나갔다. 다시금 이런 개성이 주변 사람들에게 각 형제를 다른 태도로 대하게 했으리라.

그리하여 시간이 지나면서 너무나도 다른 개개인이 된 샴쌍둥이는 서로 붙어살아야 하는 상황에 치를 떨게 된다. 이란의 샴쌍둥이 라단 비자니와 랄레 비자니의 경우는 갈등이 너무나 첨예되어 2003년 의사들의 만류에도 결국 분리 수술을 받기로 결정했고 둘다 살아남지 못했다.

더욱이 일반적인 남매들은 개성이 눈에 보일 정도로 달라진다. 유전인자도 다르고, 나이도 다르니 말이다. 주변 사람들은 처음부터 남매들을 다르게 대하고, 그로써 부지불식중에 아이들의 성격이 달라지는 데 부채질을 한다. 의욕 넘치고 호기심 많은 여자 아이가 경험하는 세계는 소심한 언니나 동생이 경험하는 세계와는 너무나 다르다. 호기심 많은 소녀는 부모님과 친구들이 자신에게 재미있는 것들을 보여주기를 원할 것이고, 이런 세월이 쌓이다 보면 자매간의 차이는 더욱 벌어진다. 그렇게 인생의 작은 요소들이 우리의 존재를 결정하는 것이다.

학자들은 오랫동안 개성 발달에 결정적인 역할을 하는 것이 타고난 소질인지, 우연히 주어진 환경의 영향인지를 두고 머리를 싸맸다. 하지만 이 질문은 닭이 먼저냐 달걀이 먼저냐를 따지는 것만큼 무의미하다.

부모도 어쩔 수 없다

엘리너 매코비와 존 마틴은 교육의 영향을 연구하며 산더미 같은 전문서적을 탐독한 후 1983년, 수많은 부모의 가슴에 비수를 꽂는 결론을 내렸다. 같은 집에서 자란 친남매건 입양 남매건 보통은 너무나도 다른 개성을 갖게 된다는 것이었다. 매코비와 마틴은 이에 대해 "부모의 행동이 전혀 영향력을 행사하지 못하거나, 그 영향이 같은 가정에서 자라나는 아이들 사이에서 굉장히 차이가 나는 것"으로밖에 볼 수 없다고 말했다.

그렇다면 부모는 아이들을 자신들이 원하는 사람으로 만들려는 모든 노력을 중단해야 하는 걸까? 이 질문에 대답하기 전에 매코비와 마틴이 자신들의 결론을 뒷받침하는 세 가지 논지를 살펴보겠다.

부모의 노력을 물거품으로 만드는 첫 번째 요인은 바로 또래 집단이다. 아이들은 부모가 생각하는 것만큼 부모를 롤모델로 삼지 않는다. 신세대에게 부모는 언제나 구세대이며 그들의 관심은 미래에 있다. 그래서 아이들은 부모에게서 배우는 것이 아니라 또래에게서 배운다. 이런 현상은 부모와는 다른 문화 속에서 자라는 아이들에게서 특히 두드러지게 나타난다. 거리에서 쓰는 말과 집에서 쓰는 말이 다를 경우 아이들은 순식간에 또래들의 언어를 배운다. 그리하여 독일 바이에른에 사는 터키 출신 아이의 경우 독일어를 금방 터키어만큼 잘하게 되며 부모들과 달리 독일어에 터키 악센트를 섞지 않는다. 그에 반해 이민자들이 모여 사는 동네에서 자란 터키 아이는 독일어를 못 해 교사가 애를 먹는다.

다른 습관도 마찬가지다. 부모는 간혹 자녀가 다른 사람을 대하는 태도를 보고 깜짝 놀란다. 개인의 행동은 언제나 주변 상황과 연결되어 나타나므로 집에서는 괴물 같은 여자아이가 밖에서는 천사가 될 수 있고, 집에서는 천사 같은데 바깥에서는 말썽을 피울 수도 있다. 아이들은 서로를 교육한다. 아이의 세계는 부모의 집만으로 구성되어 있지 않다.

교육이 부분적으로 우연에 의존할 수밖에 없는 두 번째 이유는 부모가 아이의 발달에 얼마나 영향을 끼칠지 예측할 수 없기 때문이다. 햇볕을 많이 쬐면 얼굴이 빨개지는 것처럼 아이의 유전자가 자극에 어떻게 반응할지 예측할 수 있다면 아이를 마음대로 키우기 쉽겠지만 그런 유전자는 없다. 지능이나 외향성 등의 복합적인 특성은 수백 개의 유전자의 협연에서 비롯된다. 학자들이 '지능 유전자'라 운운하는 것은, 그 유전자를 가지고 있다고 해서 무조건 똑똑해진다는 뜻이 아니다. 그런 유전자를 지닌 사람의 정신 능력이 남다를 가능성이 있다는 정도의 의미다.

유전자와 환경의 상호작용이 얼마나 예측 불가능한지는 미네아폴리스 대학에서 시행된 대규모 쌍둥이 연구에서도 실감할 수 있다. 연구에 참가했던 여성 쌍둥이는 각자 다른 집에 입양되어 떨어져 자랐으며 어른이 되어 각자의 길을 걸었다. 그중 한 명은 피아니스트로 성공했고, 다른 한 명은 음악적 재능이 전혀 없었다. 양쪽 부모의 환경을 살펴보니 한쪽 집은 음악을 전혀 가까이 하지 않았고, 한쪽 집은 어머니가 집에서 피아노 레슨을 했다. 만약 '아, 그럼 피아니스트가 된 쌍둥이가 피아노 레슨을 하는 어머니 밑에서 자랐겠네!'라고 확신했다면 오산이다. 피아니스트는 전혀 음악을 가까이 하지 않았던 양부모 밑에서 자랐다. 역시나 예측은 어긋났다.

교육은 무용지물?

타고난 소질과 환경의 상호작용이 더욱 예측 불가능한 것은 부모와 자녀의 관계가 일방통행이 아니기 때문이다. 교육의 불확실함을 주장하는 세 번째 이유는 바로 여기에 있다. 부모가 자녀에게 영향을 줄 뿐 아니라, 자녀도 부모에게 반응을 불러일으킨다. 부모의 관심을 계속 요구하는 아이는 부모에게 거부당한다고 느끼기 때문에 그러는 것일까? 아니면 하도 치대는 아이에게 질린 나머지 부모가 아이에게 등을 돌리는 것일까? 아마도 둘 다 맞을 것이다. 모든 인간관계에서처럼 양육에서도 피드백 효과가 나타난다.

어떤 시스템이 환경의 영향을 받는 동시에 환경에 스스로 영향을 끼칠 수 있을 때면 으레 우연이 작용한다. 양자물리학(측정기가 관찰하고자 하는 입자를 방해)도 그렇고, 진화론(어떤 종이 새로운 환경에 적응하는 동시에 환경을 변화시킴)도 그렇고 인간이 함께 사는 곳이면 어디에서나 마찬가지다.

아내가 〈슈피겔〉의 학술 편집자였을 때 이런 내용의 기사를 내보내자 독자들의 반응은 참으로 뜨거웠다. 수많은 독자가 편지를 보냈는데 대부분 화를 냈으며 몇 사람은 연구 결과를 공격하기도 했다. 부모들이 이렇게 당황하는 것은 당연하다. 아이들에게 최선을 다하려 애쓰고 있는데 그 모든 일이 소용없는 짓이라니? 부모들이 속으로 아이들이 자신의 훈계와 충고를 듣고 흘리는 건 아닐까 의심한다 해도, 그런 내용을 공식적인 기사로 확인하고 싶지는 않은 것이다.

하지만 성급한 결론을 내리기 전에 그 기사에 실렸던 연구 결과들을 다시 살펴보자. 여기에서 언급되는 모든 결과는 다수의 아동과 부모를 대상으로 한, 상세한 연구에서 증명됐으며 전문가들 사이에서는 이견의 여지가 없다. 미국의 발달심리학자 캐럴 타브리스는 연구 결과를 이렇게 요약했다.

- 수십 년간 노력했으나 학자들은 아이를 특정한 개성이나 능력, 문제의 소유자로 만드는, 아니 그렇게 될 가능성이라도 높이는 양육법을 찾지 못했다. 부모들은 어차피 일관성을 유지할 수 없다. 부모들 스스로 아이의 특성에 휘둘리기 때문이다. 부모들은 싹싹한 아이에게는 더 관대하게 대하고, 뚱한 아이에게는 더 엄격하게 대한다.
- 까다롭고 엄격하고 심지어 이상한 버릇이 있는 부모 밑에서 자라는 아이들은 대부분 놀랄 만한 저항력을 보인다. 그리고 그런 부모로부터 장기적으로 정신적인 피해를 입지 않는다. 반대로 마약을 하고 폭력에 가담하고 정신병을 얻는 청소년들은 굉장히 사랑이 넘치는 부모 밑에서 자란 아이들인 경우가 많다.
- 입양아들과 양부모와 다른 남매들의 인성은 하등의 연관이 없는 것으로 나타났다. 이것은 성장 환경이 뚜렷한 영향을 미친다는 예상과 배치되는 것이다.
- 아이가 어떤 생활공동체에서 자랐느냐에 따라 개성이 달라지지는 않는다.

통계상 종일 집에서 지낸 아이나, 탁아 시설에서 지낸 아이나, 양부모 밑에서 자란 아이나, 부모의 손에서만 자란 아이나, 이성애자의 손에서 자란 아이나, 동성애자의 손에서 자란 아이나 별 차이가 없다.

- 부모가 아이를 대하는 방식은 부모를 대하는 아이의 태도에는 많은 영향을 미치지만, 다른 사람을 대하는 아이의 태도에는 별 영향을 미치지 못한다. 엄마가 아이들과 놀아줄 때 아이들의 태도는 엄마와 노는 동안에만 지속된다. 아이가 혼자 있게 되거나 다른 친구와 놀게 되면 엄마하고 전에 어떻게 했느냐와 상관없이 행동한다. 성격보다 상황이 아이의 행동에 강한 영향을 미치는 것이다.

아이들은 그들만의 세계에서 산다. 어른들이 잘 깨닫지 못하는 아주 미미한 뉘앙스들이 아이들을 다양한 방향으로 인도할 수도 있다. 개성의 형성은 우리 의지로 조종되는 것이 아니며 학문적인 관찰로 추적할 수 있는 성질의 것도 아니다. 한 인간이 성장할 때 부모의 의도보다는 우연이 더 강한 영향력을 행사한다.

그렇다고 자녀를 아무렇게나 키우라는 말은 아니다. 여기에 소개된 연구는 부모가 기본적으로 자녀를 이해하고 밀어주려고 애쓰는 중류층 가정을 대상으로 한 것으로, 기본 조건이 충족된 가운데서 아이를 더 엄격하게 키우는가, 자유롭게 키우는가는 발달에 그다지 중요하지 않다. 그에 반해 부부 사이에 폭력이 난무한다든지, 부모가 아이를 무시하고 등한시한다든지, 반복적으로 구타한다든지, 학대를 한다든지 할 경우 아이에게 돌아갈 피해는 심각하다. 만약에 그 아이들이 그런 경험을 견뎌내고 안정된 인성을 갖게 된다 할지라도 그들의 유년은 잃어버린 것이나 다름없다.

두 번째로 하고 싶은 이야기는 부모가 자녀를 조심스럽게 대하는 것이 좋다는 것이다. 부모의 태도가 아이의 개성 형성에 생각보다 적은 영향을 미칠지는 모르겠지만 부모와의 관계에는 결정적인 영향을 미친다. 아이와 좋은 관계를 맺으려면 아이들을 보살피되 뭐든지 용납해주어서는 안 된다. 사람들과 좋은 관계를 맺고자 할 때면 언제나 그렇듯이 말이다.

그러므로 양육은 의미 없는 것이 아니다. 부모의 행동을 개선하는 프로그램은 특히 효과 만점인 것으로 나타났다. 그런 프로그램에서 부모는 아이들을 자주 칭찬해주고 아이가 잘못할 경우 무조건 비난하기보다는 아이의 행동이 어떤 결과를 가져오는지 이해하게 만드는 법 등을 배운다. 그런 간단한 방식으로 행동 장애의 기미가 있었던 아이들이 도로 정상적인 궤도를 밟는 경우가 많다. 하지만 이런 프로그램의 목표는 아이들의 발달을 장기적으로 특정 방향으로 조종하는 것이 아니라 순간의 위기를 잘 넘기는 데 있다. 부모의 변화된 행동은 아이들에게 안정감과 자신감을 주고 아이들 스스로 펼쳐 나갈 수 있게 한다.

세 번째로, 발달심리학의 새로운 인식은 부모가 자녀의 개성에 전혀 영향을 끼칠 수 없다고 말하려는 것이 아니다. 부모의 양육이 자녀에게 어떤 영향을 끼치는지 아무도 예측할 수 없다는 것, 즉 교육은 우연하게 작용한다는 뜻이다. 어떤 사람이 딸에게 억지로 발레를 배우게 했다고 하자. 아이는 열정적인 춤꾼이나 프로 발레리나가 될지도 모르지만 여차하는 경우 발레를 싫어하게 되어 사춘기가 되면 영원히 발레를 포기해버릴지도 모른다. 반대로 발레를 배우든 말든 딸의 재량에 맡겼다고 하자. 그래도 결과는 마찬가지다. 아이는 발레에 푹 빠질 수도 있고, 오히려 부모에게 원망을 할 수도 있다. 발레를 하라고 억지로 시키지 그랬느냐며 말이다.

룰렛에서도 딜러가 구슬을 어떤 높이로 던지는가, 회전판을 얼마나 빨리 돌리는가 하는 것은 분명히 구슬에 영향을 미친다. 다만 그에 대해 생각하는 것은 무익할 따름이다. 구슬이 어느 숫자 칸에 떨어질지 우리로서는 조종도 예측도 할 수 없다. 부모도 마찬가지다. 이런 생각은 꽤 충격적이지만 부모를 공연한 죄책감에서 벗어날 수 있도록 도와준다. 교육에서 우연의 비중을 인정하면서도 자녀가 잘 자라는 모습을 보는 사람은 아이의 삶의 능력을 신뢰할 수 있게 될 것이다.

자녀에게 적절히 고무적인 환경을 만들어주고 자신을 시험할 수 있는 기회를 되도록 많이 주는 것은 아이에게 단순한 재능 계발 이상의 도움이 된다. 그들을 세상에서 유일한 개성을 지닌 존재로 여겨주는 것이 바로 자녀를 존중하는 일이다. 아랍의 철학자 칼릴 지브란은 이렇게 말했다.

"여러분은 자녀에게 자기 자신이 되도록 할 수 있습니다. 하지만 자녀를 여러분과 똑같이 만들려고 해서는 안 됩니다. 생명은 뒷걸음치지 않으며 어제에 머무는 것이 아니기 때문입니다."

나는 왜 너를 사랑하게 되었는가

개성을 만드는 데는 유년기 경험만이 작용하는 것이 아니다. 인생은 부모의 품을 떠남으로써 진짜 시작된다. 이제 우리 삶에 가장 큰 영향을 끼치는 사람은 우리와 가장 가까이 있는 사람들, 우리가 사랑하는 사람들이다. 삶의 동반자는 우리의 습관을 변화시키고 미처 깨닫지 못했던 숨은 인성을 드러내 보여준다. 인내심 있고 장점을 인정해주는 남자는 의기소침한 여자에게 자신감을 불어넣어 줄 수도 있다. 반대로 사랑하는 사람에게서 계속 실망했다는 이야기를 들으면 자신에 대한 불신이 싹튼다.

그렇다면 이토록 중요한 삶의 동반자는 누가 결정할까? 우리가 어떤 사람과 사랑에 빠질지 결정하는 무언가 또는 누군가가 과연 존재할까?

미국 쌍둥이 연구를 배후에서 주도했던 데이비드 리켄은 더 간단하게 생각한다. 리켄은 배우자의 선택이 단순히 우연이라고 말한다. 그는 쌍둥이 연구를 통해 모은 100명의 프로필과 인생 이야기를 토대로 심혈을 기울여 살펴본 끝에 일란성 쌍둥이의 배우자라고 해서 어떤 공통점을 갖고 있지 않다는 결론을 내렸다. 특이한 일이다. 만약 유전자가 우리가 어떤 사람을 좋아하게 될지 조종한다면 유전적으로 동일한 일란성 쌍둥이가 사랑하는 사람들은 이란성 쌍둥이가 사랑하는 사람들보다 더 비슷해야 하지 않을까? 그리고 만약 가정교육이나 성장 배경이 배우자 선택에 영향을 미친다면 일란성 쌍둥이뿐 아니라 이란성 쌍둥이도 비슷한 사람을 배우자로 선택해야 할 것이다. 그러나 그런 현상은 눈에 띄지 않았다.

리켄은 500명의 쌍둥이를 대상으로 그들 형제나 자매의 배우자와 로맨스를 상상할 수 있겠느냐고 질문했다. 반응은 뜨뜻미지근했다. 쌍둥이들의 배우자들 역시 배우자의 쌍둥이 형제나 자매에게 특별한 매력을 느끼지 않는다고 대답했다. 따라서 어떤 특정한 타입을 선호하는 현상은 나타나지 않았다.

사랑의 이해

미국의 심리학자 도로시 테노프는 우리가 누군가에게 마음을 주게 만드는 요인이 무엇인지 연구했다. 테노프는 수백 명의 연인을 대상으로 다양한 설문조사를 실시했으며 때로는 연인들이 건네준 일기장을 분석하기도 했다. 베를린 학술 저널리스트 바스 카스트의 표현에 따르면 그리하여 테노프는 '사랑의 성립에 대한 기존의 연구 중' 가장 방대할 뿐 아니라 '가장 공감이 가는 연구 결과'를 내놓았다.

테노프는 사랑이 싹트는 중요한 포인트는 늘 똑같다고 한다. 자신에 대한 상대방의 관심을 알아차린 순간 사랑에 빠진다는 것이다. 이 양상은 테노프가 관찰한 모든 커플에게서 비슷하게 나타났다. 따라서 카스트의 표현을 빌리자면 '정열을 유발하는 보편적인 요인'이 있긴 있는 것이다. 남성의 지위나 여성의 풍만한 가슴 등이 아니라, 테노프의 말마따나 '스스로가 욕망의 대상이 되고 있다는 느낌이 들 때'에 욕망이 깨어난다.

그렇다. 우리는 상대방이 좋아한다는 신호를 받아들일 것이라고 믿을 때 좋아한다는 신호를 보낸다. 사랑은 돌고 도는 것이다. 정열은 그냥 존재하는 것이 아니라, 두 사람 사이에 감정의 파도가 고조되면서 일깨워져야 하는 것이다. 물론 상대방이 최소한의 외적인 조건을 갖추고 있어야 하겠지만, 상대방이 우리의 이상형에 부합하는가보다 더 중요한 것은 상대방과 내가 어떤 심신 상태에 있는가 하는 것이다. 브래드 피트가 침울하거나 멍한 사람이었다면 여성들에게 점수를 따지 못했을 것이다.

둘 사이에서 불꽃이 튀려면 둘은 같은 시점에 사랑을 주고받는 상태로 전환해야 한다. 하지만 우리는 다른 일에 바빠서 보통 그러지 못한다. 그래서 제3자의 눈에는 모든 것이 맞는 것 같아 보여도 정열은 그리 쉽게 불타오르지 않는다. 그렇게 보면 리켄의 쌍둥이 연구에서 쌍둥이들이 자신의 쌍둥이 형제(자매)의 배우자에게 호감을 느끼지 못했던 것도 이상한 일이 아니다.

중매쟁이들은 이러한 연구 결과를 이미 알고 있었던 듯 선을 볼 후보들에게 상대방이 그들에 대해 얼마나 긍정적으로 생각하고 있는지를 말해주곤 했다. 삶의 동반자를 이런 식으로 만나기 싫다면 우연에 맡길 수밖에 없다. 두 사람이 동시에 안테나를 세우고는 다른 사람의 제스처를 칭찬으로 알아듣거나, 착각하기만 하면 두 사람은 결국 가까워지게 되어 있다. 그러면 이야기는 꼬리를 물고 이어진다.

운명적 사랑의 정체

사랑의 현기증이 채 가시지 않았을 때 우리는 매우 관대하다. 상대가 더없이 좋아 보인다. 다른 사람 같았으면 트집 잡을 일도 사랑하는 사람이 하면 매력적으로 보인다.

그럼에도 사랑은 결코 우리를 눈멀게 하지 않는다. 처음의 도취 상태에서라면 몰라도 시간이 좀 지난 후에는 말이다. 모든 만남이 연애로 이어지지는 않으며, 모든 연애가 장기적인 파트너 관계로 이어지지는 않는다. 그 반대다. 제7의 하늘에서 시작된 만남의 대다수는 실망으로 끝나버린다.

우리가 어떤 사람을 사랑하게 될지는 상당 부분 우연히 결정되지만 서로 친해지면 친해질수록 상대방을 더 정확하게 살피게 된다. 처음의 두근거림이 진정되고 나면 우리는 상대방을 자세히 관찰한다. 식사를 마치자마자 담배를 뻑뻑 피워대는 남자의 모습은 더 이상 에로틱하다기보다 폼 잡는 것으로 보인다. 갑자기 화를 내는 여자의 모습 역시 섹시하기보다 유치하게만 보인다. 남은 인생을 이런 사람과 보내도 될까 의문이 든다.

심리 연구에 따르면 반대는 끌어당기는 게 아니라 부딪친다. 부부는 오래 살수록 서로 닮는다고 한다. 하지만 그것은 강아지가 주인을 닮아가듯 남자와 여자가 시간이 지나면서 점점 서로 비슷해지기 때문은 아니다. 사랑이 아무리 깊어도 내성적이고 생각에 잠기기 좋아하는 남자가 갑자기 사교계의 신사로 바뀌지는 않는다. 서로 닮은 부부는 유유상종의 결과일 확률이 높다. 너무 대립적인 관계는 대부분 깨지고, 애초부터 일치하는 부분이 많은 관계가 오래 유지된다. 부부 심리학의 선구자인 지크 루빈은 200쌍의 연인을 대상으로 2년간 연구를 했는데 그 사이에 연인의 반 정도가 헤어졌다. 헤어진 연인들은 관계를 오래 지속하는 연인들보다 서로 공통점이 적었다.

그러나 실생활에서 냄비와 냄비 뚜껑처럼 딱 맞아떨어지는 관계는 없다. 파트너 관계는 서로에게 익숙해져가는 과정이다. 우리는 상대방을 있는 그대로 받아들이고 거기서 최선의 것을 끌어내는 법을 배운다. 하지만 애초에 대립되는 부분이 적을수록 관계를 끌어나가기가 더 쉬운 것은 사실이다. 관심과 취향이 서로 비슷하면 폭발적인 갈등은 줄일 수 있다. 연구에서 결혼생활이 행복하느냐는 물음에 서로 비슷한 기혼자들일수록 더 행복하다고 대답했다.

싱글들은 이성관계의 이런 비밀을 염두에 두어야 할 듯하다. 미국 코넬 대학 심리학자들이 1000명의 대학생을 대상으로 배우자의 이상형을 조사한 결과 대부분의 대학생들은 자신과 비슷한 사람을 원하는 것으로 나타났다. 단, 남에게 보여지는 자신의 모습이 아니라, 자기가 생각하는 자신의 모습을 기준으로 말이다. 스스로를 성실하다고 여기는 사람은 파트너가 성실한 사람이었으면 좋겠다고 대답했고 스스로 외모가 빼어나다고 생각하는 사람은 파트너도 그랬으면 하고 바랐다.

하지만 이상적인 파트너를 만나고자 하는 소망은 그리 쉽게 이루어지지 않는다. 다른 사람의 내면적인 가치는 겉으로 잘 드러나지 않으니까 말이다. 그것을 알려면 사랑은 우회로를 거쳐야 한다. 인생의 사랑을 찾는 사람이건 아니면 그저 심심풀이 땅콩 같은 연애를 원하는 사람이건 간에 우선은 우연이 그들을 만나게 해줘야 하고, 그리고 나서야 선택이 실행된다. 어떤 커플들은 계속 만나고 어떤 커플들은 하루 만에 깨진다. 어떤 사람들은 운이 좋은 건지, 직감이 뛰어난 건지 금방 맞는 사람에게 정착한다. 그러나 어떤 사람들은 파트너를 만나기까지 몇 년이 걸린다. 그들은 시험과 실수를 통해 누가 자신에게 맞는 사람인지를 배우고, 헤어지지 않고 갈등을 적절히 이겨내는 법을 배운다.

그러나 뒤돌아보면 이야기는 달라 보인다. 우리는 뭔가가 우리 마음에 강하게 어필하는 경우 우연이라 생각하기 싫어한다. 사랑 외에 무엇이 감정을 이토록 강하게 사로잡을 수 있을까? 로맨틱한 순간에는 누구나 연인이 자신만을 위한 사람임을 확신한다. 거기에 이르기까지 거친 모든 미로를 잊어버린 채 말이다.

ALLES ZUFALL

우연이 두려운 사람들

카오스는 자연의 질서였고,
질서는 인간의 꿈이었다.

- 헨리 에덤스

Chapter 10

모든 일에 이유가 있을 거란 착각

모든 일에 뜻이 있다고?

20세기 초 드라마 개혁의 선두 주자였던 스위스의 유명한 작가 아우구스트 스트린드베리는 두 번째 결혼에 실패하자 지옥 같은 나날을 보내야 했다. 스트린드베리는 자신의 신비한 경험을 담은 『지옥』이라는 작품의 후기에, 개인적인 위기를 겪으며 "삶을 황폐화하는 회의적인 태도를 깨끗이" 포기하고 "실험적으로 믿는 자의 위치에 섰다"라고 썼다. 스트린드베리는 더는 우연을 믿지 않았다.

이제 스트린드베리는 존재하는 모든 것을 통합하는 우주적 이론을 옹호했다. 전에는 착각으로 보였던 것이 이제는 반복과 합일을 통해 일하는 '세계사의 의식적인 의지'의 작업으로 보였다.

스트린드베리는 곳곳에서 그런 일을 발견했다. 파리에 체류할 때엔 하트 모양의 자갈 두 개를 집어 드는 순간 샤크르-쾨어Sacré-

Coeur, 거룩한 예수의 마음 성당의 종이 울렸다. 그는 "물론 이것은 단지 동시적인 사건들일 뿐이다. 하지만 누가 이것이 동시에 일어나도록 인도했고, 왜 그랬을까?" 하고 물었다. 그리고 소나기가 내리던 날 "네가 하느님처럼 능력이 있느냐, 하느님처럼 천둥소리를 내겠느냐?"라는 성경 구절을 읽고 있는데 천둥이 쳤다.

"난 더는 의심하지 않았다. 영원자가 말씀하시는 것이었다."

스트린드베리는 당시 쓰고 있던 소설에 "일깨워진 그의 환상은 의미를 추구했다"라고 적었다. 여기서 '그'는 자신을 말하는 것으로 보였다. 스트린드베리는 일상에서 신비로운 연관을 깨닫고자 했을 뿐 아니라 연금술사처럼 실험도 했다. 그는 자신을 자연과학과 문학을 통합하는 '시화학자Poetchemiker'로 보았다. 유기적인 것이든, 무기적인 것이든 세상의 모든 것이 의미 있게 연관되어 있으며, 이런 표지들을 읽고 자신의 에너지를 통일시킬 줄 아는 사람은 그 안에서 창조의 계획을 깨달을 수 있다는 것이었다.

스트린드베리는 10년 넘게 써 내려간 일기에 자신이 발견한 연관들에 대해 적었다. 그러나 그 일기장을 책으로 내는 것은 거부했다. 오늘날까지 완전히 공개되지 않은 그의 일기 중 1904년 5월 23일자에는 이런 글이 있다.

"아침에 커튼을 걷었을 때 굴뚝 위에 비둘기 두 마리가 앉아 서로 부리를 비비고 있었다. 그리고 바로 그날 헤리에트(그의 세 번째 젊은 부인으로 그녀와도 역시 헤어졌다)가 사랑 넘치는 황홀한 편지를 보냈다."

정신병리학자들과 문예학자들은 오늘날까지 스트린드베리가 정신이상자였는지 아니면 그저 괴짜였는지 결론을 내리지 못하고 있다. 아마도 그 중간쯤에 있었다고 봐야 할 것이다. 스트린드베리는 편집증이 있었지만 다른 정신병 환자들과는 달리 자신의 행동을 제어할 줄 알았으니까.

편집증이 있는 사람들은 곳곳에서 숨겨진 의미를 찾는다. 자신의 지식에 대해 과신하고 다른 사람을 불신한다. 이런 면만 보면 매우 좋지 않은 성격이 분명하다. 하지만 편집증적인 사고도 좋은 점이 있다. 위대한 작가들을 탄생시킨 것 또한 바로 그런 특성이 아닌가? 자고로 작가란 다른 사람들은 무심코 넘기는 것을 날카로운 인식으로 깨닫는 사람들이다.

예술가만 그런 것은 아니다. 스트린드베리식의 생각과 감정은 사실 우리 모두에게 친숙한 것이다. 그는 우리가 우연을 대하는 방식을 조금은 과장되지만, 단적으로 보여준다. 우연을 우연으로 인식하는 것이 얼마나 어려운지 말이다. 늘 들고 다니던 우산을 딱 하루 집에 두고 온 날 비가 쏟아지면 대체 이런 법이 어디 있느냐고 화내지 않을 사람이 어디 있을까? 그리고 예지몽을 꿔본 적 없는 사람이 과연 있을까? 우리는 기껏해야 입으로만 우연을 인정할 뿐, 속으로는 이 모든 것은 우연이 아니라는 생각을 다진다.

우연 따위 없는 뉴턴의 세계

우리의 뇌는 기본적으로 '우연'이라는 말로 대충 넘어가려 하지 않는다. 겉보기에 중요해 보이지 않는 많은 것 속에 가치 있는 정보가 숨어 있기 때문이다. 추리 소설의 매력은 그런 것을 읽어내는 데 있고, 사건이 발생했을 때 범죄심리학자들은 하찮은 증거들에서 범죄의 과정과 범죄자의 프로필을 추정한다. 피해자의 상처, 범죄자가 무기를 든 방식, 도망가면서 열어둔 문 따위의 작고 우연한 증거들이 단서가 되어 수사관이 사건의 전형을 파악하고 범죄자를 추적하도록 도와준다. 모든 게 우연이라고 믿는 것은 그들이 해야 할 일들과 배치된다. 그리고 사건이 해결되면 그들의 예상이 옳았음이 증명된다.

학자들 역시 편집증적인 사고 없이 새로운 인식에 이르지 못한다. 연구의 목적은 우주의 질서를 찾는 것이다. 주의 깊은 관찰자가 그동안 다른 사람의 눈에 띄지 않았던 연관을 갑자기 인식함으로써 발견이 이루어진다. 사과를 땅에 떨어지게 하고, 행성이 태양 주위를 돌게 하는 힘이 동일하다는 사실은 오늘날의 우리에게는 당연하다. 그러나 뉴턴 때만 해도 이런 이론은 불합리하게 느껴졌다. 지금 우리가 부리를 비비는 비둘기와 연애편지를 연관시키는 스트린드베리의 생각을 접할 때만큼이나 말이다.

학문을 삐딱하게 보는 현상은 예부터 비일비재했다. 오늘날 초등학생들도 배우는 '피타고라스의 정리'를 발견한 피타고라스와 그의 제자들도 수의 신비에 몰두했다. 그들은 숫자와 음악의 조화가 천체의 운행을 결정한다고 믿었다. 파이(π) 같은 숫자는 두 정수의 비율로 묘사될 수 없다는 발견이 그들을 커다란 혼란 속으로 밀어 넣었기 때문이다.

현대 자연과학의 아버지라고 불리는 뉴턴 역시 초자연적인 것을 선호했다. 뉴턴의 개인 서가에는 연금술, 카발라학, 마술을 주제로 한 책들이 꽂혀 있었다. 뉴턴은 물리학 법칙뿐만 아니라 신의 뜻도 파악하고 싶었다. 뉴턴의 세계에서 우연이 있을 자리는 없었다. 스트린드베리와 마찬가지로 뉴턴은 우주를 모든 것이 연관된 전체로 이해했다. 뉴턴은 학자라면 지난 일들로부터 예감 이상의 것을 얻어낼 수 있어야 한다고 말했다. 오늘날의 자연과학자들에게는 황당하게 들리는 말이다. 그러나 뉴턴을 비롯한 많은 학자에게 이런 추진력이 없었다면 자연에 숨겨진 법칙을 알아내기 위한 노력을 기울이지 못했을 것이다. 세계 속에 숨은 뜻을 발견하고자 하는 사람이 더 영리해지기 때문이다.

베르니케 영역의 문지기 역할

아기가 주변 환경을 익혀갈 때도 학자들과 비슷하게 행동한다. 아기들은 계속 어떤 '틀'을 찾으려 애쓰면서 놀라운 속도로 언어를 배운다. 한 돌이 지날 때쯤 말에 반응하기 시작하며, 두 돌이 지날 즈음에는 수백 가지의 개념을 이해하고, 짧은 문장을 구사한다. 그리고 세 돌을 넘기면 거의 문법적 오류 없이 말을 한다. 아기의 뇌는 그동안 엄청난 과업을 수행했을 것이다. 어떤 단어를 스스로 사용하기 위해서는 500번은 들어야 한다니 말이다.

이런 발전은 아기들이 '말'에 숨겨진 뜻을 믿기 때문에 가능하다. 몇 번만 똑같은 음절을 듣고, 그 결과를 곧장 입력시키면 아기들의 뇌는 그 울림이 특정한 상황과 연결된다는 것을 받아들인다. 8개월 된 아기는 이미 반복과 질서를 분석하고 음절을 서로 구분할 줄 안다. 아기들에게 2분 동안 '야안아 기드이 서바가'처럼 의미 없는 음절을 들려주면 나중에 아기들은 이런 음절을 재인식한다. 그렇게 '엄마' 소리를 하기 훨씬 전부터 이미 언어를 습득해가고 있는 것이다.

미국의 뇌학자 그레고리 베른스는 성인들을 대상으로 뇌 속에서 이런 학습 과정이 어떻게 진행되는지를 연구했다. 그는 실험 대상이 된 사람들에게 모니터를 통해 무작위로 반복되는 것처럼 보이는 노랑, 빨강, 파랑 사각형을 보여주었다. 그러나 사실 이 사각형은 무작위가 아니라 특정한 확률로 배열되어 반복되었다. 가령 '나'라는 인칭대명사 다음에 '가'가 아니라 '는'이 오는 것처럼 말이다. 그렇게 하면서 참가자의 뇌를 컴퓨터로 단층 촬영한 결과 관찰자들의 베르니케 영역Wernicke's area, 좌측 측두엽이 활성화되는 것으로 나타났다.

신경학자 베른스의 연구 결과는 베르니케 영역이 어떻게 작동하는지를 설명해준다. 이 영역은 새로 인식한 것을 우리가 예상한 것과 비교하며 끊임없이 바쁘게 움직인다. 그리하여 예상에서 벗어난 것이 나타나면 뇌가 그것을 간과하지 않도록 한다. 베르니케 영역은 특히 논리적인 배열, 즉 우리가 소리로 단어를 만들고 단어로 문장을 구성하는 규칙에 관심을 기울인다. 규칙적으로 반복되는 음절이나 상징을 발견하자마자 이 영역은 뇌에 그것을 자세히 살필 것을 명령한다. 따라서 베르니케 영역은 뇌의 문지기라 할 수 있다. 흥미로운 정보는 입장이 가능하다. 그러나 익숙한 것에는 그리 신경 쓰지 않는다.

우연을 규칙으로

배고픈 사람은 식당 간판이 걸린 집에 들어가면서 음식이 나올 것을 기대한다. 그러나 헝가리어를 모르는 사람이 부다페스트를 산책하는 중이라면 'Füelemüele Étterem'이라고 적힌 간판을 보며 맛있는 거위 구이를 떠올릴 수 없을 것이다. 하지만 그 식당에서 음식을 먹어본 적이 있다면 헝가리어를 모를지라도 간판에 우연히 그런 글자가 적혀 있는 것이 아님을 추측할 수 있을 것이다. 그리고 부다페스트에서 좀 더 시간을 보낸다면 두 번째의 'Étterem'이라는 단어는 다른 식당 간판에도 다 쓰여있는데 첫 번째 단어는 다른 곳에서는 찾을 수 없다는 것을 확인하게 될 것이다. 실제로 'Étterem'은 식당을 뜻하고 'Füelemüele'는 나이팅게일을 뜻한다. 하지만 그 뜻을 알기 전까지 여행자의 뇌는 그 단어들을 먹을거리와 연결했을 것이다. 주인이 종을 치면 저절로 입안에 침이 고였던 파블로프의 개 역시 메커니즘은 똑같다.

케임브리지 대학의 뇌과학자 볼프람 슐츠는 처음에는 서로 관계가 없던 두 자극을 뇌가 어떻게 연결하는지를 밝혀냈다. 슐츠는 원숭이들에게 우선 모니터로 다양한 상징을 보여준 다음 다양한 빈도로 과일즙을 주었다. 그러고는 동시에 원숭이의 전두엽에 있는 특정 세포의 활동을 연구했다. 그랬더니 실험 초기 과일즙이 흘러나와야만 먹을거리에 대한 반응으로 활성화되던 뉴런이 몇 회가 지난 뒤에는 모니터에서 상징만 봐도 바로 활성화되었다. 그들의 뇌 속에 상징과 과일즙 사이의 연관이 생겨난 것이다. 전에는 그림을 보고 나서 과일즙이 뒤따르는 게 우연한 일로 여겨졌지만, 뒤에는 그것을 규칙으로 인식하기 시작한 것이다.

슐츠가 측정했던 세포는 도파민이라는 전달물질을 분비한다. 도파민은 팔방미인처럼 뇌 속에서 활동하는 물질이다. 단 22개의 원자로 이루어진 올챙이 모양의 이 작은 분자는 세 가지 기능을 갖는데, 예기치 않은 사건을 신호해주고, 주의 집중과 유쾌한 흥분의 감정을 일깨우며, 새로운 관계를 배우도록 준비시킨다. 이 기능들은 우연과 동시적 사건을 처리하는 데 도움을 준다. 예상치 않았던 일이 일어나면 도파민은 우리에게 그 일과 대면하도록 하고, 우리는 종종 그 안에서 행복을 느낀다. 기대하지 않았던 일이 기회를 제공할 수 있기 때문이다. 자연은 피조물에게 제한된 위험을 무릅쓰도록 요구하는 동시에 유쾌한 감정으로 피조물을 그리로 유인하는 듯하다.

도파민은 그 밖에 무엇보다 학습을 촉진한다. 학습은 뉴런 사이의 신호 전달이 변화되면서 이루어진다. 가령 원숭이의 경우 컴퓨터 상징에 반응하는 뇌세포와 과일즙에 반응하는 또 다른 뇌세포 사이에 연결이 이루어지고, 이런 연결을 통해 과일즙에 반응하는 뉴런들은 이제 상징을 보기만 해도 신호를 받게 된다. 이런 연관을 배우면서 뇌의 구조가 변화하는 것이다.

처음에 뉴런 사이의 연결은 느슨하다. 그러나 시간이 지나면서 진정한 신호의 배선이 생겨난다. 도파민이 신경성장 물질을 방출시키기 때문이다. 그러므로 도파민은 뇌의 거름이라 할 수 있다. 이것이 거름이 되어 뇌세포 간의 연결이 이루어지는데 이런 과정은 놀랄 만큼 빨리 진행된다. 쥐 실험에서 학자들은 10분 만에 뉴런 사이의 연결이 변경되는 것을 확인했다. 전에는 우연으로 여겼던 것이 이제 규칙으로 인식되는 것이다.

컴퓨터 단층 촬영이 보여주듯이 인간의 뇌 속에서도 그와 같은 과정이 진행된다. 여행자가 두 번째 부다페스트 산책에서 'Étterem'이라는 간판을 보고 입안에 침이 고인다면 여기서도 상징이 기대와 연결된 것이다. 모르는 단어의 의미를 알게 될 때나, 휴대전화의 벨소리를 듣고 그것이 자신에게 온 전화임을 인식하게 될 때도 그런 일이 일어난다. 스트린드베리처럼 창 앞에 새들이 서로 부리를 비비는 걸 보고 곧이어 연애편지를 받게 될 때도 말이다.

우연에서 질서 찾기

주변의 사건에서 틀을 인식하려는 뇌의 본능은 종종 도를 넘는다. 스트린드베리만 그런 것이 아니라 우리 모두 마찬가지다. 우리는 현실에 없는 연관들을 보며, 우연과 마주치는 곳에서 우연을 인식하지 않으려, 아니 인정하지 않으려 한다.

마음속으로 스무 번 동전을 던진다고 상상해보라. 어떤 결과가 나올까? 우선 상상으로 동전을 던진 다음에 앞면이 나오는지 뒷면이 나오는지 기록해보라. 그러고는 같은 결과가 몇 번이나 연달아 나왔는지를 세어보라. 우선 앞면이나 뒷면이 한 번만 나온 경우가 몇 번인지를 적고(가령 '앞-뒤-뒤-앞-뒤'에서 한 번씩 나온 경우는 세 번이다), 앞-앞, 뒤-뒤처럼 같은 면이 두 번 연달아 나온 것은 몇 번인지 적고(앞의 예에서는 한 번이다), 앞-앞-앞처럼 같은 면이 세 번 연달아 나온 것은 몇 번인지, 네 번 연달아 나온 것은 몇 번인지 적어보라.

이번에는 실제로 동전을 스무 번 던져서 그 결과를 상상 속의 실험과 비교해보자. 아마 놀랄 것이다. 오른쪽에 진짜로 동전을 던져서 분석해놓은 표가 있다. 이것과 상상 속의 실험을 비교하면 상상 속의 실험이 실제 실험보다 같은 면이 연달아 나온 경우가 적을 것이다. 즉, 상상 속에서는 실제 실험보다 결과를 더 자주 바꾸었을 것이다. 거의 모든 사람이 그렇게 예상한다. 우리는 우연이 훨씬 더 질서 있고 균형 있을 거라고 상상하기 때문이다. 앞-앞-앞처럼 같은 면이 연속으로 나오는 것은 앞-뒤-앞처럼 교대되는 것 못지않게 우연의 산물일 수 있지만 우리는 그렇게 생각하지 않는다. 영국의 유전학자 존 홀데인이 말했듯, 우리는 우연을 흉내 낼 수 없다.

"인간은 질서의 동물이다. 인간은 자연의 무질서를 모방할 수 없다."

우연이 만들어내는 반복

1회	○ ●●● ○○ ● ○ ●●●●● ○ ●●● ○ ●●
2회	●●●● ○ ●●●●●● ○○○ ●●● ○ ●
3회	●● ○ ●● ○ ●●● ○ ●● ○ ●●●●● ○○○
4회	○ ● ●● ○ ● ○○○ ● ●● ○○○ ● ○ ● ○ ●
5회	●● ○○ ●● ○ ●●● ○ ● ○○○○ ● ○ ●○
6회	○ ● ○ ● ●● ○ ● ○ ●● ○ ● ○ ●●● ○ ●●
7회	●● ○ ● ○ ●● ○○○○ ● ○ ● ○ ● ○ ●●
8회	●● ○○ ●●● ○○○○ ● ●● ○ ● ○○○○
9회	○○ ●●●● ○○ ●● ○ ●● ○○○ ● ○○○
10회	○○ ● ○ ●● ○ ●● ○ ●● ○○ ●●● ○ ●
11회	○ ● ○ ● ●● ○ ●● ○○○ ●●● ○ ● ○ ●
12회	○○ ● ○ ● ○○ ● ○○○○ ● ○○ ● ○ ●
13회	●●● ○○○○○○ ● ○ ●● ○ ●●●●
14회	●●● ○ ● ○ ● ○○○○○○○○○ ● ○ ●●
15회	○ ● ○ ●● ○ ● ○○ ● ●●●● ○ ● ○ ●● ○○○
16회	●● ○ ● ○○ ●● ○ ● ○ ● ○ ●●● ○ ● ●●
17회	● ○ ●● ○ ● ○ ● ○ ●●● ○○○○ ● ○
18회	●● ○○○ ● ○○ ● ○ ● ○ ● ○ ●● ○○○ ● ●
19회	○ ● ○○○ ● ○○○○ ● ○ ●● ○ ● ○ ● ○○○
20회	○○○ ●● ○○ ●● ○○ ●●● ○ ○○○○○

우리는 우연이 반복을 싫어할 것이라고 생각하지만 동전 던지기를 스무 번씩 20회에 걸쳐서 한 결과를 살펴보라. 앞면(○)과 뒷면(●)은 우리가 기대했던 것보다 그리 자주 교대되지 않는다. 가령 첫 번째 줄만 해도 같은 면이 연달아 두 번 나온 경우가 두 번, 같은 면이 연달아 다섯 번 나온 경우가 한 번이다. 그리고 열네 번째 동전 던지기에서는 같은 면이 아홉 번이나 연달아 나오기도 했다.

빈도수		
같은 면 반복	종합한 수	1회당 평균
1번	112	5.6
2번	52	2.6

3번	26	1.3
4번	14	.7
5번	3	0.15
6번	2	0.1
7번	2	0.1
8번	0	0.0
9번	1	0.05

위의 표를 보라. 동전을 스무 번 던졌을 때 동전이 한 번 만에 곧장 다른 면으로 바뀌는 횟수는 평균 여섯 번(정확히는 5.6번)이다. 약 세 번(정확히는 2.6번)은 같은 면이 두 번 연달아 나온다. 그리고 약 한 번(정확히는 1.3번에서 0.7번)은 같은 면이 세 번에서 네 번 연달아 나온다. 우리는 보통 이런 효과를 과소평가하면서 우연에 대해 오해한다.

통계학을 잘 아는 사람은 이 실험에서 어째서 앞면과 뒷면이 정확히 같은 빈도수로 나오지 않았는지 의아해할지도 모른다. 이것은 스무 번이라는 횟수가 그리 많은 횟수가 아니기 때문이다. 여기서는 전형적인 '작은 사이즈 효과(finite size effect)'가 나타나는 것이다.

이스라엘의 여성 심리학자 루마 팔크는 인간의 이런 경향을 보여주기 위해 동전 대신 노란색과 초록색 카드로 이루어진 카드 게임을 사용했다. 루마 팔크가 카드를 무작위로 뒤섞었을 때 한 팩, 즉 100장의 카드에서 색깔은 평균 50번 바뀌었다(즉, 평균적으로 같은 색깔이 두 번 나온 다음에 색깔이 바뀌었다). 하지만 실험에 참가한 사람들은 그 결과가 조작되었다고 생각했다. 일상생활에서도 우리는 그런 태도를 보인다. 어떤 사건이 반복되면, 가령 시내에서 같은 사람을 두 번이나 마주치면 우리는 '이상하다. 왜 오늘 이 사람을 두 번이나 볼까?'라고 생각한다. 그러면서 우리는 우연의 작용을 과소평가한다.

그러나 팔크가 의도적으로 색깔을 50번이 아니라 60번 바꾸자 실험 참가자들은 그것을 우연의 결과라고 믿었다. 바로 이것이 팔크가 조작한 경우인데도 말이다. 그리고 팔크가 실험 대상자들에게 카드를 무작위로 섞으면 어떤 배열이 될지 예상해보라고 하자, 사람들은 마찬가지로 색깔을 60번 정도 교대되도록 배열했다.

이처럼 우리는 우연이 공교롭게 질서를 지킬 거라고 기대한다. 이런 미신이 가장 잘 통하는 곳이 카지노다. 룰렛 구슬이 세 번 연속 빨간색에 떨어지면 게이머들은 검은색에 건다. 통계학을 알고 있으므로 결국 균형이 이루어질 것이라고 믿기 때문이다. 하지만 통계학은 아주 많은 수의 게임이 진행될 경우 빨간색과 검은색이 거의 같은 비율로 등장한다고 이야기한다. 그러니 네 번 연속으로 빨간색에 떨어진다 해도, 네 번은 그리 큰 숫자가 아니다. 그러나 카지노의 손님들은 통계학을 믿는 것이 아니라 룰렛 바퀴가 지난 게임의 결과를 숙지하고 있다고 믿는 듯하다. 계속 빨간색이 나왔다 해도 손님들은 마치 같은 것이 나오지 않았던 듯 빨간색과 검은색에 동일하게 걸어야 한다.

우연일까, 능력일까

틀린 생각이라도 하는 게 아무 생각도 안 하는 것보다 낫다. 약간의 편집증은 발전에 도움이 된다. 터무니없는 상상은 나중에 수정하면 되지만 상황을 너무 빨리 우연적인 일로 몰아버리면 생각을 시작할 수조차 없기 때문이다. 그래서 우리는 아주 약한 신호만 보아도 거기에서 의미를 찾는다. 명확한 근거가 없어도 어떤 이론을 믿는다. 그리하여 우연한 만남을 인연으로, 사건의 동시 발생을 인과관계에 의한 것으로, 우연을 필연으로, 행운을 능력으로 받아들인다.

관객들에게 최고의 농구 선수로 인정받으려면 득점골을 얼마나 자주 넣어야 하는가? 미국 농구 해설자들은 골을 연속해서 성공시키는 선수를 보고 '뜨거운 손hot hand'를 가졌다고 표현한다.

이스라엘 출신의 미국 사회심리학자 토머스 길로비치와 아모스 트베르스키가 확인한 결과 농구 선수가 세 번 슛하여 세 번 모두 성공할 경우 농구 팬의 91%가 그것을 우연으로 보지 않고 그 선수를 '뜨거운 손'으로 인정한다고 한다. 동료 선수들도 마찬가지다. 그들도 미국 내셔널 리그 전문가의 말마따나 '공이 빗나갈 수 없었음'을 확신한다.

하지만 길로비치와 트베르스키의 연구 결과 슛이 연달아 성공한 것은 우연이다. 동전 던지기나 룰렛에서처럼 말이다. 길로비치와 트베르스키는 미국 내셔널 리그의 역사를 분석한 후 그렇게 결론지었다. 전에 골을 이미 성공시킨 선수들의 경우 골 성공률이 떨어진다. 반대로 지난번 돌진에서 공이 빗나간 선수들은 골 성공률이 약간 높아진다. 선수들은 평균적으로 두 번에 한 번 정도 골을 넣는데, 슛을 넣어 세 번 실패한 다음에는 골 성공률이 56%가 된다. 그에 반해 골을 세 번 연달아 넣고 난 다음에는 골 성공률이 46%로 떨어진다. 집중력이 떨어졌기 때문일지도 모른다.

그렇다면 농구 선수들의 경험에 반대되는데도 불구하고 '뜨거운 손'에 대한 믿음은 왜 그리 강할까? 길로비치와 트베르스키는 그것은 뇌가 자동적으로 틀린 해석을 하기 때문이라고 본다. 우리는 사건을 몇 번 보지도 않고 성급하게 결론짓는 경향이 있다. 따라서 모호한 생각에서 출발하여 어떤 상황에서 이러이러한 것이 전형적이라고 유추한다. 그리하여 몇 번 연달아 골 넣는 것을 우연으로 받아들이지 않고, 그 안에서 어떤 '틀'을 발견하고자 한다.

그렇다고 농구가 도박과 같다는 말은 아니다. 당연히 잘하는 선수가 있고 실력이 좀 떨어지는 선수가 있다. 잘하는 선수는 골을 더 잘 넣는다. 하지만 최상의 훈련을 마친 스포츠 스타들의 시합에서는 세 번 연달아 골을 넣었다는 사실과 선수들의 실력이 큰 연관이 없다. 오히려 '뜨거운 손'에 대한 믿음으로 비싼 대가를 치를 수도 있다. 선수들이 골을 넣는 데 더 유리한 위치에 있는 동료를 제쳐두고 소위 '뜨거운 손'을 가진 것으로 판명 난 동료에게 먼저 패스할 것이기 때문이다. 길로비치와 트베르스키가 말하고자 했던 것도 바로 이것이다.

'뜨거운 손' 현상은 투자에서도 종종 나타난다. 투자자들은 지난 2년간 높은 수익을 올렸던 주식 펀드에 투자한다. 하지만 정말 아무 생각 없이 지난 2년간 실적이 좋은 펀드매니저에게 돈을 맡겨도 될까? 진짜 그 사람이 특별한 감각을 지닌 걸까? 사실은 그렇지 않다. 어떤 펀드가 2~3년간 연속적으로 높은 수익을 올렸다면 그것은 우연이다. 투자 행위 역시 주사위 던지기와 다르지 않다. 통계적으로 볼 때 어떤 펀드매니저가 평균 이상의 수익을 올릴 확률은 50%다. 펀드매니저가 2년 연속 평균을 넘을 확률은 25%이고 3년이면 12.5%가 된다. 독일에는 3,500개 이상의 주식 펀드가 있다. 따라서 평균 0.125×3,500=437.5개의 주식이 펀드매니저의 특별한 재능 없이도 3년 연속평균 이상의 성과를 올릴 수 있다. 하지만 펀드의 수익을 장기간 비교해보면 알 수 있지만 몇 년간 높은 수익을 올린 종목은 장기적으로 특출한 결과를 내지 못한다. 그리하여 은행은 "과거의 수익이 미래의 수익을 보장하는 것은 아닙니다"라고 작은 글씨로 알려주고 있지 않은가. 사람들은 그것을 믿기만 하면 된다.

꿰맞추기 선수

우리의 뇌는 타인의 행동에서도 너무 성급하게 있지도 않은 틀을 보고자 한다. 우리는 작은 것에 현혹될 때가 많다. 린다의 이야기가 그런 현상을 보여주는 유명한 예다. 린다는 서른한 살로 미혼이며 매우 지적인 여성이다. 대학에서 철학을 공부했고 우수한 성적으로 졸업했다. 또한, 자의식이 매우 강하며 대학 때는 정치에 관심이 많았고 소수의 권익을 보호하는 활동과 반전 반핵 운동에 열성적이었다. 자, 그렇다면 다음에서 린다의 현재 모습을 보여주는 문장은 어떤 것일까?

ⓐ 린다는 현재 은행 직원으로 일하고 있다.
ⓑ 린다는 현재 은행 직원으로 일하며, 여성운동에 참여하고 있다.

린다는 이스라엘 출신의 미국 심리학자 대니얼 카너먼이 고안한 인물이다. 카너먼이 2002년 노벨 경제학상을 타게 된 데에는 린다의 기여가 컸다. 카너먼의 조사 결과 응답자의 90%가 린다의 현재 모습으로 ⓑ를 골랐다. 여러분도 마찬가지인가? 그렇다면 여러분은 착각한 것이다. ⓑ는 ⓐ에 비해 절대적으로 개연성이 적은 문장이다. 두 번째 문장은 첫 문장을 제한하는 문장으로, 이런 문장은 일반적인 문장보다 개연성이 떨어진다.

만약 내가 4월 중 베를린에 비가 내릴 거라는 예측으로 내기를 한다면 나는 틀림없이 이길 것이다. 그러나 4월 중에 베를린에 비가 내리고, 하나 더 보태어 그 비 때문에 슈프레 강이 넘칠 것이라는 말로 내기를 건다면 이것은 처음의 문장을 제한하는 것으로 내기에서 이길 확률은 훨씬 떨어진다.

마찬가지로 "린다는 현재 은행 직원으로 일하고 있다"라는 첫 문장은 정치적인 가정에 묶여 있는 두 번째 문장보다 훨씬 개연성이 높다. 만약 린다가 시간이 없어서 여성 문제에 관심을 쏟지 못하는 상태라면 첫 문장은 맞고 두 번째 문장은 틀리게 된다.

이것은 의외로 간단한 문제다. 그런데 우리는 어쩌다가 이런 간단한 예에 현혹당했을까? 보통 사람들이 통계적인 사고를 어려워한다는 것은 둘째치고 많은 사람이 린다에 대해 착각하게 한 가장 커다란 요인이 바로 상상력의 힘이다. 즉, 우리는 머릿속에 생생하게 그려질수록 더 개연성이 있는 것으로 여긴다. 우리는 논리적으로 판단하지 않고 무엇보다 먼저 틀 간의 일치를 점검한다. 그리하여 룰렛에서 연달아 세 번 빨간색이 나오면 곧장 게임 속에 질서를 만드는 손이 작용할 것이라고 생각한다. 우리의 상상 속에서 우연이라고 하면 무질서한 영상이 떠오르기 때문이다. 우리는 린다의 근황에 대해서도 비슷한 착각을 한다. 린다의 인상은 은행 직원보다는 페미니스트와 어울리지 않는가? 그렇게 지적이고 참여적인 사람이 종일 숫자만 세며 산다는 게 말이나 되는가? 심리학자 카너먼은 우리를 교묘하게 현혹시켰다. 우리는 린다의 묘사를 통해 칙칙한 제복 차림의 은행원이 아니라 개성 있는 옷을 입고 머리를 빨갛게 염색한 당찬 여성을 눈앞에 그린다. 이런 디테일에 빠져 잘못된 평가와 결정에 이르는 것이다.

우리는 카너먼이 내민 미끼를 기꺼이 물었다. 그렇다고 이 반응이 반드시 미련한 것은 아니다. 어떤 점에서는 굉장히 효율적이다. 예를 들어, 명백하게 딱딱 맞아떨어지는 곳에서 한 발짝 더 생각하는 것은 때로 시간 낭비다. 특히 불안하고 스트레스를 받을 때 우리는 잘못된 신호에 쉽게 넘어간다.

심리학자들은 이런 효과를 터널 시야Tunnel Vision 현상이라고 부른다. 긴장하고 있으면 시야가 좁아지고, 생각을 점검할 여유도 없이 선입관에 얽매게 된다는 것이다. 그로써 우리는 시간을 조금 절약할 수는 있겠지만, 우리의 생각이 금지된 지름길을 통해 잘못된 결론에 이른다. 우연한 일들 속에서 있지도 않은 의미를 찾고 있다는 사실을 깨닫지 못한다. 스트레스를 받을 때 뇌는 우리가 어느 정도로 무지한지를 의식할 수 없기 때문이다. 대신에 뇌는 그럴듯한 표지에 달라붙어 가장 가까이 있는 것을 진실한 것으로 여긴다.

디테일할수록 더 믿게 된다

신빙성을 과시하기 위해 이런 효과를 의도적으로 이용하는 사람들도 있다. 신문 기자들도 그렇고 변호사들도 그렇게 한다. 이야기가 상세할수록 우리는 그것을 비판 없이 믿는다. 법정에서 알리바이를 말할 때도 중요하지도 않은 일들까지 낱낱이 열거할수록 더 효과적이지 않은가! 선정적인 잡지에서는 살인사건의 경과뿐 아니라 사건 당일 희생자가 입은 양복 색깔까지 낱낱이 보도한다. 디테일한 내용은 상상력을 자극하고 신빙성을 높인다.

성경도 신빙성을 높이기 위해 그런 방법을 활용해 쓰였다. 브살렐이 만든 언약궤는 단순히 귀중한 것이라고 묘사되지 않는다. 언약궤는 조각목으로 만들어졌으며 금 29달란트와 730세겔, 그리고 은 100달란트와 1,775세겔이 들어갔다. 성경은 "계수된 자가 20세 이상으로 603,550명인즉 성소의 세겔로 반세겔씩이라"라고 분명히 말한다.

정보를 얻기 위해 스스로 많은 노력을 들일 수 없으므로 우리는 디테일한 내용을 사실을 입증하는 증거로 여기고 그대로 믿는다. 그리고 이 모든 것이 얼마나 중요하고 필요한지는 잘 묻지 않는다. 사실 이스라엘 민족에게 브살렐이 어떤 나무로 언약궤를 만들었는가는 아무래도 상관없다. 앞에서 심리학자 카너먼이 우리에게 던진 질문은 순수하게 논리적인 것이다. 그 질문에 답하기 위해 린다가 지성에 넘치는 여성이라거나 정치적인 확신이 있었다거나 하는 것은 중요하지 않다.

인터넷 덕분에 정보를 얻기 너무나 쉬워진 시대이다. 하지만 판단을 하고 결정을 내리는 건 절대로 쉽지 않다. 문제가 복잡할수록 그렇고 그런 자료의 홍수에서 익사할 지경이다. 유일한 해결책은 의심스러운 경우 각각의 사실이 얼마나 논리적인가, 그 정보가 우리의 문제에 얼마나 중요한지 판단하는 것이다. 자신의 믿음이 완벽하게 맞아떨어지는 듯이 보일 때는 특히 의심의 촉각을 세워야 한다. 그렇지 않으면 근거 없는 이론에 휘말릴 소지가 있다.

정확하고 자세하게 보일수록 커다란 착각으로 이어질 수 있음을 명심하라. 16세기 유럽인들이 전염병과 마녀의 공포 속에서 살아갈 때 독일의 어느 물리학자는 계산 결과 지구상에 정확히 7,405,926명의 귀신이 살고 있다고 발표했다. 이처럼 정확한 숫자에 그것을 의심하는 사람은 거의 없었다.

틀을 찾으려는 강박

면도가 정말로 건강에 도움이 될까? 구레나룻을 기르는 사람들은 명망 있는 잡지 〈미국 전염병학 저널〉에 실린 기사를 보고 적잖은 충격을 받을 것이다. 그 기사에 의하면 매일 면도를 하지 않는 사람은 매일 하는 사람들보다 뇌졸중에 걸릴 위험이 70%나 높고 오르가슴도 잘 느끼지 못한다고 한다. 이것은 영국 브리스틀 대학의 사회의학자 샤 에브라임과 그의 동료들이 20년 넘게 2000명 넘는 남성들의 생활을 관찰하고 연구한 결과다.

왜 그럴까? 성호르몬의 부족이 구레나룻이 잘 자라지 않게 하고 혈관도 병들게 하는 걸까? 아니면 매끈하게 면도한 얼굴이 여자들을 흥분시켜 오르가슴을 선사하고 심장병에도 덜 걸리게 만드는 것일까?

우리 뇌는 끊임없이 어떤 틀을 찾도록 만들어져 있기에 우리는 완벽하게 이해할 수 없는 현상을 보면 그것을 설명하고 싶어 안달이 난다. 그리하여 우리는 어떤 사건들이 동시에 발생하면 너무나도 쉽게 그 사건들 사이에 관련이 있다고 전제한다. 그러나 사건이 동시에 발생한다고 꼭 인과관계가 있는 것은 아니다. 우산을 갖고 오지 않은 날, 비가 내리면 우리는 "대체 왜 이런 일이?"라고 원망할지도 모른다. 하지만 자신이 우산을 집에 놓고 왔기에 먹구름이 생겼다고 생각하는 사람은 아무도 없을 것이다. 비구름은 우산이 우산꽂이에 꽂혀 있어서가 아니라 저기압 지대와 가까워서 형성되는 것이니까 말이다. 그러나 동시 발생하는 사건에 관련이 있는지 없는지를 분간하기가 그리 쉽지 않을 때도 있다. 많은 요인이 영향을 끼치는 복잡한 상황에서는 어떤 일이 우연한 것인지, 아니면 배후에 숨겨진 법칙이 있는 것인지 분간하기가 힘들다.

정보가 많을수록 그 속에서 특이해 보이는 동시 발생적 사건을 발견할 가능성은 더 크다. 스트린드베리는 개인적인 체험 속에서 신비스러운 연관을 찾아냈다. 그러나 오늘날은 텔레비전과 인터넷을 통해 임의로 연관 지을 수 있는 엄청나게 많은 정보가 매일 우리에게 쏟아지고 있다.

그리하여 모호한 것을 싫어하는 사람은 어려움 없이 틀을 발견하고 숨겨진 메시지를 생각할 수 있다. 2001년 9월 11일의 테러를 둘러싸고 11이라는 숫자가 되풀이해서 등장하는 현상을 한번 살펴보자. 9월 11일이라는 날짜를 이루는 숫자를 합치면 11이 된다 (9+1+1). 그날은 1년의 254번째 날이었는데 그 수를 합해도 11이다 (2+5+4). 세계무역센터에 처음으로 충돌한 비행기는 아메리칸 에어라인 11편이었고 그 비행기에는 92명의 승객이 탑승하고 있었다 (9+2). 그리고 세계무역센터로 돌진한 두 번째 비행기에는 65명이 타고 있었다(6+5). '뉴욕 시New York City'와 오사마 빈 라덴이 숨어 있던 '아프가니스탄Afghanistan', 그리고 '조지 W. 부시George W. Bush' 역시 각각 11개의 철자로 이루어져 있다. 세계무역센터의 쌍둥이 빌딩 역시 11의 형상을 하고 있지 않은가?

이 모든 것은 사실이다. 하지만 이 예들은 기껏해야 우리가 곡예를 부리기 위해 충분한 자료를 가지고 있음을 보여줄 뿐이다. 이에 부합하지 않은 것들도 많다. 두 번째로 세계무역센터로 돌진한 비행기는 유나이티드 에어라인 175편이었고, 펜타곤에 충돌했던 보잉기는 아메리칸 에어라인 77편이었다. 펜실베이니아에 추락했던 비행기는 유나이티드 에어라인 93편이었다. 그리고 미국 국방성 건물은 펜타곤이라는 이름이 보여주는 것처럼 5각형이다.

있지도 않은 틀과 연관을 찾으면 우리는 안심이 된다. 우연에 덜 방치된 듯한, 일어난 사건들을 이해할 수 있을 듯한 환상을 불러일으키기 때문이다. 그래서 존 F. 케네디 저격 사건이나 9·11 테러처럼 세간을 들쑤셔놓았던 사건에 대한 음모론은 특히나 사람들의 인기를 끈다.

그러나 그런 사색들은 결정의 근거로는 쓸모가 없다. 공연히 시간과 돈만 낭비하게 될 뿐이다. 몇 년 전부터 많은 텔레비전 방송에서 진행하고 있는 증권쇼도 마찬가지다. 시청자들은 그런 방송을 통해 부자가 되는 게 식은 죽 먹기라는 암시를 받는다. 전문가들의 정보를 이용하기만 하면 되니까 말이다. 그러나 사실 시청자들에게 제공되는 차트와 주가 분석들은 9·11 테러에 관한 숫자 놀이에서처럼 모든 정보가 맞기는 하지만, 그것을 활용하고 어떤 결론을 끌어내기에는 부적합하다. 방송에서 소개되는 소식들이 중요하다면 전문가들은 벌써 행동에 옮겼을 것이고, 소파에서 시청하는 소액투자자들만 뒷북치는 일이다. 또한, 그런 토막 뉴스로 주가를 예측하는 건 불가능하다. 방송을 통해 시청자들은 주식 거래에 대한 유혹이나 당할 뿐이며, 그것을 통해 짭짤한 이윤을 챙기는 것은 증권회사다.

불분명한 가설과 잘못된 판단

때로 상관관계를 찾으려면 시간과 돈 이상의 것이 필요하다. 집 근처에 이동통신 기지국이 생긴 후 두통에 시달리고 있다고 하자. 두통의 원인이 기지국의 전자파라고 믿는다면 스트레스에 시달리게 될 것이다. 기지국에서 발생하는 전자파가 인체에 해를 끼친다는 확실한 증거가 없음에도 자신을 '피해자'로 여기는 사람들은 관공서를 쫓아다니고 집에 전자파 차단시설을 설치하느라 야단법석을 떤다.

뇌는 쉽게 믿는다. 우리는 언제 가설을 세우고, 언제 가설을 적용해야 하는지를 몰라 혼란에 빠진다. 어떤 사건이 동시에 발생할 때 (기지국이 들어선 이후 두통이 생겼다) 우리는 자동으로 둘 사이에 상관관계가 있으리라 추측한다. 그리하여 가설을 세운다. 그러나 흥미로운 단서는 있어도 증거가 없으므로, 가설에 대한 증거를 찾고, 가설을 더 확인하는 단계를 거쳐야 한다. 하지만 우리는 이 과정을 생략하고 마치 이미 증거를 찾은 듯이 행동한다. 우리가 휴대전화 전자파를 유해하다고 여기는 것 역시 가설을 적용하고 있는 것이다. 우리는 근거가 불분명한 가설의 안경을 쓰고 세계를 본다.

생각 속에서 일어나는 일을 정확하게 의식한다면 잘못된 판단을 피할 수 있을 것이다. 자신이 어떤 정보를 추측만으로 연관 짓고 있지 않은지, 아니면 적용 가능한 어떤 법칙을 발견했는지 살펴야 한다. 그러나 후자를 위해서는 그럴 듯한 정보를 죽 나열하는 것이 아니라, 인과성을 증명할 만한 설명이 필요하다.

구레나룻을 기르는 사람이 뇌졸중에 잘 걸리고 재미없는 섹스를 하는 이유가 무엇인지 학자들은 아직도 연구 중이다. 어찌 됐든 학자들은 이 현상을 규명할 만한 가치가 있는 문제라고 생각한다. 학자들은 그 원인으로 성호르몬의 작용을 지목하고 있지만, 간단한 설명으로는 뭔가 부족해 보이기 때문에 수많은 자료 더미 속에서 9·11 테러에 관한 숫자 놀이에서처럼 계속 어떤 연관들을 발견하고자 한다. 결국, 우리의 뇌는 우연을 인정하지 않도록 만들어져 있기 때문이다. 이제 영국의 사회의학자들은 구레나룻을 기르는 사람 중에 수공업자들이 많다는 것을 발견했다. 과연 이것이 그 현상을 설명하는 데 어떤 도움이 될지 궁금하다.

Chapter 11

뇌는 우연을 거부한다

운명을 믿느냐, 우연을 믿느냐

당신은 신의 섭리를 믿는가? 독일인의 절반이 섭리를 믿는다. 그리고 여성 중에서는 58%가 섭리를 믿는다고 대답했다. 그 밖의 사람들은 회의적인 태도로 인생은 신이 아니라 우연이 이끌어가는 것이 아니냐는 입장이다. 인간은 원래 변덕이 심한 존재니까 살다 보면 입장이 바뀌지 않을까? 하지만 이런 입장에 한해서는 별로 흔들리지 않는 듯하다.

그러나 지금 운명을 믿는 사람은 오랜 세월이 지나도 그런 입장을 고수할 확률이 높다. 우연에 힘을 실어주는 사람도 마찬가지이다. 어떤 기이한 체험을 해도 그 입장을 쉽사리 포기하지 않을 것이다. 운명의 힘을 믿든, 우연의 힘을 믿든 그것은 변치 않는 특성인 듯하다.

어떤 집단에 속하건 간에 사람들은 자신들의 생각을 확신할 뿐 아니라 다른 입장을 가진 사람을 약간 어리석다고 여긴다. 신의 숨겨진 계획을 믿는 사람은 대부분 자신에게 특별한 직관이 있으며 다른 사람보다 민감하다고 생각한다. 좁은 세계관을 가진 회의론자들이 보지 못하는 것을 볼 수 있다는 것이다. 어떤 사람들은 특정한 사람을 초감각적인 것을 중재하는 존재로 여기기도 한다. 그러면 반대편 사람들은 그런 생각에 대해 코웃음을 친다. 회의론자들은 이성 저편의 힘을 믿는 사람들 자체가 그리 이성적이지 않은 사람들이라고 불평을 한다.

심리학 연구 결과도 그것을 보여준다. 영국의 심리학자 수전 블랙모어는 감정의 개입 없이 이 일을 연구하기로 하고 실험 대상자들에게 다음 문장에 대해 개인적인 평가를 해보도록 했다. 그리고 응답에 따라 참가자들의 반 정도를 운명을 믿는 '양' 그룹으로, 믿지 않는 '염소' 그룹으로 나누었다.[5]

- 텔레파시로밖에 설명할 수 없는 사건을 경험한 적이 있다.
- 아침에 일어나면 종종 꿈이 기억난다.
- 간혹 어떤 일을 겪을 때 전에도 경험한 듯한 느낌이 든다.
- 이 세상의 삶이 우연의 연속이라고 생각할 수 없다.

---

5   참고로 양과 염소라는 카테고리는 성경 마태복음에서 최후의 심판 날에 예수 그리스도가 '목자가 양과 염소를 구분하는 것같이' 믿는 자들과 믿지 않는 자들을 나눈다는 내용에서 따온 것이다.

그리고 참가자들에게 동전을 스무 번 던지면서 던질 때마다 생각의 힘으로 그 결과에 영향을 끼쳐보라는 과제를 내주었다. 그리고 과제에 임하기 전에 참가자들에게 그냥 무작위로 찍는다면 결과를 몇 번이나 맞힐 수 있다고 생각하는지 물었다. 그러자 '염소'들은 평균 9.6번을 맞힐 수 있다고 예상했으며, 이는 거의 통계학적인 평균치에 근접했다. 동전을 스무 번 던졌을 때 앞면 또는 뒷면이 나올 확률은 10회, 즉 50%다. 염소들도 정확한 확률보다 낮게 예상했는데 이는 의아한 일이다. 실험 참가자들은 의학도나 의사들로 통계학 교육을 받은 사람들이었기 때문이다.

　　'양'들은 무작위로 찍는다면 결과를 7.9번 정도 맞힐 수 있을 거라고 예상했고, 그로써 실제 실험에서 더 높은 힘에 대한 믿음을 확인할 가능성을 높였다. 무작위로 찍은 것(평균 7.9번)과 통계적으로 기대되는 명중률(평균 10번) 간의 차이를 자신들의 예지력과 의지로 동전을 조종한 것으로 볼 수 있을 테니까 말이다. 이들의 행동은 어느 정도 우기가 가까워질 무렵 비를 부르는 춤을 추고서는, 정말로 구름이 끼면 그것을 자신들의 마력에 대한 증거로 삼았던 원시 부족의 샤먼을 연상시킨다.

로또 번호를 스스로 고르게 하는 이유

가슴에 손을 대고 생각해보라. 여러분은 텔레파시로 어떤 상황에 영향을 끼치기를 은밀하게 바랐던 적 없는가? 아니면 어떤 말이 씨가 되어 불행을 부르지 않을까 두려워했던 적은 없는가? 의식하지 못할 뿐 우리는 은연중에 미신을 믿고 있다.

우리의 일상이 미신에서 벗어나지 못한다는 것은 캐나다의 사회심리학자 로이드 스트릭랜드도 확인했다. 스트릭랜드는 사람들을 두 집단으로 나눠 주사위 게임을 하게 했는데 한 집단은 주사위가 아직 컵 속에서 달그락거릴 때 돈을 걸게 하고, 다른 집단은 던져진 주사위가 컵 아래 숨어 보이지 않는 상태에서 돈을 걸게 했다. 그러자 놀랍게도 주사위가 움직이고 있는 동안에 돈을 건 참가자들이 훨씬 과감했다. 은연중에 생각의 힘으로 우연을 조종할 수 있다고 생각했던 것이다. 주사위가 이미 던져진 다음에는 내기의 기쁨도 반감했다.

로또를 살 때 스스로 숫자 6개를 고르게 하는 이유도 이 때문이다. 로또를 주관하는 측에서는 사람들이 스스로 숫자를 고를 때 더 많은 로또를 산다는 것을 알고 있다. 숫자가 이미 인쇄되어 나오는 복권이라고 당첨 확률이 더 떨어지는 게 아닌데도 말이다.

우리는 끊임없이 상황을 통제할 수 있다는 환상을 가진다. 운동장의 축구 팬들은 자기편 선수들이 공을 몰고 골문으로 돌진할 때 마치 응원으로 골인시킬 수 있을 것처럼 목이 터져라 응원을 한다. 시험을 앞둔 사람들은 찹쌀떡이나 엿을 선물받는다.

이렇게 자신을 속이는 것은 살아가는 데 도움이 된다. 통제할 수 없는 상황이라고 느끼면 의기소침해지고 주눅 들기 쉽다. 수많은 연구와 동물 실험이 보여주듯 자신의 삶을 통제할 수 없다는 느낌은 우울증을 유발할 수도 있다. 그에 반해 모든 것이 우리의 뜻대로 굴러갈 것이라고 생각하면 기분이 좋아진다. 우리가 정말로 그 일들을 통제할 수 있는지, 아니면 그냥 그렇다고 믿는 것인지와는 상관없이 말이다.

자신의 힘을 믿는 것이 기분 좋은 감정만 유발하는 것으로 그친다면 아무도 뭐라고 할 사람이 없을 것이다. 하지만 주사위 실험이 보여주는 것처럼 좋은 감정은 자칫 과감함으로 이어져 위험 요인을 높일 수 있다. 자신의 운전 실력을 믿는 운전자는 다른 운전자들이 실수할 수 있다는 생각을 잊어버리고 아주 위험하게 차를 몰 수도 있다.

간절히 원하면 이루어진다?

독일의 여성 작가 베르벨 모어는 신비주의의 극치를 달린 사람이다. 도시에 살면서 주차할 자리가 없어 난감했던 적은 누구에게나 있을 것이다. 주차 공간은 한정되어 있는데 자동차와 주차 단속반은 날로 늘어가는 느낌이 든다. 합법적인 주차는 거의 불가능해 보인다.

하지만 베르벨 모어의 책 『우주의 소원 배달 서비스』를 읽으면 이런 문제는 간단하게 해결할 수 있다. 이미 50만 독자들이 모어의 충고를 따르고 있으며 독자들은 아마존 서평에서 "정말 통하더라!" 하고 열광하고 있다.

모어는 복잡한 시내에 나갈 일이 있으면 출발하기 전에 우주에게 주차할 자리를 주문하라고 권한다. 그러면 '물질의 진동'이 목적

지로부터 30미터 반경에서 다른 운전자가 차를 빼게 하여 주차할 자리를 선물할 거라는 것이다. 모어는 "이것은 물리학자들, 특히 우주물리학자들의 연구에서 증명된 바"라고 강조한다. 이런 방식으로 원하는 모든 것을 얻을 수 있다는 것이다. 필요하다면 쌍둥이나 저택도 말이다. 저자는 그 두 가지를 원했고 우주는 그것을 배달해주었다.

너무 환상적이라고? 하지만 주의사항이 있다. 한 번 주문했으면 원하는 것을 자꾸만 되풀이하여 생각함으로써 우주의 작업을 방해해서는 안 된다는 것이다. 그런 행동은 에너지의 흐름을 차단한다고 한다. 이제 모어의 방법은 통할 수밖에 없다. 우연히 적절한 순간에 주차할 자리가 나면 결과적으로 우주가 응답한 것이다. 하지만 계속 초조하게 근처를 맴돌며 왜 주문이 이루어지지 않을까 생각한다면 벌써 그르친 것이다. 이미 우주를 화나게 한 것이니까 말이다. 그것에 대해 저자는 분명히 경고한다.

모어의 성공 비결은 '선택적 인지'에 있다. 어떤 친구를 생각했는데 때마침 그 친구에게 전화가 오면 통했다고 생각한다. 이것이 바로 선택적 인지라는 트릭이다. 사실 우리는 가까이 있는 사람들을 자주 떠올린다. 이러저러하면 얼마나 좋을까 하는 생각도 자주 한다. 그러고는 그런 짧은 생각을 했다는 사실조차 잊고 일상에 빠진다. 그러다가 금방 전화가 걸려오거나 바라던 일이 이루어지면 '금방 생각하고 있었는데 전화가 왔네' 또는 '그 일이 이루어졌네' 하고 신기해한다. 초자연적인 힘을 믿는 사람은 종종 그 힘을 확인하게 된다. 샤먼이 주술을 건 후 진짜 비가 오면 굉장한 경외감을 불러일으키는 것처럼 말이다. 국내에서 열차 사고가 일어나면 갑자기 전 세계에 열차 사고도 많아진 것 같은 느낌이 드는 것도 같은 맥락이다. 사실 통계적으로는 열차 사고가 전보다 적지도 많지도 않은데 매체의 보도와 우리의 관심으로 인해 일시적으로 그렇게 보이는 것이다.

정신병원에서 꾀병 환자 찾기

할리우드 고전 영화 〈뻐꾸기 둥지 위로 날아간 새〉에서 주인공은 싸움질로 감옥에 갇힌다. 그는 감옥에서 강제 노동을 면하기 위해 미치광이로 거짓 가장하다가 정신병원으로 이송된다. 그는 정신병원으로 도망 올 수 있어 운이 좋다고 생각했으나 곧 막다른 길에 부딪힌다. 의사들이 하등의 문제가 없는 그를 불치의 정신병자로 몰아버린 것이다.

미국의 심리학자 데이비드 로젠한은 1968년에 이미 이런 일이 가능하다는 것을 연구를 통해 보여준 바 있다. 로젠한은 자신의 동료들이 정신적으로 건강한 사람과 병든 사람을 기대만큼 정확히 구분할 수 있는지를 알아보기 위해 여러 정신병원에 꾀병 환자들을 보냈다. 꾀병 환자들은 병원에 가서 자꾸만 어떤 목소리가 들린다고 호소했으며 그 밖에는 정상적인 모습을 보였다.

로젠한은 이런 실험으로 〈뻐꾸기 둥지 위로 날아간 새〉가 상영되기 몇 년 전에 선택적 인지의 힘이 얼마나 강한지를 보여주는 우스우면서도 슬픈 연구 결과를 손에 쥐게 되었다. 꾀병 환자 중 집으로 돌려보내진 사람은 단 한 명도 없었다. 꾀병 환자들은 병원에서 가끔 신경과민증상을 보이는 것 외에는 완전히 평범하게 행동했다. 꾀병 환자들의 임무는 의료진들이 자신들을 어떻게 대하는지 기록하는 것이었다. 처음에 꾀병 환자들은 은밀하게 기록했다. 하지만 아무도 그들에게 관심을 두지 않자 꾀병 환자들은 의사와 간호사들 앞에서 드러내놓고 기록하기 시작했다. 하지만 이것도 아무 의심을 불러일으키지 않았다. 오히려 의료진들은 꾀병 환자들의 메모 습관을 조현병에 동반되는 증상으로 보았다. 의료진들은 꾀병 환자들의 아주 작은 행동까지 이런 맥락에서 해석하여 한 꾀병 환자가 복도에서 발을 삐자 간호사들은 안됐다는 듯이 "아, 오늘도 역시 신경이 예민하신가 보군요" 하고 말했다. 7일이 지나서야 병원에서는 한 사람을 퇴원시켰고, 52일 후에는 마지막 꾀병 환자까지 퇴원했다. 진단 소견은 대부분 '조현병'이었다.

의료진들은 꾀병 환자들이 어떤 행동을 하든지 그 행동을 의심되는 질병과 연관 지었다. 꾀병 환자가 지루한 나머지 복도를 왔다 갔다하는 것도 조현병의 동반 증상으로 보았을 것이다. 하지만 병원에 입원해 있던 진짜 환자들은 속지 않았다. 진짜 환자들은 꾀병 환자들을 어떤 도식에 끼워 맞추고자 하지 않았으므로 그들이 꾀병 환자라는 것을 금방 알아챘다. 하지만 의사들은 진짜 환자들의 말에 귀 기울이지 않았다. 정신이 온전하지 않은 사람들의 말을 어떻게 귀담아듣겠는가!

로젠한이 연구 결과를 발표하자 정신과 의사들은 로젠한을 마구

비난했다. 아무 이유 없이 정신병원에 오는 사람은 없다며 꾀병 환자를 예상하지 못한 것은 당연하다는 것이다. 로젠한은 그 의견을 받아들여 실험을 다시 하겠다며, 한 정신병원을 지정하여 앞으로 3개월 동안 꾀병 환자를 보낼 테니 어떤 사람이 꾀병 환자인지 맞혀보라고 했다. 이어 3개월 동안 193명의 환자가 그 병원을 찾았다. 그리고 그 중 꾀병 환자로 지목된 사람은 41명에 이르렀다. 실험 기간이 지나간 후 로젠한은 꾀병 환자를 단 한 명도 보내지 않았다고 말했다. 결국, 이번에는 꾀병 환자들이 올 거라고 생각한 의사들이 진짜 환자 다섯 명 중 한 명을 집으로 돌려보낸 것이다.

꿈이 들어맞는다는 착각

선택적 인지, 즉 상황에 맞는 것만 보려는 경향은 뇌가 우연을 인정하지 않기 위해 사용하는 가장 중요한 트릭이다. 그리고 두 번째 트릭은 뜨거운 손을 가진 농구 선수나 건망증이 있는 룰렛의 예에서 볼 수 있듯이 우연의 작용을 과소평가하는 습관이며, 세 번째 트릭은 인간이 그렇게도 좋아하는 해석하는 습관이다.

많은 사람은 꿈이 미래를 예언할 수 있다고 믿는다. 여러분도 꿈이 들어맞았던 경험이 있을 것이다. 아니면 주위에서 꿈이 맞았다는 이야기를 한 번쯤 들어보았을 것이다.

꿈이 맞아떨어진 이야기를 하면 사람들은 금방 믿는다. 살아가면서 진짜로 예언적인 꿈을 꾸는 일이 있기 때문이다. 꿈이 맞을 확률은 1만 분의 1 정도로 추정된다. 우리는 대개 우리가 가슴에 담고 있는 사람들이 등장하는 꿈을 꾸고, 꿈속에서 그들과 함께 무슨 일을 겪거나 그들에게 무슨 일이 일어나는 것을 보거나 한다. 우연이 명중할 확률을 아주 낮게 잡는다 해도 20년간 꿈이 최소한 한 번은 들어맞을 확률은 50%가 넘는다.

뼛속까지 냉철한 사람이 아닌 경우 명중률은 훨씬 높아진다. 꿈은 할리우드 영화처럼 명백하지 않으며, 우리는 꿈과 현실의 일을 연결하는 데 능숙하기 때문이다. 꿈에 노란 자전거를 보았는데 다음 날 낮에 우체부가 좋은 소식을 담은 편지를 배달해준다면 우리는 꿈이 맞았다고 좋아한다. 아침에 자전거를 도둑맞은 것을 발견했다 해도, 아이가 자전거에서 넘어져서 무릎을 다친다 해도, 꿈이 맞아떨어졌다고 생각할 수 있다. 우리는 연상 능력을 발휘하여 우연히 동시에 일어난 일들을 운명적인 사건으로 변화시킨다. 잡지나 신문에 실리는 운세도 같은 원칙이다.

취리히의 신경학자 피터 브루거는 독특한 실험을 통해 불확실한 상황에서 사람들이 어떤 묘한 연관을 만들어내는지를 보여주었다. 피터 브루거는 대학생들을 모아 두 면에 오리인지 토끼인지 헷갈리는 그림이 그려진 주사위를 가지고 놀이를 하게 했다. 학생들은 대부분 그 모호한 그림이 오리와 비슷하다고 생각했다. 주사위에는 이 모호한 그림 외에 다른 두 면에는 당근이, 또 다른 두 면에는 갈대가 그려져 있었다. 그리고 그들에게 눈을 가리고 주사위를 던진 다음, 어떤 면이 나올지 맞히게 했더니, 그들은 그림이 계속 교대로 나올 거라고 예상했다.

그런데 이상한 것은 오리가 나올 거라고 예상한 다음에는 대부분 당근이 나올 거라고 말했다. 왜 그랬을까? 오리는 갈대 속에 숨어 지내는 일이 많으므로 자연스럽게 뇌에서 오리와 갈대를 짝지었기 때문이다. 그러므로 오리와 상관없는 당근이 나올 거라 예상한 것이다. 오리와 갈대의 연관성은 실제로 주사위 실험에 아무 영향을 끼치지 못하는데도, 무의식중에 우연이 이러한 연관성까지 고려할 것이라고 생각한 것이다.

그리고 실험에 참여한 학생 중 3분의 1 정도는 그 모호한 그림을 오리가 아니라 토끼로 보았는데 이들은 토끼 다음에 당근이 아니라 갈대가 올 것으로 예상했다.

오리일까, 토끼일까?

어떤 사람들에겐 주사위 윗면의 그림이 오리로 보이고 어떤 사람들에겐 토끼로 보인다. 실험 대상자들이 이 모호한 그림을 어떤 동물로 보느냐에 따라 주사위 실험에 대한 예측은 달라졌다. 하지만 무엇 때문에 물리학이 우리의 상상을 따르겠는가?

뇌의 끊임없는 탐색

뇌는 주변 세계에서 끊임없이 뭔가 특별한 것을 찾고 있다. 우리의 머릿속에는 특별한 것을 감지하는 탐지기가 있다. 그런데 이런 탐지기는 운명을 쉽게 믿는 '양' 타입의 사람들에게 더 강력한 영향력을 발휘하고, '염소'들에게는 그다지 어필하지 못한다.

그 이유를 알기 위해 우선 뇌 해부학을 살펴보자. 인간의 대뇌는 좌뇌, 우뇌 두 부분으로 나뉘어 있고, 이 두 부분은 뇌량이라고 하는 두꺼운 신경섬유다발로 연결되어 있다. 흔히 좌뇌는 언어와 논리, 우뇌는 창조적인 부분을 관장하는 것으로 여겨진다. 작가들은 자신들이 좌뇌로 생각한다고 믿으며, 그래픽 디자이너들은 자신들의 재능이 우뇌에 있다고 믿는다. 이런 생각은 고정관념으로 굳어져서 심지어 광고에도 활용된다. 하지만 실제로 좌뇌와 우뇌의 노동 분담은 그리 간단하게 이루어지지 않는다. 오늘날 우리는 언어도, 논리적 사고도, 감정도, 창조적 정신도 좌뇌나 우뇌가 독점적으로 관장하는 것이 아님을 알고 있다. 오히려 좌뇌와 우뇌의 다양한 협연이 중요하다.

그렇더라도 좌뇌와 우뇌가 담당하는 과제에 미묘한 차이가 있는 것은 사실이다. 약간 과장해서 말하면 좌뇌가 좀 더 순진하다고 할 수 있다. 좌뇌가 주로 하는 일은 가까운 연관성을 분류하고 간단한 규칙을 찾는 것이다. 언어는 문법 규칙으로 이루어진 그물망이므로 좌뇌는 우리가 단어와 문장을 접할 때 특히 왕성한 활동을 한다. 그에 반해 우뇌는 더 교활하다. 우뇌는 딱히 표면으로 드러나지 않은 관계를 감지한다. 그리하여 복잡한 그래픽 문양들 속에서 쉽게 윤곽이나 대상을 찾아낸다. 이렇듯 좌뇌와 우뇌가 다른 것은 특정한 신호 물질과 수용분자(수용체)들의 미세한 농도 차이 때문이라 추정된다. 이런 차이가 좌뇌와 우뇌가 각각의 정보를 특별한 방식으로 처리하게 한다.

모든 것이 질서가 잡혀 있는 한 그것이 현실과 부합하는지는 좌뇌에게 그리 중요하지 않다. 맞지 않는 것은 끼워 맞춰진다. 미국의 신경과학자 마이클 가자니가는 특별한 실험으로 이것을 보여주었다. 가자니가는 간질 환자들의 마지막 치료 수단으로 좌뇌와 우뇌를 분리하는 수술을 했다. 이런 수술은 간질에 종종 도움이 되는 것으로 알려져 있다. 이런 분리 수술 후에는 양쪽 뇌의 반구는 더 이상 의사소통을 할 수 없는데, 바로 이런 상황이 학자들에게 좌뇌와 우뇌의 역할을 연구할 기회를 제공했다.

가자니가의 실험을 이해하기 위해서는 신체와 뇌가 어느 정도 대각선으로 작용한다는 사실을 염두에 두어야 한다. 즉 우뇌는 왼쪽 팔을 조종하고, 왼쪽 시야가 보는 것들을 처리한다. 가자니가는 분리 수술로 더 이상 양쪽의 뇌가 정보를 교환할 수 없는 환자들에게 양쪽 시야에 다른 그림을 보여주었다. 우뇌에는(왼쪽 시야에는) 눈 쌓인 집을, 좌뇌에는(오른쪽 시야에는) 닭다리를 보여주었다. 그리고 나서 환자들에게 각각 카드를 한 세트씩 주고 그 카드 중에서 방금 본 큰 그림에 가장 잘 맞는 모티브를 고르라고 했다. 실험 대상자들은 눈 치우는 삽이 그려진 카드를 골랐다. 우뇌의 선택이었다. 좌뇌는 집도, 삽도 보지 못하고 닭다리만 볼 수 있었다.

이제 가자니가는 이렇게 물었다. "왜 삽이죠?" 그러자 대답은 좌뇌가 해야 했다. 수술로 인해 언어 처리는 좌뇌가 독점적으로 담당했기 때문이다. 논리를 좋아하는 좌뇌는 신속하게 대답했다. 어떤 환자는 "닭장을 치워야 하니까요"라고 대답했다.

좌뇌가 접근할 수 있었던 정보(닭다리 그림과 삽에 대한 질문)에서 자연스레 나온, 논리적이지만 동시에 뜬구름 잡는 대답이었다. 순진한 좌뇌에게 의심이나 머뭇거림은 없었다. 좌뇌는 삽이 보이지 않는 것에 놀라지도 않았고, 답을 모른다고 하지도 않았다.

질서를 좋아하고 우연을 불신하는 좌뇌

좌뇌는 특히 질서에 관심을 가지므로 우연에 대한 불신을 조장한다. 우리가 우연의 순서를 생각하거나, 확률의 법칙에 따른 일반적인 불규칙성을 우연으로 인정하기가 힘든 것도 좌뇌 때문이다. 반복은 좌뇌가 우연에 대해 가지고 있는 고정관념에 부합하지 않는다. 좌뇌의 고정관념에 의하면 우연한 사건들은 최대한 무질서하게 배열되어 있어야 한다. 주사위에서 6이라는 숫자가 세 번 연달아 나오는 일은 없어야 한다. 하지만 좌뇌가 손상되거나 충격을 경험한 환자들은 그런 고정관념에 얽매이지 않는다. 논리와 규칙에 몰두하는 좌뇌가 작동하지 않기 때문일 것이다.

좌뇌 기능이 떨어지면 도박을 좀 더 쉽게 할 수 있을 것이다. 미국 다트머스 대학의 심리학자들은 실험 대상자들을 두 개의 전등 앞에 세운 다음 어떤 램프가 켜질 것인지를 알아맞히게 했다. 그리고 두 개의 전등을 무작위적으로, 하지만 하나가 다른 하나보다 네 배

정도 자주 켜지게끔 전등을 켰다 껐다 했다. 이 실험에서 자주 켜지는 것으로 보이는 전등만 고집스럽게 찍은 사람은 열 번 중 여덟 번을 맞혔다. 그러나 사람들은 대부분 불이 어떤 규칙으로 켜지는가를 복잡하게 따졌고 그 결과 평균 열 번 중 여섯 번밖에 맞히지 못했다.

좌뇌는 세계가 때로는 아주 단순하며, 어떤 법칙이 적용되지 않는 상황도 있음을 인정하지 않으려는 듯하다. 좌뇌는 끊임없이 그럴듯한 연관을 고안하면서 불확실함을 몰아내고자 한다. 때로 증권 딜러가 주가의 상승 트렌드를 예측할 수 있다고 믿으면서 고객들의 돈을 날리는 것도 좌뇌가 체계와 규칙을 좋아하는 것과 무관하지 않을 것이다. 우연이 우리를 바보로 만들 때 우리는 대부분 좌뇌의 지휘하에 있는 것이다.

이 모든 것은 규칙을 배우고, 규칙의 도움으로 살아가는 우리의 능력이 고도로 발달했기 때문에 어쩔 수 없이 치러야 하는 대가다. 이런 능력 덕분에 생존했지만, 이런 능력 때문에 체계와 규칙에 매달리게 되며, 규칙을 찾는 것이 얼마나 무의미한지, 심지어 우리를 해롭게 하는 시점이 언제인지를 분별하기 힘들어진다. 미국의 철학자 게일린 플레처는 말했다.

"설명하려고 애쓰지 말아야 할 것이 무엇인지를 아는 것, 그것이 세상을 살아가면서 알게 되는 중요한 부분이다."

연결 짓기 좋아하는 우뇌

우뇌 역시 우연을 오해하는 것은 마찬가지다. 우뇌의 특기는 연결 짓기다. 우체통의 편지를 보며 간밤 꿈에서 보았던 노란 자전거를 떠올리는 것은 우뇌의 일이다. 우뇌는 이미 말했듯이 별로 명확하지 않은 연관들을 꿰뚫어 보는 일을 한다.

그리하여 뇌졸중으로 우뇌가 부분적으로 손상된 환자들은 까다로운 문장을 이해하지 못하며, 무엇보다 미세한 뉘앙스의 차이를 파악하지 못한다. 그들은 모든 것을 문자 그대로 받아들인다. 그래서 "대체 국수는 언제 먹여줄 거야?" 등의 암시적인 말을 하면 국수를 왜 먹느냐고 반문한다. 유머를 구사하거나 풍자나 비유를 하는 데는 우뇌가 필요하다. 우뇌가 제대로 기능하지 않는 사람은 유머가 전혀 없다.

캘리포니아의 심리학자 크리스틴 시아렐로는 건강한 사람들을 대상으로 우뇌가 얼마나 연결 짓기를 좋아하는지를 입증해 보였다. 시아렐로는 실험 대상자들에게 단어 쌍들을 제시하고는 앞선 실험에서처럼 각각 한쪽의 뇌로만 그것을 볼 수 있도록 했다. 그러고는 실험 대상자들에게 좌뇌와 우뇌가 서로 의견을 교환할 시간이 없을 만큼 빨리 단어 사이에 어떤 연관이 있는지 말하도록 했다. 그러자 '팔'과 '다리'처럼 아주 관계가 깊은 단어들이면 좌뇌가 빨랐다. 그에 반해 '팔'과 '코'처럼 의미가 동떨어진 단어들인 경우 좌뇌는 속수무책이었고 우뇌가 탁월한 능력을 보여주었다. 우뇌가 더 폭넓게 생각하는 것이 틀림없다.

초자연적인 것을 믿고 우연의 의미를 거부하는 사람들은 우뇌가 특별히 활동적이다. 이를 발견한 것은 피터 브루거인데, 그는 심리학 전공 학생들을 각각의 입장에 따라 '양'과 '염소'로 나누기에 앞서 학생들의 뇌파를 측정하였다. 그리고 연구를 하면서 뇌파의 측정 자료를 확인했다. 브루거의 연구 결과에 의하면 '양'들은 연상 능력이 탁월하다. 어떤 개념을 들으면 넓은 반경에 있는 다른 상상까지 일깨운다. 가령 '사자'라는 단어를 제시하면 직접 연관이 없는 단어들도 떠올려, '호랑이'를 지나 곧장 '줄무늬'로 뛰어넘는다. 이런 특징 덕분에 '양'들은 다른 사람들은 특별한 것을 찾지 못하는 곳에서도 연관성을 발견할 수 있다. 그러나 회의론자들은 다르다. '염소'들은 '사자-갈기'처럼 명백하게 연결된 단어 쌍에는 반응하지만, 간접적인 연결은 하지 않는다.

브루거의 연구에 따르면 우뇌는 끊임없이 연상들을 생산하고 좌뇌는 이어 이런 착상들을 논리적으로 연결하려고 애쓰는 듯하다. 그러나 운명을 믿는 '양'들의 우뇌는 좌뇌가 감당하지 못할 만큼 활동적일 때가 많다. 이런 상황에서 좌뇌는 의미 있는 결론을 내리는 대신 그 자체로 논리적이기는 하지만 현실과 동떨어진 이론을 만들어낸다. 탁월한 연상 능력은 '양'들의 핸디캡이자 장기다. 그로 인해 한편으로는 말도 안 되는 추측을 하고 나무 앞에서 숲을 보지 못하는 위험에 빠지기도 하지만, 대신 풍부한 환상을 갖게 되는 것이다.

우뇌는 좌뇌에 비해 더 창의적이면서도 더 어두운 부분이기도 하다. 우뇌는 우리에게 언제나 최악의 상황을 상정하고 두려워하게 한다. 기분 좋은 사건이 아니라 끔찍한 사건을 둘러싸고 음모론이 난무하는 것도 그 때문이다. 부정적인 감정이 기쁨이나 행복감보다 더 강력하게 우리를 사로잡는 것이다. 공포는 경고 신호로 작용하며, 기쁨은 우리에게 유기체에 유익한 행동을 하게 한다. 기쁨은 행동으로 몰아붙인다. 하지만 위험한 상황에서는 자칫 그 과정에서 낭패를 볼 수도 있다. 특히 보거나 들은 일의 의미가 아직 불투명한 상황에서는 말이다. 그리하여 뇌는 위험을 암시하고 신호를 찾는다. 그리고 그런 신호는 거의 언제나 발견된다.

영국의 심리학자 스튜어트 다이먼드는 1976년에 연상하기를 좋아하는 우뇌가 얼마나 부정적인 감정에 치우치는지를 보여주었다. 다이먼드는 특별한 콘택트렌즈를 제작하여 우뇌 또는 좌뇌로만 영화를 보게 하였다. 그랬더니 우뇌로 영화를 본 사람들은 영화를 훨씬 더 우울하고 적대적이고 혐오스러운 것으로 느꼈고, 좌뇌로 본 사람들은 양쪽 뇌로 보았을 때처럼 영화를 친근하게 느꼈다.

그 이후에 이루어진 뇌파나 뇌의 활동에 대한 많은 연구들은 호감과 비호감, 기쁨과 공포와 관련한 두뇌 체계가 대뇌의 양쪽 부분에 불균등하게 퍼져 있음을 확인하였다. 좌뇌에 있는 특정 증추들이 더 활동적인 사람들은 일반적으로 평온하다. 그러므로 대략적으로 좌뇌를 유쾌한 감정을 불러일으키는 뇌로, 우뇌를 불쾌감을 일으키는 뇌로 분류할 수 있을 것이다. 왼쪽은 행복, 오른쪽은 불행을 담당하는 것으로 말이다.

콘택트렌즈를 도구로 한 실험에서 보여주듯이 좌뇌는 우뇌에서 파생되는 어두운 감정들을 완화시켜줄 수 있다. 하지만 우뇌가 지나치게 활성화된 사람들의 경우는 그 균형이 잘 안 이루어질 수도 있다. 그러므로 근거 없는 공포와 위기감은 풍부한 상상력과 연상력에 대한 동전의 다른 면이다.

염소도 양으로 만드는 물질

신경학자 브루거에 따르면 도파민은 '양'들의 우뇌에 특히 많이 존재한다고 한다. 브루거는 실험 결과 우뇌에 도파민이 많은 사람들은 좌경화된 운동 경향을 보여, 똑바로 걸으라고 하면 자꾸만 왼쪽으로 치우치고, 뒤에서 부르면 왼쪽 어깨를 축으로 하여 돌아보았다고 보고했다. 그리고 어떤 형상을 그려놓고 중심을 가리키라고 하면 더 왼쪽을 가리켰다.

우뇌는 신체의 왼쪽을 관장한다. 그리고 도파민은 근육 활동에 중요한 역할을 한다. 그러므로 우뇌에 도파민이 많으면 왼쪽 신체를 더 잘 쓰게 된다. 브루거에 따르면 사람들이 손을 깍지 끼는 모양과 팔짱 끼는 모양으로 그들이 운명을 믿는 사람인지 아닌지도 분간할 수 있다고 한다. 일반적인 오른손잡이는 손을 깍지 낄 때와 팔짱 낄 때 모두 왼쪽이 위에 올라온다. 즉, 팔짱 낄 때 왼팔이 오른팔 위에 위치하고 깍지 낄 때도 왼손 엄지손가락이 오른손 엄지손가락 위에 위치한다. 하지만 브루거는 운명을 믿을수록 팔짱 낄 때 왼팔이 위로 올라가면 손을 깍지 낄 때는 왼손 엄지손가락이 밑으로 내려가고, 반대로 깍지 낄 때 왼손 엄지손가락이 위로 가면 팔짱 낄 때는 왼팔이 밑으로 가는 등 이런 틀에서 어긋나게 행동한다.

실제로 동물 실험에서 뇌의 한쪽 부분에 도파민이 과잉되면 운동의 불균형이 초래되는 것이 입증되었다. 하지만 사람에게서는 아직 이런 연관성이 확인되지 않았다. 따라서 브루거의 견해도 전형적으로 우뇌에서 비롯된 것으로 보인다. 흥미롭지만, 유감스럽게도 증명되지는 않은 이론이다.

하지만 브루거는 어쨌든 다음과 같은 실험으로 도파민이라는 전달 물질이 아주 완고한 '염소'도 쉽게 믿는 '양'으로 변화시킬 수 있음을 인상적으로 보여주었다. 브루거는 초감각적인 것을 믿는 사람과 회의론자들을 사람 얼굴과 우연적인 무늬가 랜덤으로 나타나는 모니터 앞에 앉혀놓았다. 그러자 기대한 대로 '양'들은 '염소'들에 비해 사람 얼굴이 안 보일 때조차 사람 얼굴을 보았다고 대답했다. 연관성을 찾으려는 경향이 이런 착각을 불러일으켰던 것이다. 그런 다음 브루거는 실험 대상자들에게 뇌에서 도파민 수치를 높이는 L-도파라는 물질을 투여했다. 그러자 '양'들은 약을 투여하기 전이나 후나 별 차이가 없었지만 '염소'들은 확 달라졌다. 이제 회의론자인 염소들까지 곳곳에서 사람 얼굴이 보인다고 말했던 것이다.

왜 하필 나에게 이런 일이 생겼을까?

무조건 의심부터 하는 태도와 무조건 믿는 태도는 인간 본성의 두 극을 이룬다. 사람들은 대부분 이러한 극단적인 성향 중간 지대에서 움직이면서 어떤 경우에는 '양'이 되었다가 어떤 경우에는 '염소'가

되었다가 한다.

특히 감정적으로 흥분 상태에 있을 때는 우연을 인정하기가 힘들다. 우리는 그런 일에서 운명의 작용을 본다. 이런 경향은 이스라엘 군대의 전투 조종사들에게서도 두드러지게 나타났다. 조종사들에게 도박에서 이길 확률을 예상하게 했더니 평상시보다 출동 전 긴장한 상태일수록 초차연적인 것을 믿었던 것이다.

다음 실험에서도 비슷한 효과가 입증된다. 연구자들은 몇몇 실험 대상자들에게 어떤 남자가 자동차를 비탈에 주차하는 바람에 차가 미끄러져 내려와 급수전과 충돌했다고 설명했다. 그리고 다른 실험 대상자들에게는 그 차가 미끄러져 내려와 길 가던 행인을 치었다고 설명했다. 그러자 첫 번째 집단은 그 사건을 운은 나쁘지만 우연히 일어난 사건으로 봤고, 두 번째 집단은 운전자의 과실로 보았다.

이 경우는 그래도 괜찮은 편에 속한다. 하지만 해석하고 싶은 욕구가 지나쳐 말도 안 되는 절망적인 생각을 하게 되는 경우도 많다. 배우자가 몇 마디 던진 뒤 말도 없이 나가서 들어오지 않으면 우리는 배우자를 의심하고 결백하다는 증거를 대라며 난리를 칠 수도 있다. 대부분 며칠 후에는 어떻게 그렇게 얼토당토않은 생각을 했는지 우습지만 말이다.

인생에 위기가 닥치면 이를 설명하려는 욕구가 강해져 자기 자신에게 화살을 돌리는 경우도 많다. 충격적인 일을 겪었을 때 이를 해석하려는 시도는 더더욱 해가 될 수 있다. 예를 들어, 비행기 추락 사고에서 살아남거나, 눈앞에서 벌어지는 폭력을 목격하거나, 가까운 사람의 죽음을 겪은 사람은 왜 자신은 살아남고 다른 사람은 떠

낳는지에 대해, 그리고 무엇보다 이런 불행한 사건이 왜 일어났는지에 대해 답을 얻고자 한다. 그러나 대답은 없다. 하지만 뇌는 대답이 없다는 것으로 만족하지 못한다. 그리하여 근거도 없는 이유를 스스로 만들기 시작한다. 그리고 그것은 종종 죄책감으로 이어진다. 자신이 그 일을 되돌릴 수도, 그 일에 전혀 영향을 끼칠 수 없었음에도 말이다.

정신과 의사들은 이렇게 자기를 파괴하면서까지 이유를 찾아다니는 것을 '생존자 신드롬'이라고 부른다. 충격적인 경험을 한 상당수의 사람이 이 신드롬에 시달리는 것으로 알려져 있다. 불행 중 다행으로 만족하지 않고 자신이 과연 살아남을 자격이 있는지 의심하는 것이다.

커다란 고통에 직면한 사람들은 종종 자신이 왜 이런 일을 겪어야 하는지 의미를 찾다가 더욱 고통스러워지기도 한다. 많은 암 환자가 병에 걸린 이유를 자신이 살면서 지은 잘못 때문이거나 자신의 감정을 잘 다스리지 못한 탓이라고 생각한다. 걱정을 쌓아두면 암이 발생한다는 입증되지 않은 믿음이 많은 환자에게 부가적인 고통을 안겨주고 있다. 많은 연구에도 불구하고 어떤 정신적인 원인이 암을 유발한다는 증거는 발견되지 않았다. 그에 반해 유전자의 우연한 변화가 거듭되어 암이 유발된다는 증거는 아주 많다. 환경 오염, 잘못된 영양, 흡연도 유전자 변이의 빈도를 높일 수 있다. 하지만 결국 암에 걸리는 것은 우연한 사건이다.

우연이 신성 모독이라고?

우리는 이런 견해를 받아들이기가 힘들다. 이런 견해는 우리의 직관을 거스르기 때문이다. 우리는 추상적으로 생각하지 않고 구체적으로 생각한다. 우리는 이야기는 즉시 이해하지만, 수학은 학교에서 몇 년간 배우고 나서야 겨우 안다. 선생님이 아무리 논리와 추상의 매력을 일깨워줘도 인간은 어쩔 수 없이 이야기 속에서 살아간다.

그 때문에 이야기의 실마리를 파악할 수 없을 때 정신적으로 반란이 일어난다. 때로는 이성적인 설득도 소용이 없다. 우리는 우리에게 닥치는 일에 대한 이유를 알고 싶어 한다. 많은 사람이 이유를 알 수 없는 사건을 만나면 그것을 운명이라고 믿는다. 질서, 더 높은 의지가 주관한다고 생각하면 안심이 된다. 비록 우리가 거기에 내맡겨져 있을지라도 말이다.

종교는 이렇듯 의미에 대한 동경이 낳은 열매로 볼 수도 있을 것이다. 미국의 수학자 존 앨런 파울로스는 불교를 제외한 세계의 모든 종교는 세계의 딱딱한 전개 과정을 드라마틱한 이야기로 번역한 것이라고 말했다. 자연법칙, 우연, 인간 행동의 복합성은 유일신 혹은 다수의 신을 위해 퇴장해버린다. 그리하여 인생에서 가장 이해할 수 없는 일조차 더 높은 계획의 시각에서 그 의미를 획득한다. 종교 대부분은 우연을 우주의 법칙을 인식할 수 없는 인간이 갖는 환상일 뿐이라고 여긴다. 고트홀드 레싱의 연극 〈에밀리아 갈로티〉에서 오르시나 백작 부인은 "우연이라는 단어는 신성 모독"이라고 말한다.

그러나 기독교에 속한 교파 대부분은 좀 더 실용적인 논지를 펼친다. 신의 계획은 역사의 커다란 굴곡, 즉 세계의 구원에 작용하지만, 일상에서는 우연이 있을 수 있다는 견해다. 인간이 자유 의지를 갖고 신을 거슬러 행동할 수 있기 때문이다. 하지만 신은 그럼에도 늘 인간을 돕는다고 한다.

　이런 견해는 중세의 교부 아우구스티누스에게서 유래한 것으로 인간이 신에게 대항할 수도 있기에 신의 전능함과 약간의 모순을 빚는다. 칼뱅주의자들은 다른 종파와는 대조적으로 이런 모순을 해결하기 위해 인간의 운명은 예정되어 있다고 믿는다. 그러나 신의 전능함은 논리적으로 설명하기 어렵다. 그러므로 아우구스티누스의 철학이 더 반박의 여지가 없다. 결국 무엇을 우연으로 보고, 무엇을 신의 손길로 볼지는 각자에게 달린 문제. 신의 계획을 명백하게 파악할 수 없으므로 신의 개입은 증명할 수도, 배제할 수도 없다. 이로써 교부들은 현대 수학자들과 같은 결론에 이른다. 우연은 증명이 불가능하다고 말이다.

우연을 바라보는 두 개의 시선

경험에 어떤 의미를 부여할지는 각자의 해석에 달렸다. 아무리 자신은 그저 주변 세계의 수동적인 관찰자처럼 느껴질지 모르겠지만 실제로 경험을 구성해내는 것은 우리의 뇌다. 텔레비전을 볼 때도 마찬가지다. 우리는 일련의 동작을 본다고 여기지만 사실은 모니터 위로 1초당 스물다섯 개의 스틸컷이 지나가며 그 사진들은 비로소 우리의 뇌 속에서 영화로 녹아든다. 해석도 마찬가지다. 뇌 속에서 사실들끼리의 연결이 이루어진다.

뇌는 끊임없이 틀과 설명을 찾는다. 이 과정 끝에 어떤 해석을 믿을지는 자유다. 가까운 사람이 갑작스레 세상을 떠났을 경우 죄책감에 시달릴 수도 있지만, 생명이 다한 것이라고 스스로 위로할 수도 있다. 전자의 시각은 사람을 고통스럽게 하고, 후자의 시각은 사람을 위로한다. 이처럼 하나의 사건을 어떻게 해석하느냐는 사건 자체가 아니라 사건에 대한 시각에 달려 있다.

아이들에게는 동화가 필요하고 어른들에겐 신화가 필요하다. 우리는 삶에서 위기를 겪을 때뿐만 아니라 평범한 일상 속에서도 경험을 의미와 연관 지으려고 노력한다. 좋은 징조에 대해 기뻐하고, '운명의 눈짓'을 따르며 삶의 중요한 전환기마다 더 높은 계획이 작용했다고 믿는다.

이런 태도는 해석과 사실을 구분하고, 상상의 산물을 결정의 근거로 활용하지 않는다면 문제 되지 않는다. 그러나 그러려면 이중장부를 쓰듯이 하나의 경험을 두 가지 현실로 분류하는 것이 중요하다. 한편으로는 점검 가능한 사실의 세계에 발을 딛고 사실만을 행동의 근거로 삼으며, 다른 한편으로는 해석과 환상의 영역으로 들어가 경험을 신비로운 시각으로 관찰하고 평가하는 것이다.

두 가지 시각을 모두 포기하지 않으면서 명백히 선을 그으라니. 말로는 굉장히 어려워 보이지만 실제로 해보면 훨씬 간단하다. 극장에서 영화를 볼 때 우리는 손쉽게 이중장부를 쓴다. 멜로 영화에 감동하여 눈물 콧물을 흘릴 때 그 감정은 진짜이지만 우리는 한순간도

이 영화가 허구임을 의심하지 않는다. 이처럼 일상에서도 현실과 환상적인 해석 사이에서 선을 그을 수 있다. 일상에서의 주인공은 영화배우가 아니라 우리 자신이다. 라이너 마리아 릴케는 이렇게 표현했다.

"모든 날은 의미를 가져야 한다. 그리고 그 의미는 우연에서가 아닌 나에게서 나온다."

일등보다 꼴등이 마음 편한 이유

이기는 전쟁만 시작하는 개미

개미들은 위험하고 무자비한 세계에서 산다. 그들은 수십만 개의 종족으로 편성되어 영역과 먹이를 놓고 서로 경쟁한다. 종종 전쟁이 일어나 한 개미 무리가 이웃한 개체군을 완전히 전멸시켜버리는 일도 있다.

그러나 그런 야만적인 대량 살육은 여간해서는 일어나지 않는다. 가령 아메리카 대륙에 서식하는 꿀단지 개미는 시범 경기를 개최하여 상대 개체군의 대장을 죽이는 방식으로 영역 싸움을 한다. 이 경기에서 일개미들은 마치 중세 시대의 기사들처럼 결투를 하러 나온다. 다리를 뒤로 한껏 뻗고 고개와 몸의 뒷부분을 공중 높이 들고는, 몸집을 더 크게 보이기 위해 작은 돌이나 흙더미 위에 올라가기도 한다.

Chapter 12 • 일등보다 꼴등이 마음 편한 이유   **249**

그리하여 두 전사가 처음 마주하면 엄격한 의식이 시작된다. 일단 빙빙 돌며 촉수로 서로를 만져 보는데 이것은 냄새로 상대방이 아군인지, 적군인지를 감지하기 위해서다. 그리고 상대방이 적군으로 판명되면 둘은 머리를 더 높이 치켜올리고 촉수로 상대방의 머리쪽을 향해 북을 치듯이 하며 서로 다가간다. 당장이라도 맞붙어서 개미산을 뿌리며 싸움을 할 법하지만 그런 일은 일어나지 않는다. 몇 초 후 둘 중의 하나가 갑자기 멈추어 서서는 사방을 둘러보며 새로운 적수를 찾는다.

이런 시범 경기가 심각한 싸움으로 이어지는 경우는 드물다. 일 개미들은 이런 의식으로 상대편의 힘을 평가하고 그로써 대량 살육을 피한다. 그리하여 서로 맞붙어 싸우지 않고도 더 약한 개체군을 먹이터에서 내몰거나, 더 강한 개체군에게 굴복한다.

그렇다면 개미들은 어떻게 자기편과 상대편의 힘을 정확하게 평가할 수 있는 것일까? 개미의 뇌는 아주 작아서 전략 따위는 구사할 수도 없을 것 같은데 말이다. 이런 수수께끼를 풀어낸 것은 뷔르츠부르크의 개미 연구가 베르트 횔도블러였다. 그의 연구에 의하면 개미들은 전장에서 적군을 마주칠 때까지 얼마나 시간이 걸리는지 파악하여 간접적으로 적군의 힘을 판단한다. 전장에서 아군보다 적군을 적게 마주치면 개미들은 자신의 종족이 상대편 종족보다 수적으로 훨씬 강하다는 결론을 내리고 공격을 개시한다. 그에 반해 상대편 진영에서 온 개미들과 굉장히 많이 마주치면 후퇴한다.

개미처럼 무지한 상황 속에 놓인 단순한 생물도 통계학을 이용할 줄 아는 것이다. 개미들은 눈에 보인 지표들에서 결론을 끌어내고 확률을 계산할 줄 안다. 그리하여 대부분 올바른 판단으로 아군의 불필요한 손실을 피한다. 꿀단지 개미들은 아군이 적군에 비해 열 배는 강해서 승리는 따놓았다고 여겨질 때만 전쟁에 들어간다.

우연과 위험을 회피하라

모든 생명체는 불확실함과 우연에 대처해야 한다. 먹이가 어디에 있는지, 적이 어디에 도사리고 있는지 정확히 예측할 수 없다. 그 때문에 자연은 생명체가 모호한 힌트에서 올바른 것을 추론하고 기회를 판단하도록 설계했다. 그리하여 우리의 뇌 속에는 우연과 위험과 불확실함을 관장하는 시스템이 존재한다. 그런 시스템은 대부분 개체가 의식하지 못하는 사이에 일한다.

우리는 이런 계산이 어떻게 진행되는지, 이런 계산이 진행되고 있는지도 모른다. 길을 건너려고 할 때 우리의 뇌는 교통 상황을 살피고 우리가 무사히 건널 수 있는 확률을 계산한다. 우리가 건널목에 발을 내딛기 전에 회색 세포에서는 복잡한 계산이 수행되는 것이다. 그러나 우리는 그런 것을 까맣게 모른다. '출발!'이라는 신호밖에는 알지 못한다. 뇌는 불확실한 상황에서 우리에게 '예', '아니요', '검은색', '흰색'과 같은 가장 간단한 대답을 준다. 빠른 결정에 뉘앙스 같은 것은 중요하지 않다.

미국 아이오와 대학의 연구자들은 잘 고안된 실험으로 뇌가 매일 만나는 우연을 어떻게 처리하는지 연구하고자 했다. '아이오와 카드 테스트'라는 이름으로 널리 알려진 이 실험에서 연구자들은 거짓말 탐지기를 연결한 실험 참가자들에게 네 개의 카드 묶음을 제시하고, 한 번에 한 묶음을 골라 카드를 뒤집어 보게 했다. 뒤집은 카드에 따라 참가자들은 돈을 얻거나 잃게 되었다. 네 개 중 두 개의 카드 묶음은 이익도 크지 않고 손해도 크지 않은 카드들이 있었고 (저수익·저위험), 나머지 두 묶음은 이익은 크지만 손해도 큰 카드들이 있었다(고수익·고위험). 다만 참가자들은 카드 더미를 꿰뚫어 볼 수 없어 그 규칙을 몰랐다.

하지만 실험 참가자들은 열 번 정도 카드를 뽑은 다음에는 고수익·고위험 묶음에서 카드 뽑는 것을 기피하기 시작했다. 참가자들의 손이 고수익·고위험 묶음을 가리키자마자 거짓말 탐지기에는 가벼운 식은땀과 가슴 두근거림이 나타났다. 이 시점에서 참가자들은 자신들이 왜 그런 반응을 보이는지 알지 못했고 자신들의 신체 반응도 깨닫지 못했다. 그리고 약 여든 번쯤 지나자 대부분 참가자는 자신이 왜 그렇게 느끼는지를 알고 게임의 규칙을 파악할 수 있었다.

결국, 우리는 자신을 조종하는 감정이 어떤 것인지를 깨닫기 한참 전부터 통계에 따라 행하고 있다. 뇌가 의식적으로 규칙을 확인하기까지는 더 많은 자료가 필요하다. 그러나 확률을 평가하는 것은 규칙을 아느냐 모르느냐와는 상관없이 가능하다. 아이오와 카드 테스트에서 몇몇 뇌 회전이 느린 사람들은 끝까지 게임이 어떻게 돌아가는지 이해하지 못했지만 그럼에도 올바른 결정을 내렸다.

그러므로 예측 불가한 우연한 상황에서 우리가 올바른 결정을 내릴 수 있는 것은 위험을 피하는 직관을 타고 났기 때문이다. 직관은 우리가 다른 것에 몰두하고 있을 때조차 우리를 위해 일한다. 이성에 근거한 결정을 하기에는 가진 정보가 충분하지 않을 때가 많다. 이런 경우에는 훨씬 적은 자료로도 작용하는 직관을 따르는 수밖에 없다.

하지만 직관은 때로 위험하다. 복잡한 상황에서는 우리가 내리는 빠른 결정이 최적의 것이 아닐 수도 있기 때문이다. 직관적인 생각은 나중에 바꾸기도 힘들다. 의식하지도 못하는 가운데 그런 생각을 하고 있기 때문이다. 하지만 사실들을 충분히 안다 해도 감정은 이성보다 강하다.

위험 분산 전략

연구자들은 이제 뇌가 어떻게 통계를 수행하는지를 가장 작은 단위인 뉴런의 차원에서 이해했다. 뉴욕의 신경학자 마이클 플랫과 폴 글림처는 성공 전망을 계산하는 것으로 보이는 세포들을 발견했다. 둘은 원숭이들을 대상으로 실험을 하였는데 원숭이들이 과제를 수행하고 나면 한번씩 한 모금의 주스를 상으로 주었다. 우리 역시 비슷하다. 일을 잘했다고 월급 인상이 보장되는 것은 아니다. 기껏해야 월급을 올려주지 않을까 희망해볼 뿐이다.

이 실험에서 원숭이들의 과제는 아주 단순했다. 우연한 간격으로 불이 들어오는 두 개의 전등 중 하나를 쳐다보기만 하면 되는 것이었다. 이 실험에서 원숭이들은 한쪽의 전등을 볼 때 더 자주 상을 가져다준다는 것을 빠르게 감지했다. 앞서 살펴본 카드놀이에서처럼 이 실험에서도 전등에 따라 상을 다르게 주었다. 왼쪽 전등은 두 번 쳐다볼 때마다 한 번씩 두 모금의 주스가 주어졌고, 오른쪽 전등은 세 번 쳐다볼 때마다 한 번씩 한 모금의 주스가 주어졌다. 따라서 의심스러운 경우 '왼쪽'을 쳐다보는 것이 더 유리한 선택이었고, 원숭이들은 그것을 알아챘다.

원숭이들이 어떻게 이런 선택을 할 수 있었을까? 플랫과 글림처는 정수리 아래에 있는, 시각과 눈의 운동을 조정하는 뉴런을 측정하고 많은 뉴런이 정말로 일종의 통계적 계산을 수행하고 있음을 알아냈다. 보상이 크고 상을 얻을 전망이 클수록 뉴런이 더 격렬하게 작동했다.

통계학자들은 이런 수치를 '기대치'라고 부른다. 기대치는 이윤에 확률을 곱한 값이다. 동전을 던져서 '앞면'이 나오면 10유로를 받을 수 있다고 하자. 이때의 기대치는 5유로다. 이윤을 얻을 확률이 2분의 1, 즉 50%이기 때문이다. 따라서 매번 내기 돈으로 5유로를 건다면 통계학적 평균치로 이윤과 내기 돈은 균형을 이루게 될 것이고, 우리는 아마도 원래 지갑에 있던 돈만큼을 가지고 집으로 돌아갈 것이다. 그에 반해 매번 8유로씩을 내기 돈으로 건다면 손해 보는 게임을 하게 될 것이다. 내기 돈이 평균적으로 기대할 수 있는 5유로의 이윤보다 3유로 초과하기 때문이다. 따라서 기대치는 얼마나 투자할 가치가 있는지를 알려준다. 일이 어떻게 될지 불확실한 경우 확률만큼 가치 있는 정보는 없다. 그래서 뇌는 통계를 수행하도록 설계된 듯하다.

원숭이를 대상으로 한 플랫과 글림처의 실험에서 왼쪽 전등의 기대치는 두 번 쳐다볼 때마다 두 모금, 그러니까 한 번에 한 모금씩 이다. 그리고 오른쪽 전등의 기대치는 세 번 쳐다볼 때마다 한 모금, 그러니까 한 번에 1/3모금이다. 연구 결과 실제로 원숭이의 해당 뉴 런은 정확히 이런 기대치를 계산하는 것으로 나타났다. 그리하여 왼 쪽 불이 들어오면 뉴런은 세 배나 강하게 작동했다. 그리고 이에 상 응하는 행동이 이어졌다. 원숭이들이 오른쪽 전등을 쳐다보는 횟수 보다 왼쪽 전등을 쳐다보는 횟수가 세 배 많았다. 원숭이들은(우리도 역시) 뇌 속에 희망의 계산기를 가지고 있는 것이 틀림없다.

사람들 역시 그렇게 행동한다. 이것은 실험실 안에서만 드러나 는 결과가 아니다. 가령 은행은 고객들의 재산을 기대되는 이윤과 위험에 따라 다양한 유가증권에 배분한다. 미국 사회심리학자들의 연구에 따르면 사람들은 인간관계에서도 신중하게 기대치를 계산한 다고 한다. 어떤 모임에 참석했을 때 우리는 상대방이 우리에게 관 심을 보이는 만큼만 관심을 돌려준다.

왜 그럴까? 이상한 일이 아닐 수 없다. 이런 전략으로 잃는 것이 많을 수도 있는데? 원숭이들은 왜 주구장창 왼쪽 전등만 쳐다보면 되는데 주스를 적게 주는 오른쪽 전등도 간혹 쳐다볼까? 바로 위험 분산 효과를 노리기 때문이다. 40년 전에 행해졌던 행동 연구에 대 한 고전적인 실험에 따르면 새들과 다른 동물들도 이런 원칙으로 먹 이를 쫓는다고 한다. 먹이를 획득하는 방법이 두 가지인 경우, 두 방 법 모두 추구하되 이득을 가져다주는 정도만큼 각 방법에 집중하는 것이다. 그러나 이때는 누군가가 가장 좋은 먹이를 덮칠지도 모른다는 것을 늘 염두에 두어야 하며, 그런 경쟁에서는 싸울 필요 없이 차선의 것으로 만족하는 편이 낫다.

우리는 틀림없이 가능성을 테스트해보도록 프로그램화되어 있는 듯하다. 그것을 위해 우리는 이윤의 일부를 기꺼이 포기한다. 위험 분산 전략은 우리의 의식 속에 아주 뿌리 깊이 자리 잡고 있어서, 우리는 어떤 일이 전혀 위험 요소 없이 확실하다고 판단될 때에야 그런 전략을 포기한다. 플랫과 글림처가 전등 두 개를 놓고 하는 실험에 주스 대신 돈을 걸고 원숭이 대신 사람들을 동원하자 한동안 실험은 원숭이 때와 비슷하게 진행되었다. 실험 대상자들은 각각의 전등에 보상이 주어지는 만큼의 관심을 할애했다. 사람들은 게임이 한참 진행되고 나서야 더 유리한 전등만 바라보고 다른 전등은 아예 무시해버리는 편이 더 높은 이득을 가져다준다는 것을 서서히 알아챘고, 그로써 규칙을 결코 파악하지 못했던 원숭이보다는 머리가 잘 돌아간다는 것을 입증해 보였다. 간단한 것은 때로 당황스러울 정도로 어려운 법이다.

보다 안전한 선택

상상해보라. 어떤 착한 요정이 전화를 걸어와 돈을 기부하겠다며 100%의 확률로 20만 유로를 갖든지, 아니면 50%의 확률로 30만 유로를 갖든지 선택하라고 한다. 그러면서 운이 없어서 30만 유로에 당첨되지 못할 때도 어쨌든 10만 유로는 주겠다고 한다. 이제 우리는 곰곰이 생각한다. 20만 유로가 생기면 아파트를 살 수 있다. 하지만 30만 유로가 생기면 더 근사한 단독주택을 살 수 있다.

두 경우 모두 기대치는 같다. 후자를 선택할 때도 기대치는 20만 유로다(0.5×30만 유로+0.5×10만 유로). 그럼에도 우리는 아마도 20만 유로를 보장받는 편을 선택할 것이다. 대부분의 사람들이 그런 결정을 내린다. 20만 유로는 손안에 든 참새요, 30만 유로는 지붕 위의 비둘기다. 리스크가 있는 경우의 기대치가 높다 해도, 즉 요정이 50%의 확률로 30만 유로를 주겠다고 제안해도 우리는 안전한 경우를 선호한다.

이제 돈을 어떻게 받을지 결정해야 한다고 하자. 요정은 우리에게 역시 두 가지 방법을 제안한다. 첫 번째 방법은 20만 유로를 4년 후에 송금받는 방법이고, 두 번째 방법은 50%의 확률로 내일 당장 받거나 8년 후에 받는 것이다. 어떤 것이 더 낫겠는가? 놀랍게도 이런 경우에는 대부분 더 위험한 방법을 선택한다. 안 되면 8년 후에 받자는 생각으로 내기에 들어간다. 이 경우 역시 두 방법의 기대치는 둘 다 4년씩이다. 그러므로 우리는 대기 시간에 관해서는 직관적으로 행운의 여신에게 기대를 걸어보지만, 돈을 더 많이 받을 기회는 그냥 놓쳐버리는 것이다.

이처럼 일관성 없는 선택을 하는 이유는 뭘까? 동물들 역시 비슷한 상황에서 인간처럼 행동한다. 옥스퍼드 대학의 행동 연구가 알레산드로 카셀닉은 찌르레기에게 부리로 여러 단추를 쪼게 한 다음 어떤 단추를 쪼면 언제나 같은 양의 먹이를 주고, 어떤 단추를 쪼면 한 번은 많이 한 번은 적게 주었다. 그랬더니 찌르레기들은 언제나 똑같은 양의 먹이가 나오는 단추를 선호했다.

카셀닉은 인간과 동물이 이런 선택을 하는 이유는 바로 인지의 법칙 때문이라고 한다. 우리는 작은 것은 과대평가하고 큰 것은 과소평가하는 경향이 있다. 이런 현상을 로가리즘이라고 하는데, 이 로가리즘 덕분에 우리는 귓속말도 확성기 소리만큼 잘 들을 수 있고, 촛불을 켜고도 환한 햇빛 속에 앉아 있는 것만큼이나 무리 없이 책을 읽을 수 있다. 뇌는 모든 것을 중간 정도로 확대하거나 축소한다. 이런 현상은 먹이의 양이나 돈의 액수에도 적용된다.

그리하여 30만 유로는 직관적으로 10만 유로의 정확히 세 배가 아닌, 그보다 훨씬 적게 느껴진다. 그래서 요정이 제안한 내기의 기대치는 20만 유로보다 더 작게 다가온다. 이 내기를 받아들이려면 요정은 돈을 더 많이 걸어야 한다. 인지의 메커니즘을 거슬러 리스크를 받아들이려면 프리미엄이 필요하다. 응답자들은 평균적으로 30만 유로가 아니라 최소 40만 유로는 되어야 안전한 금액을 포기하고 내기를 할지 생각해보겠다고 대답했다.

대기 시간의 경우도 마찬가지다. 운이 없을 경우 8년을 기다려야 하지만 그 8년은 우리에게 정확히 4년의 두 배로 다가오지 않는다. 운이 없을 경우 추가적으로 기다려야 하는 두 번째 4년보다는, 애초에 주어진 4년이 더 길게 느껴진다. 그리하여 우리는 운이 없을 경우 8년 기다릴 것을 감수하고 2분의 1의 확률로 당장 돈을 손에 쥐기를 꿈꾸는 것이다.

손실 혐오자

저녁 시간을 집에서 편안하게 쉴 것인가, 아니면 매력적인 연인을 사귈 수도 있는 파티에 참석할 것인가 하는 선택 앞에 놓여 있다고 하자. 이 경우 어떤 선택을 하든 상관없이 리스크는 기껏해야 매력적인 여자를 사귈 수 있을 것인가, 아니면 그런 기회를 놓쳐버릴 것인가 하는 것이다. 그리고 기회를 놓쳐도 나쁠 것 없다.

그럼 상황을 바꾸어 새로 사귄 연인과 함께 집에 있을 것인가, 아니면 함께 파티에 갈 것인가 하는 선택의 갈림길에 서 있다고 하자. 파티에 가면 어떤 불한당이 연인에게 매력을 어필해 낚아챌지도 모른다. 이런 일은 상상만 해도 참을 수 없다. 그러므로 절대로 파티에 갈 수가 없다.

사실 두 시나리오 모두 결과는 똑같다. 운이 나쁘면 싱글로 남는 것이다. 하지만 우리는 다르게 느낀다. 무언가를 잃는 것은 무언가를 얻지 못하는 것보다 더 참을 수 없는 일이다. 뇌가 긍정적인 감정보다 부정적인 감정에 더 민감하기에 우리는 기쁨과 행복보다 분노와 슬픔을 더 강하게 인지한다. 그래서 우리는 행복을 찾기보다 불행을 줄이려고 더 애쓴다. 이것이 바로 우리가 우연을 그토록 받아들이기 힘든 이유이기도 하다. 우리는 행복에 대한 유혹보다는 현재 상태가 악화되는 것에 대한 두려움을 더 강하게 느낀다.

여러분은 앞선 예에서 그렇게 느끼는 것은 당연하다고 항변할지도 모른다. 실연당하는 것은 정말 고통스러운 일이라고 말이다. 심리학자 대니얼 카너먼은 그 문제를 약간 다르게 포장했다. 50유로를 주고 음악회 티켓을 샀다고 하자. 콘서트홀에 들어가려고 하는데 티켓이 없어진 것을 발견했다. 다행히 좌석은 아직 매진되지 않은 상태다. 50유로를 들여 표를 다시 살까? 이 질문에 대다수 응답자는 사지 않겠다고 대답했다.

하지만 예매하지 않은 상태에서 티켓을 사려고 줄을 섰는데 지갑에서 50유로짜리 지폐가 사라진 것을 발견했다면? 그럴 땐 어떻게 하겠는가? 이 경우에는 90%의 응답자가 티켓을 사겠다고 대답했다. 첫 번째 경우 우리는 50유로가 아닌 그 두 배의 돈을 주고 음악회에 가는 듯한 기분이 든다. 그렇게 비싼 돈을 주면서 음악회에 갈 생각은 없다. 하지만 두 번째 경우는 지갑에서 없어진 돈과 음악회는 전혀 상관없어 보인다. 사실 두 경우 모두 결과는 똑같다. 어쨌든 50유로는 손해 본 것이다! 그러나 파티에 갈 것인가에 대한 문제와 마찬가지로 이 경우에도 중요한 것은 결과뿐 아니라, 우리가 이런 상황을 어떻게 느끼는가 하는 것이다. 카너먼은 이런 사고와 관련하여 '전망이론Prospect Theory'이라는 것을 고안하였다.

전망이론은 1990년대 후반 많은 소액투자자가 증권 붐을 타고 돈을 벌어보려고 하다가 값비싼 대가를 치러야 했던 이유를 설명해준다. 소액투자자들은 자기가 산 주식이 떨어지면 쉽사리 그 주식을 싼값에 처분하지 않으려고 한다. 자신이 손해를 보았다는 사실을 눈앞에서 확인하고 싶지 않기 때문이다. 손해를 보더라도 팔아치우고 그 돈으로 더 유리한 곳에 투자하는 것이 팔지 않고 버티다가 주가가 더 떨어지면 더욱 손해를 보는 것보다 낫다는 사실을 간과한다. 오히려 그들은 헐값이 된 주식이 언젠가는 다시 오를 거라고 기대한다. 이윤을 얻기 위한 리스크는 피하는 반면 손해를 피하기 위한 리스크는 기꺼이 받아들이는 것이다. 그리하여 우리는 요정이 전화를 걸어왔을 때 더 많은 돈을 받을 수 있는 내기는 거절하지만 이미 돈이 약속되어 있으면 대기 시간이 줄어들 수 있는 내기에는 응한다.

종종 상황을 어떻게 묘사하느냐가 우리가 그 일을 좋은 것으로 생각할지, 나쁜 것으로 생각할지를 결정한다. 어떤 외과 의사가 새로운 수술법으로 환자 100명 중 40명의 생명을 구한다고 말하는 것과 그 외과 의사의 새로운 수술법으로 100명 중 60명이 수술실에서 죽어서 나간다고 말하는 것은 느낌이 확연히 다르다. 위험에 대한 우리의 감각은 이렇게 쉽게 조작될 수 있다.

리스크 경영이 필요한 이유

우리의 왜곡된 인지가 어떤 영향을 끼치는지는 정치와 경제 분야에서도 나타난다. 미국의 카드 회사 깁슨 그리팅은 1,750만 달러의 빚을 졌고, 은행은 그 회사의 재무부장에게 이 돈을 당장에 갚든지, 아니면 주가지수 옵션을 포함한 새로운 트랜스 액션 협정에 조인하든지 둘 중 하나를 선택할 것을 요구했다. 새로운 협정은 일이 잘 돌아가면 일단 300만 달러만 해결하면 되지만 여의치 않을 때에는 추가로 2,750만 달러를 지불하도록 되어 있었다. 깁슨 그리팅의 경영진은 더 적은 손해를 받아들이는 대신에 위험한 내기에 조인했다. 그리고 내기가 실패로 돌아가자 회사는 더욱 곤경에 빠졌다.

기업들은 늦게서야 리스크 연구자들의 인식을 경영에 도입하기 시작했다. 1980년대에 들어서서 몇몇 대기업들이 리스크 처리 담당 부서를 둔 것이다. 미국의 대기업 GE 캐피털에서 첫 '리스크 매니저'가 업무에 들어간 것은 1993년이었다. 리스크 매니저와 그의 동료들의 과제는 중요한 결정에 직면하여 위험 요인들을 분석하고, 회사가 실패로 인한 충격에서 벗어날 방법을 찾는 것이다. 이제 최소한 대기업들은 리스크 경영을 도입하고 있다.

리스크 경영과 마찬가지로 필요하지만, 별로 주목받지 못하는 것이 기회 경영이다. 직관이 일으키는 착각은 기회를 인식하고 올바로 평가하는 것을 어렵게 만든다. 더구나 우리의 관심은 긍정적인 기회보다는 부정적인 위험에 더 쏠리게 마련이다. 찌르레기가 안정된 먹이를 위해 더 많은 먹이를 포기했던 것처럼 많은 기업과 정부는 이윤으로 연결된다 해도 불확실한 기회는 꺼린다. 안전하지 않다는 것을 과도하게 의식하여 기대되는 이윤을 과소평가하는 것이다. 하지만 리스크를 너무 두려워하면 기업은 물론 심지어는 경제에까지 심각한 해가 될 수 있다. 새로운 요구에 부응하지 못하고 담만 쌓기 때문이다.

나는 과연 에이즈에 걸렸을까?

흔히 인간은 기본적으로 통계에 무지하고, 그래서 때로는 기회와 리스크를 완전히 잘못 평가한다고 생각한다. 하지만 우리가 보았듯이 개미의 뇌도 확률적인 사고를 한다. 그리고 찌르레기와 원숭이와 인간은 개미보다 훨씬 낫다. 그러나 뇌 속의 통계적 회로가 바르게 기능하려면 올바른 자료가 존재해야 하는데 우리의 인지 기능이 기대나 두려움의 정도를 왜곡시킨다. 따라서 우리는 불확실한 상황에서 손익을 올바로 평가하지 못하고, 자신에게 불리한 결정을 한다.

리스크에 대한 우리의 감각을 부정하는 것은 아니다. 때로 착시 현상을 일으킬지라도 인간의 눈과 대뇌 속의 시각중추가 행하는 업적은 정녕 놀라운 것이다. 또한, 불확실한 것을 다루는 우리의 능력 역시 탁월하다. 이 부분에서 인간은 다른 생물보다 월등하다. 하지만 시각처럼 이런 능력 역시 완벽하지는 않다. 그러므로 우리의 약함을 의식하고 우리의 뇌가 계속 얽히고설킨 통계적 문제에 걸려 비틀거린다 해도 놀라지 말아야 할 것이다.

마지막으로 노골적인 예를 들겠다. 1만 명 중 한 명이 에이즈에 걸렸는데, 에이즈 테스트는 99.99% 신뢰할 만한 수준이라고 하자. 이때 양성 반응이 나왔다는 것은 어떤 의미일까? 거의 모든 사람이 "에이즈에 걸렸다는 의미다"라고 대답할 것이다. 그리고 자신이 그 당사자라면 절망에 빠질 것이다.

하지만 아직 절망할 이유는 없다. 슬픈 소식이 사실로 입증될 위험은 단지 50%에 불과하니까 말이다. 즉, 1만 명당 한 명이 에이즈라면, 그 사람은 테스트를 했을 때 확실하게 양성으로 나온다. 그리고 에이즈에 걸리지 않은 9,999명 중에 99.99%, 즉 9,998명은 음성으로 판명된다. 그러나 건강한 사람 한 명은 테스트상의 실수로 '양성'으로 나온다. 따라서 테스트를 받은 1만 명 중 양성은 두 사람, 진짜 에이즈 환자 한 명과 건강하지만 양성이 나온 사람 한 명이다. 그러므로 양성 반응이 나왔을 때 진짜 에이즈 환자이거나, 건강한 사람일 확률은 동일하다. 이 부분을 두 번 읽고서야 간신히 이해한 사람들은 너무 슬퍼하지 않길 바란다. 전문가들도 마찬가지니까.

Chapter 13

완벽히 안전한 곳은 감옥뿐이다

소독약 패러독스

우리는 안전성을 위해 많은 것을 지불할 준비가 되어 있다. 약국에서 소독약을 사려고 한다. 99센트짜리 소독약을 들고 보니 1,000명중 네 명꼴로 가벼운 약물 중독 증상이 나타날 수 있다는 경고문이 눈에 띈다. 그 옆에 더 비싼 1.99유로짜리 소독약이 있는데 이 소독약은 1,000명에 단 한 명꼴로 약물 중독을 일으킨다고 한다. 자, 그럼 두 배의 돈을 주고 비싼 소독약을 살 것인가? 아마도 여러분은 그러지 않을 것이다.

1년 후 제약회사는 소독약을 개선했다. 그리하여 1,000명에 한 명꼴로 약물 중독을 일으키는 소독약의 가격은 99센트로 인하되었다. 하지만 1.99유로를 투자하면 새로 나온, 절대적으로 안전한 소독약을 구입할 수 있다. 이 경우엔 비싼 약을 사겠는가? 심리학 연구 결과 소비자 대부분이 절대적인 안전을 보장한다면 기꺼이 1.99유로를 주고 사려는 것으로 나타났다. 그에 반해 기존의 리스크가 줄어들기만 할 때는 돈을 절약하는 것을 우선시했다.

생각해보면 매우 비논리적인 선택이 아닌가? 작년에는 똑같은 돈을 들여 지금보다 위험률을 더 많이 줄일 수 있었다. 당시에는 돈을 두 배로 내면 약물 중독이 될 확률이 1,000명 중 네 명에서 한 명으로 줄어들었고, 지금은 1,000명 중 한 명에서 0으로 줄어든다. 따라서 전자의 경우는 세 명이 줄어드는 데 후자의 경우는 한 명이 줄어든다. 후자의 약품 개발로 얻는 이익은 3분의 1밖에 되지 않는 것이다.

하지만 우리는 그렇게 생각하지 않는다. 우리는 안전성을 그 자체의 가치로 높이 평가한다. 리스크를 완전히 없애는 것보다 대폭 줄이는 것이 실제로는 더 유익할지라도 말이다. 우리의 인지 기능은 현실을 왜곡한다. 가치를 절대적으로 평가하기보다 여러 가지 상황을 고려하기 때문이다. 첫 번째 경우에서 99센트 소독약은 1.99유로 소독약보다 세 배 해롭다. 그러나 두 번째 경우에서 99센트 소독약은 절대적으로 안전한 1.99유로 소독약에 비해 한없이 해로워 보인다. 이처럼 절대적인 안전에 대한 우리의 욕구는 이처럼 뿌리 깊이 박혀 있다.

우연이 주는 스트레스

모든 위험은 아무리 작은 것이라 해도 걱정을 끼치는 요인이 된다. 불확실성이 우리를 얼마나 괴롭히는지는 신체 반응으로도 나타난다. 다가올 일을 알지 못하는 것은 스트레스 반응을 유발하여 맥박이 빨라지고, 숨이 가빠오며, 땀샘이 열리고 아드레날린과 코르티솔 같은 호르몬이 분비된다.

유기체는 불확실한 상황을 본능적으로 싫어하는 듯하다. 미국의 신경학자들은 쥐들에게 불규칙적으로 먹이를 주는 실험을 통해 쥐들에게도 이런 스트레스 반응이 나타나는 것을 확인했다. 그렇다고 학자들이 쥐들을 굶긴 것은 아니었다. 쥐들은 먹이를 충분히 받을 수 있었다. 다만 다음 식사가 언제 나올지 정확히 알지 못했을 따름이다. 쥐들은 다음 식사가 주어지지 않을까 봐 두려워했던 것일까?

사람들이 어떤 불행을 당연하게 여기는가 그렇지 않은가는 상당히 다른 반응을 자아낸다. 2차 세계대전 당시 런던이 폭격당할 때 런던 근교에는 스트레스로 위궤양에 시달리는 사람들이 많았다. 하지만 정작 폭격이 심한 도심에는 그런 사람들이 별로 없었다. 도심에 사는 사람들은 독일군의 정기적인 폭격에 대비하여 매일 밤 방공호로 피신해야 했다. 하지만 근교에 사는 사람들은 계속 잠잠하다가 어쩌다 한 번씩 폭격을 당하는 바람에 폭격이 또 언제 있을지 몰라 더욱 마음을 졸여야 했다.

우리는 고통스러울지라도 안전한 상황을 선호한다. 힘들어도 회사 내의 굳어진 위계질서에 복종하는 것이 어떻게 끝날지 모르는 권력 싸움에 휘말리는 것보다 마음이 편하다. 밥맛없는 상사 밑에 있을지라도 최소한 닥칠 일을 예상할 수 있기 때문이다. 이런 현상은 동물에게서도 볼 수 있다. 미국의 신경학자 로버트 새폴스키는 세렝게티에 사는 야생 비비원숭이를 대상으로 한 실험에서 서로 라이벌인 수컷 비비원숭이들을 마취액이 든 화살로 마취시킨 다음 혈액 검사를 했다. 그 결과 서열이 고정되어 있을수록, 매우 서열이 낮은 원숭이라 할지라도 혈관에 스트레스 호르몬이 더 적은 것으로 나타났다. 그와 반대로 혼란의 시기에는 수컷 비비원숭이들 모두 엄청난 스트레스에 시달렸다. 권력을 잃을까 봐 전전긍긍하는 우두머리 원숭이들뿐 아니라 미래가 불확실한 하위 서열 원숭이들도 마찬가지였다.

안전 염려증과 스트레스

새폴스키는 또한 비비원숭이를 대상으로 모든 불확실함이 똑같은 스트레스를 주는 게 아님을 확인하였다. 비비원숭이 사회를 관찰한 결과 위계질서가 안정되어 있을 때도 계급 간에 작은 다툼이 끊이지 않았는데, 이에 대해 서열이 높은 원숭이들과 서열이 낮은 원숭이들의 반응이 많이 달랐다. 서열이 높은 비비원숭이들은 서열이 낮은 원숭이들과의 관계가 불안해질 때 심한 스트레스에 시달렸다. 하지만 서열이 낮은 원숭이들은 불안한 상황이 가져다주는 기회를 인식해서 그런지 상대적으로 담담했다.

인간의 경우 위험한 상황을 스스로 좌지우지할 수 있다는 지식이나 믿음이 불안에 대한 스트레스를 줄여줄 수 있다. 평소에는 시속 200킬로미터로 고속도로를 질주하는 사람이 자동차보다 훨씬 사고율이 낮은 비행기 추락을 두려워하는 것은 바로 이 때문이다. 차나 오토바이는 스스로 조종하지만, 조종사 의자에는 낯선 사람이 앉아 있는 것이다.

또한 스트레스의 정도는 상황에 따라 달라진다. 가령 바쁜 출근길에 타이어가 펑크가 나면 화가 치밀겠지만, 여유롭게 여행 중이라면 추억으로 남을 재미있는 에피소드처럼 느껴질 수 있다.

위험을 견디는 정도에도 개인차가 있다. 두려움 때문에 오토바이를 탈 생각도 못 하는 사람이 있는가 하면 오토바이에 미쳐 있는 사람도 있다. 불안한 것을 싫어하고 피하느냐, 아니면 아슬아슬한 것을 즐기느냐 하는 것은 유전적으로 타고나는 듯하다. 발달심리학자들의 연구에 의하면 눈에 띄게 낯선 상황을 싫어하거나, 그 반대의 행동을 했던 아이들은 어른이 되어서도 비슷하게 행동한다고 한다. 그러므로 리스크를 싫어하느냐, 리스크에 오히려 호기심을 느끼느냐는 타고난 성격에 달린 문제다.

하지만 상황이 불확실한 경우에는 누구를 막론하고 위험에 대한 두려움을 느끼게 마련이다. 그것은 이미 살펴본 것처럼 우리가 이윤과 리스크를 왜곡해서 인지하기 때문이기도 하고, 부정적인 감정들이 긍정적인 감정들보다 더 강하기 때문이기도 하다. 이런 두려움 때문에 사람들은 일상에서 끊임없이 게으른 타협을 한다. 어떤 사람들은 좋은 사람을 만나지 못할 거라는 두려움에서 사랑하지도 않는 배우자와 마지못해 산다. 혼자 사는 것보다 낫다고 생각하기 때문이다. 또 어떤 사람들은 수십 년째 마음에 들지 않는 직장에 다니면서도 새로운 직장을 구해볼 생각조차 하지 않는다.

하지만 이런 것들이 불안에 대한 두려움이 가져다주는 가장 큰 피해는 아니다. 더 큰 피해는 이 두려움 때문에 우리가 지속적으로 스트레스에 시달리게 된다는 사실이다. 유기체가 너무 오래, 그리고 너무 자주 스트레스 호르몬의 영향 아래 놓이면 면역체계가 약해지고, 뇌가 손상되며, 선진국에서 가장 커다란 사인으로 지목되는 심혈관계 질환이 촉진된다.

시카고 대학의 심리학자 소냐 카비겔리는 집쥐를 대상으로 한 실험에서 두려움이 때 이른 죽음을 불러올 수 있음을 보여주었다. 귀여운 집쥐들 대부분은 갓 태어날 때부터 낯을 가리는 아기처럼 무척 수줍어하고 두려움이 많다. 그리고 평생 이런 소심한 태도로 일관한다. 다른 쥐들이 낯선 환경을 호기심 있게 탐색하는 반면 소심한 집쥐들은 다 자란 뒤에도 낯선 우리에 데려다 놓으면 얼른 구석으로 숨어버린다.

이때 집쥐의 혈액에는 다른 쥐들이 고양이를 보았을 때에 버금가는 스트레스 호르몬이 분비된다. 집쥐의 수명이 다른 쥐들에 비해 더 짧은 것은 이런 성향의 결과로 보인다. 집쥐는 지속적으로 스트레스 호르몬의 폭격을 받기 때문에 다른 쥐들보다 100일이나 빠른 600일 만에 노쇠해진다.

사람을 대상으로 한 비슷한 연구는 아직 행해지지 않았다. 물론 두려움과 스트레스 메커니즘은 사람이라고 별반 다르지 않겠지만 그래도 사람은 리스크를 어느 정도 잘 대비할 수 있을 것으로 추측된다. 하루아침에 소심한 사람이 천방지축으로 바뀌지는 않겠지만, 쥐와는 달리 인간은 시간이 흐르면서 불필요한 두려움을 어느 정도 줄일 수 있다. 지나치게 소심하게 사는 것이 건강에 해롭다는 것을 알기 때문이다.

쏟아지는 안전 보험

오늘날 우리는 저울질할 수 없는 인생에 무기력하게 내맡겨져 있는 느낌이다. 지금 하는 일이 어떻게 될지, 아이들이 학교에서 잘 적응할지, 연금은 보장될 것인지 아무것도 확실하지 않다. 하지만 그럼에도 우리는 현대사회로부터 꽤나 두터운 안전성을 보장받고 있다. 의학의 발달로 독일인의 평균 수명은 1900년 40세에서 2000년 80세로 두 배 늘었다. 수명의 개인차도 많이 줄어들었다. 옛날에 평균 수명은 개인의 수명과 별로 상관관계가 없었다. 어떤 사람들은 아주 어려서 사망하고 어떤 사람들은 호호백발 할머니 할아버지가 되었다. 그러나 의료 혜택 덕분에 오늘날은 대부분 60세를 넘기는 게 기본이다. 21세기에 아기를 낳는 어머니들은 자녀가 늙어 연금 생활자가 될 때까지 살아 있을 것이다.

그럼에도 우리가 위험을 느낀다면 그것은 어찌 보면 너무 안전한 것에 익숙해져 있기 때문일지도 모른다. 사회학 연구에 의하면 사람들은 리스크가 없을수록 위험을 더 강하게 인지한다고 한다. 안전하면 안전할수록 안전에 대한 욕구는 더욱 커지는 법이다. 오늘날 매우 드물게 발생하는 소아 예방 접종의 부작용에 대한 신세대 부모들의 두려움이 정말로 소아마비가 위험했던 세대의 부모들이 느낀 두려움보다 더 큰 것도 그런 차원이다. 실제 온도보다 '체감 온도'가 중요한 것처럼 '체감 안전성'도 중요한 것이다.

각종 산업은 이 체감 안전성을 높이기 위해 노력한다. 의료보험의 중요성이야 말할 것도 없지만 보험회사가 제공하는 각종 보험에 눈을 돌리면 안전에 대한 선진국 시민들의 욕구가 얼마나 큰지 새삼 실감하게 된다. 독일에서는 자동차 안테나가 부러진 것도 자동차 종합 보험으로 처리된다. 새가 창문을 향해 돌진하여 창문이 깨지면 건물 보험이 처리해준다. 가까운 친척이 상을 당해 휴가 여행을 취소할 경우 손해를 보상해주는 보험도 있다.

사실 어떤 보험증도 심각한 손해에서 개인을 보호해주지 못하지만, 사람들은 안전에 대한 환상을 구매한다. 가까운 사람이 상을 당해 여행이 펑크 났을 때 보험금을 받아봤자 별 도움이 안 될지라도 어쨌든 보험에 들어놓는 것이 바람직해 보인다. 그것이 얼마나 유용한가와는 상관없이 말이다. 그에 반해 보험회사들은 가능하면 진짜 리스크는 보상 내역에서 배제하려고 노력한다. 라인강 범람 지역에 사는 사람은 건물 보험이 무의미한 것처럼 말이다.

보장이 광범위할수록 보험료는 비싸다. 일어날 수 있는 일의 50% 정도는 유리한 가격에 보험을 들 수 있다. 하지만 40%에 대한 보험료는 훌쩍 올라가며, 나머지 10%의 불쾌한 우연에 대해 안전조치를 취하고자 한다면 주머니를 털어야 한다. 마지막 10%의 안전성을 확보하는 것이 비용의 90%를 발생시킨다는 것은 모든 프로그래머와 엔지니어들이 아는 규칙이다.

예기치 못한 일들은 동일한 빈도로 나타나지 않으며 동일한 손해를 끼치지도 않는다. 전기 합선으로 불이 나거나 밥솥이 폭발하는 일은 엄청난 피해를 유발하지만 드물게 일어나는 일이다. 사고의 60% 이상은 청소나 다른 작업을 하다가 추락하는 등 소소한 집안일을 하다가 일어난다. 따라서 알루미늄 사다리를 자주 사용하는 사람은 안전조치를 철저히 취해놓아야 마땅하다. 더 나아가 화재로부터 안전을 확보하려면 방마다 화재경보기를 설치해야 한다. 그러나 이런 조치는 사다리보다 비쌀 뿐 아니라 낭비적이다. 언제 일어날지 모르는 화재를 위해 센서가 정기적으로 알람 상태를 점검하고 늘 대기 상태에 있어야 하기 때문이다. 이런 경우는 들어가는 비용보다 이득이 대폭 적다. 그런 장치가 소용이 없어서가 아니라, 화재는 추락보다 훨씬 드물게 일어나기 때문이다.

온실 속 화초는 연약하다

개인의 안전이 어느 정도로 보장되어 있어야 하는지, 사회는 어느 정도까지 안전을 보장할 수 있는지에 대해 사회 전반에서 매우 많은 논의가 이뤄지고 있다. 개인의 안전 보장에 기여하는 의미 있는 제도는 부당해고에서 근로자를 보호하는 근로자 보호법, 의무적으로 가입해야 하는 의료보험, 도움이 필요한 노인들을 위한 간병보험 등이 있다. 많은 사람이 이런 보호 대책에 의지하여 살아간다. 그렇지 않으면 예기치 않은 사고나 불행이 실존의 토대를 흔들어버릴 수 있기 때문이다. 불운한 일이 일어나지 않거나, 당사자의 힘으로 충분히 해결할 수 있는 일일지라도 조치를 마련하는 것은 개인의 복지에 도움이 된다. 우리에게는 아무 일도 일어날 수 없다는 느낌이 삶의 만족감을 주기 때문이다.

하지만 독일의 경우 가끔 안전조치가 지나치다는 생각이 들 정도다. 한순간도 놓치지 않고 자녀들의 안전에 전전긍긍하는 독일 부모들은 다른 나라에서 갓 세 돌이 지난 아이들이 자기 마음대로 뛰어노는 것을 보고서 경악을 금치 못한다. 그런 나라의 부모들은 자녀들의 안전에 무관심한 것일까? 그렇지 않다. 그들은 단지 아이들이 스스로 조심할 수 있을 거라 더 믿을 뿐이다. 아이들이 생각보다 위험을 더 잘 감지하고 피할 줄 안다는 것은 심리학 연구로도 증명된 바 있다. 독일의 지나친 안전주의 경향은 크게는 독일연방 정부의 정책에서 드러난다. 노인 대책에 관한 것이든 개인의 자산 투자에 관한 것이든 담당 부처는 시시콜콜한 규정을 만들어놓았다. 자산 투자에 관한 규정은 너무 복잡해서 일반인들은 도저히 이해하지 못할 정도다.

독일은 안전에서는 가히 세계 챔피언이다. 물론 노동보호법을 비롯한 많은 법 조항들은 매우 중요하다. 독일의 기술감독협회는 세계 시장에 진출하는 성공적인 수출 기업이 되었다. 하지만 도르트문트나 뮌헨에서는 차고에 환기시설 하나를 설치하는 데도 30개가 넘는 규정을 준수해야 하고, 그런 규정을 준수했는지 일일이 전문가의 확인을 받아야 한다. 그 어떤 나라도 환기시설을 공증하는 나라는 없다. 하긴 계단 하나를 만들 때도 엄청난 규정을 지켜야 하는 나라에서 환기시설을 규제하는 것은 놀랄 일도 아니다.

그에 대한 대가는 집을 지을 때 건축비가 많이 든다는 것뿐만이 아니다. 아이들을 늘 살펴야 하는 것이 힘들다는 것만도 아니다. 중요한 것은 이러한 과보호가 오히려 고집과 의존성을 키운다는 것이다. 또한 아이에게는 리스크를 다루는 훈련이 필요하다. 과보호 속에서 자란 아이들은 위험에 대한 감각이 떨어지기 쉽다. 독일의 표준 계단 규정에 따라 몇십 년 동안 18~19센티미터의 계단에 익숙해진 사람은 야무지지 못한 현장 감독이 2센티미터만 벗어나게 시공해도 비틀거려 넘어진다.

완벽주의는 독일인의 제2의 본성이 되어버렸다. 이런 특성은 분명 장단점이 있지만 변화하는 조건에 적응하기 힘들게 한다. 규정들은 경직성을 띤다. 하지만 오늘날처럼 기술이 급속도로 발전하고 동시에 세계가 긴밀하게 연결되어가고 있는 때에는 속도와 융통성이 정확성과 예측 가능성보다 더 중요한 게 아닐까?

복잡한 상황에서 잘못을 저지르지 않는 것은 절대 잘하는 것이 아니다. 잘못을 저지르지 않으려면 그만큼 속도가 떨어지고, 결과와 오류를 한 번이 아니라 여러 번 점검해야 하기 때문이다.

그런 완벽함을 위해서는 많은 대가를 지불해야 하며 그로 인한 낭비는 그로써 얻는 안전성을 능가한다. 킬의 경제학자 헤르베르트 기어슈는 "한 번도 비행기를 놓쳐보지 않은 사람은 그만큼 많은 시간을 공항 대합실에서 허비한 사람"이라고 말했다.

기어슈는 신뢰성을 너무 중시하는 것이 독일병[6]의 원인이라며 이런 독일병이 경제 성장의 저하와 실업의 원인이 된다고 지적한다. 기어슈는 유럽 대륙 전역에 퍼져 있는 이런 신드롬을 '유로 경화증' 이라고 부른다. 기어슈의 미국 동료 파울 크룩만은 이렇게 말한다.

"성공적인 국민 경제와 그다지 성공적이지 않은 국민 경제의 차이는 정치적인 데가 아니라 철학적인 데에 있다. 독일인들은 명확한 규칙을 좋아한다. 무엇이 옳고 무엇이 그른지, 가게는 몇 시에 열고 몇 시에 닫아야 하는지, 마르크화는 어느 정도의 가치를 가져야 하는지 모두 규정되어 있어야 한다. 그에 비교해 미국인들은 좀 날림이다. 미국인들은 대충 잘 돌아가면 된다고 생각한다. 밤 11시에 쇼핑할 수 있으면 그것도 뭐 좋은 일이고, 1달러가 때로는 80엔, 때로는 150엔이라도 나쁘지 않은 일이라고 생각한다."

기괴한 사건일수록 커지는 두려움

우리는 끔찍한 것일수록 더욱 위험하게 여긴다. 우리는 한때 광우병에 대한 억측 때문에 덜 익힌 스테이크를 먹기 꺼렸다. 뇌 속에 작은 구멍들이 생겨나기 시작하여 뇌가 스펀지처럼 변하고 신체의 중심

---

6 독일 통일에 따른 재정 적자 증가와 과도한 사회보장 시스템으로 기업과 국가의 부담이 커져 경제 위기를 겪었던 1990년대 중반부터의 독일의 문제 상황을 일컫는 말이다.

을 잡지 못하는 끔찍한 병, 결국은 자신이 누구인지조차 잊어버리는 병, 정말이지 생각만 해도 몸서리쳐지는 병이다. 그러나 사실 60억이 넘는 지구 인구 중에 광우병에 걸린 소에 의해 유발된 변종 크로이츠펠트 야콥 병으로 죽은 사람은 2003년 10월 기준으로 영국에서 139명, 그리고 다른 곳을 통틀어 여남은 명밖에 안 된다.[7]

우리는 드물고 기괴한 사건일수록 과대평가하도록 설계되어 있다. 그런 사건에 대한 경험이 부족하기에, 더욱 끔찍하게 여기고 주의를 기울이는 것이 자신에게 이롭기 때문이다. 또한, 우리는 친숙한 것보다 미지의 것에 더 주목한다. 이러한 특성은 진화적으로는 유용하지만 곧잘 히스테리로 변질된다는 문제가 있다. 오늘날 대중 매체는 어떤 사건의 위험성을 과도하게 보도해 전 세계를 삽시간에 공포의 도가니로 밀어 넣는다. 그리하여 사람들은 불필요한 스트레스를 받는다. 그리고 스트레스는 히스테리로 변하며 히스테리는 종종 공포의 대상이 지닌 실체보다 더 나쁜 결과를 불러온다.

상상에 의한 히스테리적인 질병으로 아시아와 아프리카에 퍼져 있는 '코로 신드롬Koro Syndrome'이라는 것이 있다. 코로 신드롬에 시달리는 사람들은 주로 남자들인데, 그들은 자신의 성기가 위축되어 몸속으로 들어가면 죽을 거라는 망상에 시달린다. 의학서에 정신병으로 기재된 이 '코로'는 끔찍한 결과를 초래할 수 있다. 1967년에 오염된 돼지고기가 시장에 나온 뒤, 싱가포르에 전염병이 발생했을

---

7   영국 NCJDRSUThe National CJD Research&Surveillance Unit 2021년 3월 자료에 의하면 영국 178명, 프랑스 28명, 그 외 국가에서 26명 집계되었다.

때 병원은 페니스에 상처를 입은 남자들로 가득했다. 전염병으로 인한 죽음의 공포에 휩싸인 나머지 페니스가 몸속으로 들어갈까 봐 젓가락이나 집게, 줄 같은 것으로 페니스를 붙잡고 있는 바람에 상처를 입은 것이었다.

50여 년 전 미국에서 케네스 아널드는 뜻하지 않게 집단 히스테리를 일으킨 장본인이 되었다. 1947년 7월 24일 아널드는 미국 워싱턴주에서 프로펠러 비행기를 몰고 가다가 약 30킬로미터 전방에서 빠른 속도로 날아가는 아홉 개의 이상한 비행물체를 목격했다. 그는 지역 신문사와의 인터뷰에서 그 비행물체들은 작은 제트기 정도의 크기였으며 뜀뛰기를 하듯이 아래위로 움직이고 있었다고 말했다. "찻잔 접시가 살랑거리는 호수에 떠가는 것처럼 말이에요"라고 흥분하여 말하기도 했다.

아널드의 기사는 미국 대부분의 신문에 실렸고 다음 날 그런 접시 모양의 비행물체를 본 적이 있다는 사람들의 신고가 전국에서 여러 건 접수되었다. 이어 캐나다, 영국, 호주, 이란에서까지 그런 비행물체를 보았다는 신고가 들어왔다. 미 공군은 15개월간 비밀리에 '접시 프로젝트'라는 작전을 펼쳤고, 목격된 비행물체는 구름이나 신기루, 새 떼를 잘못 본 것이라고 결론지었다. 하지만 그런 결론이 사람들을 잠재울 수는 없었다. 이 작전에서 미군 세 명이 목숨을 잃었는데 그중 한 명은 2만 피트 상공에서 소위 UFO로 보이는 물체를 추적하다가 추락했다.

진짜 위험은 따로 있다

접시 같은 비행물체나 코로 신드롬과는 달리 광우병, 사스나 에볼라 같은 전염병의 위험은 실제로 존재하는 것이다. 하지만 우리가 쏟는 주목에 비해 그 위험은 그리 크지 않다. 매스컴을 통해 어떤 위험한 시나리오가 소개되면 전 사회는 토끼가 뱀을 바라보듯 그것에 눈을 고정한다. 그렇게 되면 정치인들은 액션을 통해 책임감을 표명하는 수밖에 없다. 그리하여 광우병에 걸린 극소수의 소 때문에 전 유럽 대륙에서 200만 마리의 소가 도살되었다. 또한, 2003년 말 미국의 첫 광우병 소가 발견되자 30개국이 넘는 나라가 미국산 소고기의 수입을 중단하는 조치를 취했고, 미국의 소 사육업자들은 하루아침에 수출시장의 3분의 2를 잃었다. 사스는 2003년 초 많은 동아시아 국가들의 국민 경제를 뒤흔들었다.

이런 종류의 과민한 반응으로 해당 사회는 값비싼 대가를 치러야 할 뿐 아니라 일상 속에 편재되어 있는 진짜 위험을 보지 못하게 된다. 예를 들어, 잘못된 식습관과 비만으로 목숨을 잃을 확률은 광우병으로 목숨을 잃을 확률과 비교할 수 없을 정도로 높다. 독일에서는 아직 광우병 희생자가 한 명도 나오지 않았지만, 매년 4만 2000명의 독일인이 알코올로 인해 사망하고 있다.

그리고 담배는 또 어떠한가? 담배는 매년 11만 명을 죽음으로 몰아가는 것으로 추정된다. 광우병의 미미한 위험성 때문에 무시무시한 도살 축제가 벌어진 것에 반해, 담배는 예나 지금이나 금지가 불가능해 보인다. 담뱃갑에 커다란 글씨로 경고하고 있듯이 담배가 건강에 치명적이라는 사실을 의심하는 사람은 아무도 없다. 그러나 아무도 관심을 두지 않는 메시지는 경고의 구실을 하지 못한다. 위험을 실감할 수 없는 한 모든 통찰은 별 도움이 되지 않는다.

어떤 끔찍한 사건들이 종종 부당할 정도로 우리를 공포로 몰아넣는 이유는 그 위험이 피부로 느껴지기 때문이다. 캐나다 정부는 그것이 어떻게 이루어지는지를 보여주었다. 캐나다에서는 2000년부터 담뱃갑에 담배는 건강에 해롭다는 문구를 넣는 대신 담배의 유해성을 보여주는 사진을 넣도록 했다. 심폐기에 연결된 사람들의 사진과 입술 사이에 구강암이 창궐한 사진이었다. 이 사진으로 전국적으로 흡연자의 절반 가까이가 금연을 결정했고, 사진을 도입한 지 3년 후에는 흡연 청소년 수가 이전의 4분의 1로 줄어들었다.

따라서 지식이 아니라 상상이 체감 안전을 좌우한다. 생생하게 그릴 수 있는 위험은 더욱 사실적으로 다가온다. 소독제가 약물 중독을 일으킬 확률과 유성이 머리 위로 떨어질 확률은 상상보다 덜 와닿는다.

2차 세계대전 중의 한 일화는 전문가도 공포의 환상에서 벗어날 수 없다는 것을 보여준다. 독일군의 공습이 계속되던 어느 날 소련의 유명한 통계학 교수가 어쩐 일인지 지하 방공호에 모습을 드러냈다. 여태껏 그는 다음과 같이 말하며 대피한 적이 없었던 사람이다.

"모스크바 인구가 700만 명인데 어떻게 폭탄이 콕 집어 나한테 떨어지겠는가?"

놀란 이웃들이 그 교수에게 생각이 바뀐 이유를 물었다. 그러자 통계학 교수는 이렇게 대답했다.

"모스크바에는 700만 명의 사람과 한 마리의 코끼리가 살고 있어요. 그런데 어젯밤 그 코끼리가 폭격에 희생되었답니다."

ALLES ZUFALL

불확실한 세상을
살아가는 법

행복에 이르는 길은 단 하나,
자신의 의지로 어쩔 수 없는 것에 대한
걱정을 멈추는 것이다.

- 에픽테토스

Chapter 14

우연한 사고로부터
나를 지키는 법

카뮈의 부조리한 죽음

평생 부조리에 몰두한 알베르 카뮈는 죽음조차 부조리했다. 1960년 1월 4일 카뮈는 프로방스에서 출발하여 기차를 타고 파리로 귀환할 예정이었다. 하지만 카뮈는 그렇게 하지 않았다. 카뮈는 왜 기차를 타는 대신 출판사 사장의 조카 미셸 갈리마르가 새로 뽑은 스포츠카에 동승했을까? 카뮈는 평소 자동차를 싫어했는데도 말이다. 셍스 근처에서 미셸 갈리마르의 자동차는 시속 130킬로미터의 속도로 달리다가 가로수를 들이받았다. 카뮈는 그 사고의 유일한 사망자로 그 자리에서 즉사했고 갈리마르의 가족들은 차에서 튕겨 나가 목숨을 건질 수 있었다. 카뮈의 방한복 주머니에는 사용하지 않은 기차표가 들어 있었다. 생전에 카뮈는 "자동차 사고보다 더 부조리한 죽음은 없다"라고 말하곤 했다.

카뮈의 유명한 소설 『이방인』의 주인공은 알제리의 해변에서 우연히 만난 아랍인을 충동적으로 죽이고는 사형을 선고받는다. 법원은 그 살인을 죄질이 몹시 나쁜 것으로 여긴다. 우리 역시 누군가가 그렇게 무작위적으로 불행의 희생자가 되는 걸 받아들이기 힘들다. 끔찍한 일이 발생하면 우리는 왜 그런 일이 일어났는지 원인을 알고자 한다. 똑같은 죽음이라도 마지막 순간에 비행기 표를 바꾸었다가 비행기 추락 사고로 죽는 것보다 노환으로 침대에서 고요히 죽는 것이 받아들이기가 더 쉽다.

19세기 러시아 비밀경찰의 감옥에서 간수들은 수감자들에게 한 알만 장전한 리볼버 권총을 관자놀이에 들이대게 했다. 죄수들은 탄창을 팽그르르 돌린 다음 방아쇠를 당겨야 했다. 목숨을 놓고 벌이는 간수들의 잔인한 게임, 러시안룰렛은 가장 끔찍한 고문법이 아닐 수 없다. 예측할 수 없는 죽음에 대해 가공할 공포를 느끼게 하기 때문이다.

전염병이 무서운 것은 어떤 규명할 수 있는 틀이 없이 누구나 감염될 수 있기 때문이다. 테러가 사회를 그리도 경악하게 만드는 것은 비단 테러로 인해 많은 사람이 생명을 잃기 때문만은 아니다(사망자 수로만 따지면 2001년 미국에서 교통사고 사망자는 9·11 테러의 희생자보다 14배 많았다). 테러가 사람을 가리지 않고 무차별적인 희생자를 내기 때문이다.

가까운 사람이 죄도 없이 우연히 희생당하면 우리는 충격에 휩싸인다. 그러나 재난 없는 사회를 상상할 수 있는 사람은 없을 것이다. 우리는 해마다 독일에서 수천 명이 교통사고로 죽는 것을 평범한 일로 여긴다. 가까운 누군가가 이런 불행을 당할 땐 기가 막히고 왜 하필이면 그 사람이어야 했는지 묻는다. 이런 상황에서 우리는 절망한 나머지 우연의 법칙상 결국 누군가는 그런 고통을 당하게 되어 있다는 사실을 직시하지 못한다.

우연은 늘 급습한다

알베르 카뮈의 자동차 사고는 끔찍했지만 그래도 대충 이런 연유로 이렇게 되었겠구나 하고 설명할 수 있다. 하지만 그런 설명조차 불가능한 사고가 수백 명의 목숨을 앗아갈 때도 있다. 특히 당황스러운 것은 재앙이 처음 시작되었을 때는 누구도 계산하지 못했던 작은 일들이 함께 작용한다는 것이다. 2000년 11월 11일에도 그런 일이 일어났다. 아주 맑고 눈부신 날이었다. 스키 시즌의 개막을 축하하기 위해 수천 명이 스키와 스노보드 장비를 갖추고 알프스 지방의 카프룬으로 모여들었다. 10분이면 산 위까지 데려다주는 케이블 철도는 아침부터 만원이었다. 날이 몹시 추웠기 때문에 케이블 철도 기관사는 자신이 앉아 있는 반대쪽, 그러니까 맨 뒤쪽 기관석에 작은 온풍기를 설치했다. 가정에서 흔히 볼 수 있는 파키르 사의 '하비' 온풍기였다.

　그런데 온풍기는 결함이 있는 제품이었다. 육안으로 보이지 않는 작은 틈 때문에 방열 필라멘트와 환풍기의 결합이 느슨해졌고 이날 아침 우연히 두 개의 고정 나사 중 하나가 빠졌는데, 기차가 아래

역을 출발한 뒤 나머지 나사마저 풀려 환풍기는 아래쪽으로 떨어지고 말았다. 그러자 600도에 달하는 열선으로 온풍기에는 불이 붙었다. 누군가 그것을 발견했더라면 작은 불을 금방 끌 수 있었을 터였다. 하지만 기관사는 다른 쪽 끝, 즉 앞쪽 기관석에 앉아 있었다.

그럼에도 온풍기 뒤로 브레이크의 유압회로가 지나가지 않았더라면 그 사건은 참사로 이어지지는 않았을 것이다. 유압회로는 기관석의 제어 장치로 이어지고 브레이크 기능에는 별 영향을 미치지 않았다. 하지만 열로 인해 회로 안의 유압이 높아지기 시작했고, 케이블 기차가 산 위로 올라가는 기다란 터널에 들어서는 순간 유압회로는 압력을 견디지 못해 터지고 말았다.

이제 파국이 시작되었다. 기름은 180바$_{bar}$의 압력으로 불 속으로 뿜어져 나왔고 불은 삽시간에 기관석의 플라스틱과 바닥의 고무매트에 옮겨붙어 케이블 선을 타고 번졌다. 곧이어 150명에 이르는 승객들의 스키복이 불에 타기 시작했다. 불은 걷잡을 수 없이 번졌고 전기가 나갔으며 기차는 멈춰 섰다. 그러나 문은 열리지 않았다. 몇몇 사람들이 스키로 간신히 창문을 깨뜨리긴 했지만 그대로 빠져나온 대부분의 사람들은 지옥을 피해 본능적으로 터널 위쪽으로 뛰어올라갔다. 그러나 유독가스가 그들을 덮쳤고 심지어 멀리 떨어진 목적지 역에서까지 터널을 통해 올라온 가스에 세 명이 질식해 숨질 정도였다. 산 밑으로 몸을 피한 열두 명만이 겨우 목숨을 건졌다.

이런 재앙은 누구의 책임인가? 재판은 3년이나 계속되었다. 오스트리아 역사상 가장 큰 소송이었다. 열여섯 명의 피고인이 재판에 출두했다. 케이블 철도협회 기술부장, 엔지니어들, 기술 정기검사협회 검사원들과 공무원들. 하지만 62일간의 재판 후 법정은 그 누구에게도 책임을 묻지 못했다. 피고 모두에게 무죄가 선고되었다. 이참사로 가족을 잃은 사람들과 언론은 경악했고 독일 일간지 〈쥐트도이체 차이퉁Süddeutsche Zeitung〉은 '산속의 무죄'라는 제목 아래 그재판을 신랄하게 비판했다.

하지만 법정이 누구에게 죄를 물을 수 있었겠는가? 사고가 나기까지 그 기차는 무려 25년 넘게 고장 없이 운행되었다. 피고인들은차량 건조나 운행에 있어 어떤 규정도 어기지 않았다고 호소했으며,그것은 사실이었다. 철도 운행에 관한 오스트리아의 의무 규정은 세계에서 가장 까다롭기로 소문이 나 있었다. 불행한 우연이 꼬리를 물고 이어져 빚어진 참사를 입법자도 해당 전문가들도 예상치 못했다.

기계 전체를 한눈에 조망하고 있는 사람은 한 명도 없었다. 브레이크 선을 담당하는 사람은 온풍기를 몰랐고, 온풍기를 관리하는 사람은 브레이크 선을 신경 쓰지 않았다. 설사 두 가지 모두를 안다 해도 이런 문제가 발생할 줄은 예상하지 못했을 것이다. 보통의 경우유압회로는 케이블 철도의 안전에 그리 중요하지 않으니까 말이다.게다가 약한 전류로 가동되는 온풍기는 별로 위험하지 않은 하찮은물건일 따름이었다.

기술자에게 책임이 있는 참사는 별로 없는 법이다. 예측할 수 있는 위험은 피할 수 있다. 대부분 재난은 하찮은 것들이 예기치 않게얽혀서 일어난다. 20세기의 굵직굵직한 기술 사고를 분석한 미국의전문 저널리스트 제임스 차일스는 이렇게 말한다.

"중요하지 않은 실수와 치명적인 실수의 차이는 대부분은 실수 자체가 아니라 그 실수가 어떤 연관에서 발생했는가에 달려 있다."

온풍기 자체는 그리 위험하지 않다. 유압회로도 마찬가지다. 그러나 그 둘이 합쳐지면 살인적으로 변한다. 게다가 불이 붙기 쉬운 발 매트와 케이블 선이 가세하면 상황은 더욱 악화한다. 이런 상황이 겹치면 위험할 수도 있음을 누가 예측할 수 있었겠는가. 카프룬의 엔지니어들의 패인은 기계를 잘못 만든 것이 아니라 절대적으로 안전하다는 잘못된 확신에 있다. 이 불행의 기차에는 소화기도, 비상시에 창문을 깨뜨릴 수 있는 해머도 없었다. 아무도 화재가 일어나리라고 예상하지 못했기 때문이다. 모든 규정을 꼼꼼히 준수한 케이블 철도협회는 모든 위험을 제거했다고 생각했다. 경영책임자는 법정에서 "나는 카프룬의 케이블 기차가 세상에서 가장 안전한 교통수단이라고 생각했습니다"라고 말했다. 관계자들은 작가 크리스티안 모르겐슈테른이 20세기 초에 비웃었던 바로 그대로 행동했다. 모르겐슈테른은 이렇게 말했다.

"그는 '그건 바로 있어서는 안 되는 일은 있을 수 없기 때문입니다'라는 단도직입적인 말로 끝을 맺었다."

그리고 이 생각이 155명을 죽음으로 내몰았다.

사소한 일이 만들어낸 재앙

저널리스트 차일스는 이와 같은 불행을 '시스템 붕괴System-bruch'라고 부른다. 이 개념은 건축 용어에서 따온 것으로 강철 용마루의 아주 미세한 금이 점점 더 커지다가 용마루가 무너지고 결국은 전체 건물이 붕괴한다는 것이다. 카프룬의 재난도 이렇게 일어났다. 결함이 있는 온풍기가 브레이크 선의 기름을 불붙게 하면서 시작된 불길은 서서히 퍼지다가 터널 속에 유입되는 공기를 통해 걷잡을 수 없이 번졌다. 재앙은 이처럼 단계적으로 진행된다.

중요한 것은 시스템이 재난의 각 단계를 밟아가면서 계속해서 균형을 잃는다는 것이다. 도미노 게임에서는 줄 맞춰 놓은 패가 쓰러지면 각각 옆에 있는 패들도 차례로 쓰러진다. 시스템 붕괴는 이보다 더 심각하다. 차례대로가 아니라 갑자기 모든 패가 동시에 무너져 내리는 것과 비슷하다. 시스템 붕괴는 독자적인 역동성을 가지므로 예측할 수 없다. 애초에 그런 붕괴의 원인은 별것 아닌 우연인 경우가 많다.

2000년 파리에서 콩코드기가 호텔에 추락했을 때 그 사고의 최초 원인은 방금 전에 이륙한 다른 비행기가 샤를 드골 공항 활주로에 떨어뜨린 금속 조각이었다. 초음속 비행기가 활주로를 달리자 그 작은 조각은 연쇄반응을 일으켜 시스템을 차례차례 파괴했다. 먼저 타이어가 터지며 찢긴 타이어 조각이 날개 아래에 있는 탱크로 내동댕이쳐졌고 그 충격파로 탱크가 터졌다. 그다음 등유가 흘러나왔고 왼쪽 동력장치가 공기 대신 흘러나온 등유를 빨아들이는 바람에 왼쪽 동력장치는 불을 뿜으며 더 이상 제 기능을 수행하지 못했다.

조종사 크리스티앙 마르티는 생애의 마지막 2분간 무엇을 할 수 있었을까? 그가 조종실에서 왼쪽 동력장치에 화재 경고가 깜빡이는 것을 보았을 때 비행기는 이미 200미터가량 연기 꼬리를 달고 전진하고 있었다. 하지만 터빈은 불을 내뿜긴 했지만 타고 있지는 않았으므로 화재 경고는 잘못된 것이었다. 마르티는 화재 경보를 보고 왼쪽 동력장치를 껐고 109명의 승객과 승무원을 태운 비행기는 중심을 잃고 추락했다.

다양한 비극과 참사를 연구해온 미국의 기술사회학자 찰스 페로의 견해에 따르면, 위험은 그다지 눈에 띄지 않는 개별적인 부분이 긴밀하게 연결되면서 확대된다. 우리가 만들어내는 세계가 복잡할수록 우리는 행동의 결과를 더욱 예측하기 힘들며, 안전한 것과 위험한 것을 구별하기가 더 힘들어진다. 이는 점점 광범위해지는 기술이 만들어내는 가능성이 너무나 크기 때문이다. 비행기 조종실에는 40개 남짓한 스위치가 있지만, 이 스위치로 1조 개가 넘는 연결을 'on', 'off' 할 수 있다. 그중 대부분은 문제없이 기능한다. 그러나 어떤 것은 위험할 수 있다. 하지만 무엇이 위험할지 어떻게 예측한단 말인가?

그리 고도의 기술이 필요하지 않은 케이블 철도만 해도 수천 개의 부품으로 이루어진다. 그래서 온풍기와 브레이크 선이 만나면 어떤 치명적인 결과를 가져올 수 있는가를 비롯한 만일의 경우를 모두 고려한다는 것은 불가능한 일이다.

왜 꼭 양말은 한 짝씩 사라질까?

옷장 속은 마법에 걸린 것이 분명하다. 양말은 꼭 한 짝씩 어디론가 사라져버리고 전부 짝짝이로 돌아다닌다. 우리는 그 이유를 설명하지 못한 채 두 가지 가능성 앞에 놓인다. '왜 내 눈에는 나머지 한 짝이 보이지 않는 걸까?' 하며 자신의 인지감각을 의심하거나, 신경질을 부리며 배우자와 하늘을 원망하거나.

이런 짜증 나는 상황의 배후에는 양말의 결합과 관련된 확률이 숨어 있다. 양말이 빨래 건조대에서 떨어지거나 세탁기 뒤쪽 틈으로 들어가거나 하여 양말 몇 개가 사라져버린 후 남은 양말들이 모두 짝이 맞는다는 건 거의 불가능한 일이다. 영국의 물리학자 로버트 매튜는 이를 확률로 계산했다. 열 켤레의 양말 중 여섯 짝이 없어졌다고 하자. 그때 가장 나쁜 결과(네 켤레만 짝이 맞고 나머지 여섯 짝은 각자 돌아다니는 것)가 발생할 확률은 가장 좋은 결과(사라진 여섯 짝이 서로 짝이 맞는 세 켤레라서 나머지 일곱 켤레가 짝이 맞는 것)가 일어날 확률보다 심지어 100배 높다.

슈퍼마켓에서 우리가 서 있는 줄이 가장 느리게 줄어드는 현상도 간단하게 설명할 수 있다. 슈퍼마켓의 계산대 앞에 줄을 서서 오른쪽 왼쪽을 쳐다보면 대부분은 다른 줄이 더 빨리 줄어들어 조바심이 난다. 그렇다면 우리가 서 있는 줄까지 합해서 모두 세 줄이 있다고 하자. 확률적으로 계산해서 우리 줄이 가장 빨리 줄어들 확률은 3분의 1밖에 되지 않는다. 계산대가 많을수록 확률은 더 낮아지고, 더욱 화가 나는 결과를 초래할 수밖에 없다.

미국의 비행기 엔지니어 에드워드 A. 머피는 2차 세계대전 후 실험 중 결정적인 순간에 측정기가 고장 나자 "잘못될 가능성이 있는 일은 꼭 잘못된다"라고 말했다. 끊임없이 우리의 다리를 걸어 넘어뜨리고, 희생자로 만드는 것은 운명이나 누군가의 무능력이 아니라 가차 없는 확률의 법칙일 따름이다. 머피를 불멸의 존재로 만들어준 이 문장에 대해 머피의 미망인은 머피가 약간 다르게 말했다고 주장했는데, 바로 다음과 같은 문장이다.

　"어떤 일을 하는데 한 가지 이상의 방법이 있고 그 방법 중 하나가 재난을 초래한다면 반드시 그 방법을 사용하는 사람이 있게 마련이다."

네트워크의 위험성

오래전부터 컴퓨터를 비롯한 갖가지 전자제품에 쓰이고 있는 소프트웨어는 머피의 법칙에 특히 잘 걸려든다. 비행기, 자동차, 휴대전화, 식기세척기, 장난감 등을 만들며 기술자들은 가능한 한 역학을 전자공학으로 대치하였다. 칩은 마모되지 않으므로 그렇게 하는 게 더 값싸고, 더 안전하기 때문이다. 그리하여 우리는 숨어 있는 위험을 잊은 채 프로그램에 종속되어 있다.

　소프트웨어의 작은 결함에 문제가 생기는 경우 손해는 아주 크다. 로봇은 정신 나간 행동을 하고, 인터넷 연결망이 와해되고, 전류

공급이 끊기고, 은행이 붕괴되고, 로켓과 비행기가 추락한다. 조종 컴퓨터 프로그램의 작은 오류 때문에 추락한 유럽의 로켓 아리안 5가 그랬고, 1991년 오스트리아 라우다 공항에서 승객 223명과 함께 추락한 최신형 보잉 767이 그랬다. 이 사고에서 기술자들은 전기 동력 추진 조종에 드물게 쓰이는 기능까지는 충분히 테스트해보지 않았던 것이다.

복잡성이 고장으로 이어지는 현상은 우리의 책상 위에서도 경험할 수 있다. 1981년 마이크로소프트 사가 내놓은 MS-DOS는 4,000개의 명령어로 구성되어 있어, 결코 소프트웨어 기술의 걸작품은 아니었다. 하지만 대부분 문제없이 작동했다. 그 이후 프로그램의 규모와 조망 불가능성은 1만 배 정도 불어났고, 프로그램이 사용자의 뜻대로 작동하지 않을 확률도 높아졌다. 현재 사용되고 있는 윈도 XP는 거의 3,000만 개의 명령어를 포괄하는데, 마이크로소프트 사의 어느 누구도 그 안에 얼마나 많은 오류가 숨어 있는지 알지 못한다. 마이크로소프트 사는 예기치 않게 시스템이 다운되는 등의 불안정한 현상과 이미 오래전에 평화조약을 체결했다. 그리하여 두세 달에 한 번씩 그동안 발견된 문제들을 치료하는 새 CD-ROM이 고객들에게 공급된다.

명령어 1,000개당 알려지지 않은 오류 서너 개만 있어도 프로그램은 예측 불가능하게 작동한다. 기업들은 덜 익은 상태의 소프트웨어를 시장에 출시하여 많은 돈을 벌고 있다. 하지만 컴퓨터 사용 중계속 불미스러운 일을 겪게 된다고 빌 게이츠와 마이크로소프트 사를 욕하는 것은 부당하다. 결국 점점 더 성능 좋은 컴퓨터를 원하는 것은 바로 소비자이기 때문이다.

정보학의 아버지 앨런 튜링은 이미 이런 사태를 예견했다. 튜링은 어떤 상황에서도 프로그램은 오류에서 자유로울 수 없음을 입증했다. 오류 가능성을 완벽하게 테스트하려면 사용자는 애초부터 소프트웨어로 얻을 수 있는 모든 지식을 소유한 상태여야 하는데, 그것은 불가능하다.

성능 좋은 컴퓨터일수록 데이터는 점점 키보드 앞에 앉아 있는 사람이 아닌 기계 자체에서 나오게 마련이다. 기계는 계속적으로 사용자와는 무관한 삶을 전개해 나간다. 튜링의 통찰은 인터넷을 사용하는 것이 어째서 더 잦은 고장을 유발하는지를 여실히 설명해준다. 세계적인 인터넷 연결망과 더불어 컴퓨터의 복잡성은 한 단계 올라간다. 장애가 전 지구를 통해 급속도로 확산될 수 있게 되었으며, 사용자는 어떤 데이터가 자신의 컴퓨터에 도달하는 것을 거의 막지 못한다.

소프트웨어에 추가적인 안전장치를 다는 것은 별 도움이 안 된다. 안전성을 확보하기 위한 모든 코드는 컴퓨터를 더욱 부풀리고 새로운 오류의 근원이 되기 때문이다. 튜링도 인식했던 이유에서 프로그램을 감시하는 것은 거기서 얻고자 하는 결과를 계산하는 것보다 더 소모적이다. 그리하여 우리는 컴퓨터가 때때로 우연한 행동을 할 수밖에 없다는 사실을 받아들이고 그나마 컴퓨터가 그리 자주 다운되지는 않는다는 것으로 만족할 수밖에 없다.

우주와 고물 컴퓨터

오늘날 미국은 소프트웨어의 오류로 연간 1,000억 달러 이상의 손해를 보고 있다. 컴퓨터가 보급되고 네트워크화가 심화될수록 손실은 더 늘어날 것이다. 시스템이 다운되는 가장 큰 이유는 진보된 기술이 가져온 빠른 속도 때문이다. 새로 출시되는 컴퓨터의 성패는 속도에 달려 있으므로 개발자들은 진퇴양난에 처해 있다. 오늘날 개발자들은 이전에 출시된 버전의 시장이 채 무르익기도 전에 새로운 컴퓨터를 내놓고 있다. 그 결과 선천적으로 중대한 결함을 가지고 태어나는 컴퓨터가 생기게 마련이다. 여러 세대의 펜티엄 프로세서들처럼 말이다.

문제 해결 방법은 명백하다. 아주 복잡해서 어떻게 행동할지 예측이 불가능한 시스템에서는 가능하면 많은 상황에서 그 시스템이 어떻게 행동할지를 아는 것만이 도움이 된다. NASA는 이런 생각을 바탕으로 우주 정거장에 386 컴퓨터를 배치하고 있다. 우주 비행사들의 생명이 컴퓨터에 달려 있음을 감안한 선택이다. 지상에서는 이제 거의 쓰이지 않지만 오랜 역사를 자랑하는 386 컴퓨터가 가장 안전하다. 그래서 우주 비행사들은 성능은 떨어지더라도, 이전에 이 컴퓨터를 사용했던 수백만 명의 누적된 경험으로 이득을 얻는다. 어쨌든 지난 몇십 년간 미국의 우주비행 역사에서 적어도 컴퓨터로 인한 사고는 발생하지 않았다.

모질라 재난은 그런 신중한 행동이 결코 진보를 포기하거나 늦추는 것이 아님을 보여주었다. 세계적인 프로그래머들의 연합으로 마이크로소프트 사의 익스플로러를 대치할 인터넷 브라우저를 개발하는 모질라의 소프트웨어는 성장하는 식물처럼 끊임없이 변한다. 중요한 것은 프로그래머들이 시스템에 대한 정보를 계속 보완해 나간다는 것이다. 프로그래머들은 매달 개선된 프로그램을 사용자에게 배포한다. 수천 명의 컴퓨터광들은 심지어 매일 밤 자신들의 컴퓨터에 새로운 버전을 띄우며, 브라우저가 다운되면 인터넷을 통해 프로그래머에게 자동적으로 신고가 이루어질 수 있도록 한다. 포괄적인 계획과 야심찬 멀리 뛰기 대신 한 걸음 한 걸음 더듬어가는 방법을 택한 것이다. 그리하여 프로그램 개발자와 소프트웨어가 다운되는 것 사이의 경주는 토끼와 고슴도치처럼 서로 눈곱만큼씩 앞서거니 뒤서거니 하고, 사용자와 모질라는 이구동성으로 현재의 브라우저를 가장 최상으로 꼽는다.

우연한 사고를 인정하는 법

벤치에서 대기하는 후보 선수를 동반하지 않고 경기에 나가는 축구팀은 없다. 하지만 후보 선수를 포함한 모든 선수가 필드에 나갈 확률은 극도로 적다. 미드필더 셋의 컨디션이 한꺼번에 좋지 않고, 공격수와 수비수 몇 명이 파울을 범하여 동시에 퇴장당하는 일이 쉽사리 벌어질 수 있겠는가? 하지만 늘 최악의 경우를 계산하고 있어야 하는 법이다.

많은 선수들을 대동하고 다니는 감독은 실수에 대해 관대하게 행동하고 있다고 볼 수 있다. 한 걸음 한 걸음 돌다리를 두드리며 가는 모질라의 방법 다음으로 파괴자인 우연을 꼼짝 못하게 하는 두 번째 전략은 바로 그것이다. 오류에 관용적인 태도를 취하는 것.

오류 또는 실수에 관용적인 사람은 고장을 배제할 수 없음을 염두에 둔다. 책임 보험에 들거나 안전벨트를 매는 것은 실수를 관용하는 행동이다. 고양이가 키보드 위를 뛰어다녀도 다운되지 않는 프로그램을 만드는 엔지니어나 높이 매달린 밧줄 아래 그물망을 쳐놓는 서커스 단장도 마찬가지다. 그들 모두는 우연을 배제하지 않으며, 우연으로 발생할 달갑지 않은 결과를 최소화하고자 한다.

더 복잡한 시스템에서 오류를 관용하는 것은 곧 시스템 붕괴를 막는 것이다. 이것은 어떤 해가 더 이상 확산되지 않도록 차단함으로써 이루어질 수 있다. 위험 물질을 취급하는 공장에서는 각각의 위험 물질 취급 센터들을 서로 멀찌감치 떨어뜨린다. 그리하여 어느 한 군데에서 폭발사고가 나도 다른 건물까지 피해를 입는 일을 막는 것이다. 새로운 탄두 개발에 대비한 미 해군의 조처도 비슷하다. 새로운 전함은 만약 탄약고에 폭격을 맞더라도 전투 능력을 유지하도록 만들어진다.

폭발물을 취급하는 공장이나 전함에서 완벽한 안전성을 확보하는 것은 불가능하다. 완벽한 안전성을 목표로 삼는 대신 가능하면 위험이 확산되지 않도록 오류에 관용적인 계획을 세울 수밖에 없다. 이런 전략은 다른 복잡한 체계에도 적용된다. 그에 반해 리스크 제로에 대한 도전은 더 위험할 수 있다.

이것은 카프룬의 참사에서 배울 수 있는 값비싼 교훈이기도 하다. 어떤 상황에서도 터널 안에서 화재가 나는 일이 없어야 한다는 전제가 있었다면 케이블 철도는 결코 운행될 수 없었을 것이다. 그런 안전성을 입증하는 것은 불가능하기 때문이다. 그러나 관계자들은 기차가 절대적으로 안전하다고 착각했고, 기차 안에 소화기를 가져다놓을 생각은 꿈에도 하지 못했다.

모든 불행을 제거하고자 하는 대신 불운한 일이 가져오는 피해를 최소화하고자 하는 것이 얼마나 효과적인지는 독일과 영국의 열차 사고를 비교해봐도 알 수 있다. 독일 철도는 영국 철도보다 안전성에 있어서는 한 수 위였다. 하지만 1998년 6월 3일 독일 에셰데의 열차 탈선사고로 101명이 사망했고, 그 중 4분의 3이 심각한 뇌 손상으로 사망했다. 탈선한 ICE 안에서 이리저리 휘둘리면서 좌석과 벽에 머리를 부딪혔던 것이다.

3년 후 북잉글랜드의 셸비에서 고속 열차와 화물 열차가 충돌하는 사고가 일어났다. 두 열차가 정면 충돌했기에 충돌 에너지는 에셰데 사고보다 두 배는 더 컸다. 하지만 사망자는 10명에 불과했고 100명이 넘는 사람들이 목숨을 건졌다. 그것은 기차의 구조 덕분이었다. 영국 기차는 대부분의 좌석 사이에 테이블이 있어 그 테이블이 충돌 시 안전벨트처럼 승객들을 좌석에 고정시켜주는 작용을 했던 것이다. 또한 좌석의 등받이는 매우 유연해서 부딪히면 휘어지도록 설계되어 있었다. 그래서 셸비의 사고 기차 승객들은 대부분 경상에 그쳤다.

우연의 파괴력을 줄이는 법

시스템 붕괴는 인간의 몸속에서도 일어난다. 가령 체세포 안의 유전자가 우연히 돌연변이가 되면 암이 발생한다. 처음에 돌연변이는 100만 분의 1밀리미터보다 더 작은 원자 몇 개에서만 일어난다. 하지만 알 수 없는 이유로 치료 메커니즘이 제대로 기능하지 못하면 파괴된 세포들은 걷잡을 수 없이 증식한다. 그리하여 종양이 자라나고, 그것이 전신에 퍼진다. 처음의 돌연변이에서 환자의 죽음까지는 수십 년이 걸릴 수도 있다. 그리하여 초기에는 까마득히 모르고 있다가 나중에 발견했을 때는 의사들도 손쓸 수 없는 지경이 되기도 한다.

하지만 이런 비극은 예외적인 경우다. 돌연변이는 어느 누구의 몸에서나 계속 일어나기 때문이다. 그리고 이런 돌연변이는 대개 아무런 영향을 끼치지 못한다. 유전자의 실수는 저절로 개선되거나 최악의 경우 문제가 확산되지 않도록 해당 세포들이 자동적으로 자살 프로그램을 실행하기도 한다. 그럼에도 종양이 커진다면 그것이 더 커지지 않도록 그쪽으로의 혈액 공급이 줄어든다.

이외에도 우리가 알지 못하는 안전 메커니즘이 더 많이 있을 것이다. 우리 몸은 아주 복잡한 구조물이라서 분자생물학이 아무리 발전한다 해도 체내에서 조절되는 모든 시스템을 알아내는 것은 불가능하다.

하지만 엔지니어들은 신체에서 몇 가지를 배울 수 있다. 신체는 엔지니어들이 설계하는 대부분의 기계들과는 다른 원칙으로 구성되어 있다. 즉, 지금까지 존재했던 그 어떤 기술보다 고장이 없도록 만들어져 있다. 유기체 안의 과제는 수많은 세포들이 각자 분담하고 있다. 그리고 각각의 세포는 막을 통해 외부세계와 단절되어 독립적인 기계처럼 작동한다. 매일 우리가 의식하지 못하는 사이에 수천 개의 세포가 사멸하고, 또 새로 생겨난다. 심지어 신장 하나를 떼어 주고 뇌의 일부가 손상되어도 계속 살 수 있다. 뇌 손상이 발생하면 종종 이웃한 세포들이 뛰어들어 손상된 부분이 담당하던 일을 떠맡는다.

이는 중앙권력이 유기체 안의 일을 지배하지 않기 때문에 가능하다. 사고 실험은 이런 역할 분담의 구조가 얼마나 월등한지 보여 준다. 우리 뇌가 컴퓨터처럼 구성되어 있다면 뇌 속에는 모든 뇌 기능을 조절하는 중앙 프로세서가 있을 것이다. 그렇게 되면 예기치 않은 우발 사건이 전체 시스템의 다운을 유발할 수 있고 치명적인 결과를 일으킬 수 있다.

짐을 되도록 많은 사람이 나눠 들으면 우연의 파괴력은 줄어든다. 이것은 복잡한 구성물에서 안전성을 확보하기 위한, 가장 효과적인 전략 중 하나다. 엔지니어들은 오늘날 이런 원칙을 이용하고 있다. 그리하여 에어버스 A320에는 네 대의 컴퓨터가 각각 승강타를 확인하고 있고, 네 대 모두 다운되는 날에는 부가적으로 전기역학적 조종을 할 수 있다.

스페이스 셔틀은 한 걸음 더 나아가, 서로 독립적으로 기능하고 서로 다른 팀에 의해 프로그래밍된 컴퓨터 세 대가 우주 비행을 조종한다. 때로 컴퓨터들이 서로 다른 결과를 내놓으면 결정은 다수결로 이루어진다. 이런 민주적 전략은 프로그램의 오류로 셔틀이 추락할 위험을 줄인다.

완벽한 안전은 없다

1977년 3월 12일 라스 팔마스 공항에서 폭탄이 터지는 바람에 미국의 점보제트기와 네덜란드 KLM의 점보제트기가 테네리파에 비상착륙해야 하는 일이 발생했다. 두 비행기의 승무원들은 예기치 않았던 중간 착륙이 못마땅했다. 미국인들은 벌써 10시간 넘게 비행한 뒤라 피곤한 상태였고, 네덜란드인들은 퇴근 시간에 맞추어 암스테르담에 도착하지 못할까 봐 마음이 조급했다.

드디어 라스 팔마스 공항이 개방되자 우선 네덜란드 비행기가, 그 다음 미국 비행기가 출발해야 했다. 그런데 그 사이 섬에는 짙은 안개가 드리워져 있었다. 네덜란드 KLM 제트기가 활주로 끝에 이르러 방향을 선회했을 때 기장인 야콥 반 잔텐은 이륙 명령을 내렸다. 나중에 블랙박스에 녹음된 승무원들의 대화를 들어보면 부조종사들은 아직 관제탑의 허가가 떨어지지 않았다고 이의를 제기했다. 보드엔지니어들도 팬아메리칸월드 항공 비행기가 출발 지점으로 가기 위해 활주로에 있지 않으냐고 물었다. 하지만 반 잔텐은 무뚝뚝한 목소리로 그 의견을 무시하고 출력을 최고로 높일 것을 지시했고 부조종사와 엔지니어는 의견을 굽혔다. 그리고 5초 후, 팬아메리칸월드 항공기의 조종사는 네덜란드 비행기가 안개를 뚫고 자신의 비행기 쪽으로 질주해오는 것을 보았다. 피하려는 시도는 허사였고 583명이 즉사했다.

기장인 반 잔텐이 너무나 안전을 확신했기에 두 점보제트기의 승객들은 목숨을 잃었다. 반 잔텐은 부조종사들이 비행이 안전한지 다시 한 번 확인할 틈을 주지 않았다. 활주로에서 충돌할 거라 꿈에도 생각한 적 없기 때문이다. 카프룬의 참사도 마찬가지다. 케이블 철도 기관사들은 기차에서 화재가 날 줄은 상상조차 못했다. 비슷한 예로 알프스 산에서 발생하는 대부분의 사고는 가파른 암벽에서 일어나지 않는다. 엄청난 난이도의 암벽을 오르는 사람은 몸을 자일로 묶는 등 조심하게 마련이다. 산에서의 사고는 오히려 경험이 없는 사람이 험하지 않은 곳에서 자기 분수를 알지 못하고 방심할 때 일어난다.

1980년대 브레이크 잠김 방지 시스템Anti-lock Braking System이 장착된 첫 자동차들이 거리를 달리게 되자 경찰과 보험회사는 긴장했다. 새로운 시스템은 기술적으로는 성공적이었다. 이 시스템이 장착된 차는 일반 자동차보다 미끄러지는 일이 적었다. 하지만 그로써 사고를 줄일 수 있다는 생각은 착각이었다. 새로운 기술이 장착된 차의 사고율은 구식 모델 못지않았다. 이 시스템이 장착된 차의 운전자는 주의 집중을 덜할 뿐 아니라 더 공격적으로 운전했기 때문이다. 심리학자들은 그것을 '리스크 보상 효과'라 부른다. 신이 나면 우쭐해서 분에 넘치는 행동을 하게 된다는 것이다.

리스크를 보지 못할 때 우리는 실수를 범한다. 우리의 뇌는 안심하는 순간 집중력이 떨어지도록 만들어졌기 때문이다. 불안과 주의 집중은 마치 동전의 양면처럼 동시에 존재하지 않는다. 어딘가에 위험이 있다고 느껴지는 순간 뇌간에서 출발하여 뇌 하부를 가로지르며 의식이 깨어 있게 만드는 뉴런의 네트워크가 활동한다. 그 때문에 걱정거리가 있으면 쉽게 잠이 오지 않는다. 이런 망상조직의 활동은 집중력을 높이고 근육을 긴장하게 하며 대뇌피질을 활성화시킨다. 이런 상태에서 우리는 우연한 일에 더 빠르고 적절하게 대처할 준비가 된다.

그러므로 우리는 불안을 두려워할 이유가 없으며, 오히려 불안을 느낄 수 있다는 사실에 감사해야 한다. 불안이 너무 지배적일 때는 사람을 마비시키지만 대부분은 배후에 머물러서 안전한 행동을 도모한다. 눈 깜짝할 사이에 가뿐히 항공모함에 착륙하는 전투기 조종사들의 놀라운 능력은 이런 잠재적 불안이 초래하는 흥분 상태에 기인한다. 그래서 무대 공포증은 오히려 많은 배우에게 도움이 된다. 무대 공포증이 전혀 없어서 긴장이 풀리면 집중력이 떨어지고 결국은 뇌 능력이 감퇴한다. 의식의 통제 없이 틀에 박힌 일이 진행되면 우리는 실수를 한다.

적절한 긴장이 필요하다

1995년만 해도 미국의 교통부장관 페데리코 델 라 페나는 '항공 교통과 관련하여 우리의 유일한 목표는 무사고 비행'이라며 '리스크 제로'를 공약했다. 하지만 워싱턴과 뉴욕의 항공기 테러, 뉴욕 퀸스

구역의 항공기 추락 사고 후 그 공약은 먼 시대의 구호처럼 들렸다. 기업들은 완벽한 안전성에 대한 희망을 포기했다.

우연히 일어나는 수많은 사고를 막기 위해서는 우연을 인정해야 한다. 어떤 위험도 일어날 수 있다는 사실을 항상 염두에 두고 있어야만 이에 대해 대처할 수 있기 때문이다. 일이 매끄럽게 돌아가면 우리는 리스크를 더 이상 예상하지 않고, 주의 집중력은 거의 잠들게 된다. 그리고 잠에서 깨어났을 때 우리는 더욱 비참한 현실을 목격한다. 2001년 9·11 테러 역시 마찬가지다. 미국에 사는 어느 누구도 비행기가 납치당할 것이라고는 꿈에도 생각하지 않았고, 공항의 검문 검색도 아주 느슨했기에 네 대의 비행기가 동시에 테러리스트의 손에 넘어갈 수 있었다.

감지할 수 있는 리스크가 없는 환경은 위험하다. 프랑스의 르네 아말베르티 같은 안전 전문가들은 우발적인 사건을 제거하려 하지 말고 자신을 무장하라고 말한다. 우리는 언제나 아브라함의 무릎에 기댄 것처럼 안전함을 느끼고 싶지만 이성은 우리에게 그런 환상에서 거리를 두라고 충고한다. 스토아적인 초연함에 이르라는 의미가 아니라, 우발적인 사건과 더불어 살아가려면 위험에 대비하며 살아야 한다는 뜻이다.

한 가지 예로 공항 탑승 게이트에서 가방과 몸을 수색하는 절차를 들 수 있다. 검문은 사실 가방을 투시하고 금속탐지기가 설치된 문으로 승객들을 통과시키는 것만으로 충분하다. 이 문을 통과한 사람은 금속으로 된 무기를 소지하고 있지 않음이 분명하다. 그럼에도 탐지기는 불규칙적인 시차를 두고 신호를 보내고, 그때마다 안전요원은 승객이 불법 소지품을 가지고 있는지 손으로 직접 수색해야 한다. 안전요원들이 주의 집중을 게을리하지 않도록 하기 위해서다.

우연으로부터 우리를 보호하려면 우리는 늘 파괴자인 우연의 존재를 염두에 두어야 할 것이다. 약간 불안할 때가 가장 안전하다.

Chapter 15

불확실한 세상에서
좋은 선택을 하는 법

어떻게 선택할 것인가

회사에 출근했는데 멋진 일이 일어났다. 인사부에서 여러분에게 작
년에 쓰지 않은 휴가가 열흘이나 누적되어 있으니 사라지기 전에 빨
리 쓰라고 말한 것이다. 상사 역시 여러분이 2주 동안 휴가를 떠나
는 것에 대해 별 불만이 없고, 배우자는 뜻밖의 휴가에 무척 기뻐한
다. 하지만 어디로 휴가를 가지? 인터넷에서 당장 떠날 수 있는 여행
상품을 검색해본다. 프랑스에 있는 리조트를 갈까? 크레타 섬의 콘
도를 갈까? 아니면 토스카나의 시골 호텔로 갈까?

　선택은 힘들다. 누구나 결정을 힘들어하므로 영리한 사람들은
빠른 결정을 돕는 절차를 고안해 제안했다. 결정에 앞서 아래 단계
를 거치는 것이다.

ⓐ 행동 방안들을 나열한다.

ⓑ 각각의 행동 방안이 초래하는 결과를 확인한다.

ⓒ 이런 결과가 일어날 확률이 얼마나 되는지를 평가한다.

ⓓ 결과들의 의미나 유익을 따져본다.

ⓔ 이 모든 가치와 확률을 계산한 다음 최우선순위의 것을 택한다.

그런데 이런 제안이 선택을 결정하는 데 과연 도움이 될까? 별로 도움이 되지 않을 것이다. ⓐ와 ⓑ를 해결하는 것만으로도 너무나 벅차다. 지금 예약할 수 있는 여행 상품을 줄줄이 나열하는 건 가능해도, 휴가지에서 무슨 일을 겪을지 어떻게 알겠는가? 휴가지에서 오랫동안 친하게 지낼 좋은 친구를 만날 수도 있고, 렌터카가 고장 나는 불상사를 겪게 될 수도 있다. 카리브해의 호텔에서 수도가 단수될 확률은 얼마나 높으며, 크레타 섬에서 상한 올리브유로 배탈이 날 확률은 또 얼마나 될지 어떻게 따질 수 있을까? 다음으로 이 모든 손해와 유익을 어떻게 계산할 것인가. 휴가지에서 얼마나 좋은 친구를 만나야 바닷속에서 해파리와 마주친 불쾌감을 상쇄시킬 수 있을까?

이 모든 것을 일일이 따져보기엔 시간이 너무 없다. 늦어도 이틀 후에는 휴가를 떠나야 하는데, 언제 표를 그려서 곰곰이 생각한단 말인가? 그러므로 결정을 하려면 중요한 것과 중요하지 않은 것을 나눈 다음, 나머지는 우연에 맡길 수밖에 없다.

실수를 저지르는 용기

우리는 가끔 오래 생각하지 않고 선택한다. 그리고 어떤 선택이든 뇌가 주도권을 발휘한다. 하지만 뇌의 결정은 너무 성급한 경우가 많다. 넘치는 자료를 통제하는 동시에 부족한 정보를 상쇄하기 위해 뇌는 자신의 결정에 대해 확신하는 척한다.

이러한 뇌의 특성을 안다고 해서 더 나은 결정을 할 수 있을까? 많은 심리학 실험에 의하면 그렇지 않다. 실험 대상자들은 실생활과 관련된 과제를 받았을 때, 그 과제에 대해 충분히 알고 생각의 함정을 어떻게 피할 수 있는지 알았음에도 그 함정에 빠졌다.

정보가 주어진다고 뇌가 그것을 모두 처리할 수 있는 것은 아니다. 뇌는 정보가 너무 많아지면 정보를 단순화해 스스로를 보호한다. 하지만 일이 생각보다 훨씬 더 복잡하면 단순화하기도 어렵고, 다양한 현실을 모두 존중하기도 어렵다. 그리하여 예측할 수 없는 상황에서 선택의 갈림길에 선 이들은 혼란스러워진다. 아는 게 너무 적어도 올바른 결정을 내릴 수 없지만, 너무 많이 알아도 똑같다.

복잡한 상황에서 좋은 것과 나쁜 것을 모두 생각하려 하면 최악의 경우 어떤 행동도 할 수 없게 된다. 건초 두 더미 사이에서 한 더미를 먹고 다른 더미를 남겨둘 논리적인 이유를 찾지 못해 굶어 죽었다던 중세 논리학자 뷔리당의 당나귀처럼 말이다.

그러므로 예측할 수 없는 상황에서는 때로 실수를 저지르고자 하는 용기가 도움이 된다. 하지만 그럴 때도 무조건 직관에 의존할 필요는 없다. 실수가 발생할 확률과 그 결과를 제한하는 몇 가지 방법이 있기 때문이다.

그중 하나는 맨 처음 떠오른 방안으로 결정하는 것이다. 그 방안이 최소한의 요구 조건을 충족시킨다면, 그보다 더 나은 대안이 있느냐와는 상관없이 말이다. 신속하게 여행 목적지를 결정해야 한다면 반드시 충족되어야 하는 몇 가지 기준을 생각한다. 가령 '따뜻한 곳일 것', '조용한 곳일 것', '아름다운 자연이 있는 곳일 것', '출발한 지 여섯 시간 이내에 목적지까지 도달할 수 있을 것' 등을 최소한의 기준으로 정할 수 있다. 그런 다음 여행 상품을 죽 훑어보다가 이런 기준에 적합한 상품이 나오면 고민을 끝내고 그 상품을 예약한다. 그러면 이제 유쾌한 휴가를 보낼 좋은 기회를 얻게 된 것이다. 더 싸고 더 멋진 상품이 있을지도 모른다. 하지만 그런 상품을 고르려면 시간이 더 들고 골치가 아프다.

불확실한 상황에서 단순한 레시피에 따라 빠르고 확실하게 결정하는 방법을 인지심리학자들은 '단순한 발견술'이라 부른다. 이런 식으로 여행지를 고르는 것이 석연치 않을 수 있다. 하지만 이 방법은 복잡한 상황에서 활용할 수 있는 유일한 이성적인 방법일지 모른다. 그리하여 루프트한자 항공사도 조종사들이 위기를 맞았을 때 이 방법으로 결정하도록 훈련한다. 비행기에 화재가 발생하거나 동력장치가 멈추거나 다른 위험한 상황에 부딪히면 조종사는 가장 먼저 떠오르는 해결법을 검토하여 그 방법이 문제를 해결할 수 있고 안전하다면 곧장 그 방법을 택한다. 승객들이 힘들거나 기체에 손상이 가도 개의치 않고 말이다. 이렇게 하지 않으면 어떤 방법이 나을까 계속 고민하다가 최선의 결정을 내리지 못할 수도 있기 때문이다. 더 나은 방법을 찾느라 자칫 때를 놓치면 수백 명의 생명이 희생될 수 있다.

복잡할수록 단순해져라

베를린 막스 플랑크 연구소의 심리학자 게르트 기거렌처는 단순한 발견술이 상세한 분석이나, 직관보다 더 나은 결정을 내릴 수 있다고 주장했다. 그가 단순한 발견술을 설명하기 위해 즐겨 쓰는 예는 다음과 같다. 한 남자가 가슴 통증을 느껴 병원으로 실려 온다. 심근경색이 의심되는 상황이다. 의사들은 몇 분 내에 이 환자를 어떻게 할지 결정해야 한다. 환자를 집중치료실로 보낼 것인가, 아니면 일단 일반 병동에 있게 하고 더 관찰해볼 것인가? 의사들은 보통 경험과 직관에 따라 결정을 내린다. 그리고 의심스러운 경우 예외 없이 집중치료실을 선택한다.

그러나 미국의 연구에 따르면 심근경색이 의심되어 집중치료실에 입원한 환자의 약 3분의 2가 집중치료실 치료가 필요하지 않은 경우였다. 집중치료실에 입원함으로써 병원비가 훨씬 더 드는 것은 물론 환자에게 위험할 수도 있다. 집중치료실에는 병균이 우글거리며, 감염의 위험도 그만큼 크기 때문이다.

그리하여 미국 심장전문의들은 컴퓨터를 활용한 결정 시스템을 도입했다. 몇몇 기준에 따라 환자를 진찰한 환자의 위험성을 표를 통해 확률로 정하는 방식이다. 그리하여 의사들은 더 나은 결정을 할 수 있게 되었다. 하지만 많은 의사는 이 새롭고 간단한 방법에 대해 거부감을 나타냈다. 하긴 어느 의사가 자신의 권위를 컴퓨터에 위임하려고 하겠는가?

기거렌처와 그의 동료들은 이제 모든 심장전문의가 받아들일 수 있는 대안을 고안했다. 이 대안은 루프트한자의 조종실에서와 비슷하게 엄격한 우선순위에 따라 의사가 세 가지만 점검하면 되는 것이다. 첫째, 환자의 심전도가 비정상인가? 그렇다면 환자는 곧 집중치료실에 보내진다. 둘째, 그렇지 않으면 의사는 환자에게 가장 불편한 부분이 가슴 통증인지를 확인한다. 그게 아니면 환자는 일단 일반 병실로 보내진다. 이때 만약 가장 불편한 부분이 가슴 통증이라면 세 번째로 의사는 예전에 심근경색 등 다른 위험 요인을 가지고 있었는지를 묻고 그에 따라 결정한다. 이런 단순한 '예', '아니요' 테크닉에 대해 의사들은 별다른 혐오를 느끼지 않으며, 기거렌처에 따르면 이런 방식으로 복잡한 수학 시스템을 동원할 때와 비슷한 명중률에 이른다.

기거렌처는 기업에서 지원자를 뽑을 때도 단순한 발견술을 활용하도록 고무한다. 인사를 나누자마자 몇 초 만에 무의식적으로 지원자의 합격 여부를 결정하는 인사결정권자들은 우리가 살펴보았듯이 오류를 범하기 쉽다. 그리하여 오늘날 기업들이 많은 비용을 들여 며칠간 지원자를 관찰하며 업무 해결 능력을 점검하는 센터를 활용하고 있다. 하지만 기거렌처는 그런 방법 대신 '예', '아니오'로 대답할 수 있는 몇 가지 단순한 기준에 의거하여 결정하는 것이 시간과 비용을 적게 들이는 방법이라고 생각한다.

스키 등반가들 사이에서는 단순한 발견술에 따른 결정이 이미 일반화되어 있다. 예전에 알프스 산악 협회는 눈사태의 위험을 알려면 여행을 떠나기 전에 쌓인 눈을 갈라 그 단면을 살펴보라고 조언했다. 다양한 설층이 어떻게 쌓여 있는지에 따라 눈사태의 발생을 예측할 수 있다는 것이었다. 하지만 이 방법은 실행에 옮기기가 매우 힘들고 잘 맞지도 않았다. 상황은 오히려 각각의 지형과 기상 상태에 따라 달라진다. 힘들게 얻은 눈의 단면은 안전성을 보장해주지 않는다. 눈이 많이 내렸던 1999년 겨울 산악 가이드의 보호 아래 등반에 나섰던 스물다섯 명이 넘는 산악인이 사망하는 사건이 발생했다. 그들 중 열두 명 이상이 스키 지도자를 위한 눈사태 코스를 이수했으며, 출발 전에 여러 번 눈의 단면을 관찰했다고 한다.

충격에 휩싸인 알프스 산악 협회는 생각을 바꾸었다. 그리하여 알프스 협회는 등반가들에게 결코 눈사태에 대해 방심해서는 안 되며 언제나 위험이 도사리고 있음을 잊지 말라고 강조하기 시작했다. 하지만 눈사태의 위험은 단순한 발견술로 평가할 수 있다. 이 방법을 활용하기 위해 산악인은 미심쩍은 고개의 경사와 방위, 중앙 눈사태 경고 서비스에서 매일 내놓는 위험등급에 유의하면 된다. 이 방법은 아주 간단해서 누구든지 금방 외울 수 있으며, 기억하기 쉽게 빨강, 노랑, 초록색 카드를 이용할 수도 있다. 이 방법을 이용했더라면 1999년 겨울에도 눈사태에 방심하지는 않았을 텐데 아쉬운 일이다.

이제 등반가들은 절대적인 안전은 있을 수 없음을 인정하는 듯하다. 그리고 새로운 방법을 통해 위험률을 줄이고 있다. 그리하여 점점 많은 사람이 겨울 산에 오르지만, 눈사태의 희생자 수는 반으로 줄어들었다.

단순함이라는 열쇠

복합적인 문제에서는 중요하지 않은 것을 무시하는 것이 종종 성공의 열쇠가 되어준다. 단순한 사고만이 승산이 있는 것이다.

그렇다면 이런 방법을 일상생활에서도 활용할 수 있을까? 물론이다! 우리가 새로 부엌 싱크대를 고를 때나, 집을 옮기려고 할 때, 휴가지를 선택할 때 이 일을 완전히 우연에만 맡겨두고 싶지 않다면 우리는 우선 신중한 검토를 위해 중요한 체크리스트를 작성해야 한다. 등반을 할 것인가 말 것인가, 심근경색 환자를 어떻게 치료할 것인가를 결정할 때는 기준이 명확하지만 일상에서는 기준이 없는 경우가 많다. 우리는 자신이 원하지 않는 것은 상당히 잘 알고 있지만, 원하는 것은 그리 잘 알지 못한다. 그리하여 중요한 것은 어떤 선택안이 최소한 어떤 요구를 충족시켜야 할지, 그리고 우리가 무엇을 기준으로 판단할지를 명확히 하는 것이다. 이것은 아주 당연한 소리처럼 들리지만 어떤 선택에 앞서 우리는 거의 이런 과정을 생략한다.

주변 사람들이 모두 그리로 여행 가는 것 같으니 나도 그리로 가겠다는 것은 그리 현명한 기준이 아니다. 유행하는 휴가지는 사람들로 붐비게 마련이고 호텔과 레스토랑의 가격은 마구 치솟은 상태일 것이다. 여행 전단지에 실린 사진을 보고 그곳의 아름다움에 반해 휴가지로 결정하는 것도 그리 바람직하지 않다. 그곳이 붐비는 거리 옆에 있을지 아니면 시끄러운 디스코장 옆에 있을지는 사진에 나타나 있지 않으니까 말이다.

따라서 선택의 첫 번째 단계는 알맞은 기준을 정하는 것이다. 심장병 전문의나 산악 등반가들의 경우는 전문가들이 기준 선정 작업을 대신해주었다. 그러나 대부분의 경우 우리는 이런 과제를 스스로 해결해야 한다.

선택의 두 번째 단계는 우리가 이런 기준을 도구로 정말로 결정할 수 있을지 자문하는 것이다. 필요한 정보들을 모두 가지고 있는가? 그렇지 않다면 약간의 노력으로 정보를 구할 수 있을까? 그게 불가능하다면 우리는 잘못된 기준을 택한 것이고 한 단계 후퇴해야 한다. 여행지 사람들의 친절도는 여행의 즐거움에 많은 영향을 줄 수 있다. 하지만 이와 관련한 객관적이고 비교 가능한 정보를 얻는 것은 힘들다. 그러므로 당장 휴가를 떠나려는 사람이 호텔 직원들의 친절도를 기준으로 여행지를 결정할 수는 없다.

우연에 접근하는 법

인기 있는 컴퓨터 게임 '심시티'를 아는가? 심시티에서 게이머는 가상도시의 시장이 되어 도시를 관리하고, 수도가 끊기는 것, 산업의 이전, 폭력 시위 등 모든 어려움을 해결해야 한다. 이런 관리가 어려운 것은 시장으로서 자신의 결정이 가져다줄 결과를 예측할 수 없기 때문이다. 결과를 예상하기 위해 필요한 정보를 사전에 얻을 수는 없는 노릇이다. 도시는 규모 있는 대기업처럼 굉장히 얽히고설킨 조직이기 때문이다. 가령 세율을 올리면 단기적으로 시의 재정은 풍부해질 테지만, 동시에 불만을 느낀 시민들이 이사를 가고 이사갈 수 없는 사람들은 지출을 줄이는 바람에 경제가 어려워질지도 모른다. 그리하여 세율을 높이는 방법은 한동안은 효과가 있겠지만 시간이 지나면 전보다 더 형편을 어렵게 만들 수도 있다.

밤베르크의 심리학자 디트리히 되르너는 실험 대상자들에게 단순한 버전의 심시티를 몇 게임 하게 했다. 실험 대상자들은 경제적으로 곤경에 빠져 있는 가상의 소도시 로하우젠을 경영해야 했고, 되르너와 동료들은 가상 시장들이 어려운 상황을 어떤 전략으로 타개해 나가는지 관찰했다. 이 실험을 통해 되르너는 생각의 함정에 대해 두 권 분량의 자료를 확보할 수 있었다. 실험 대상자들은 시시콜콜한 정확성을 중요시하고, 사건의 동시 발생과 연관을 혼동하며, 제어할 수 있다는 환상을 갖는 등 우리가 익히 알고 있는 행동양식을 보였다.

더욱 인상적인 것은 많은 실험 대상자의 옹고집이었다. 이들은 한 번 결정을 내리면 '될 대로 되라'는 식으로 끝까지 밀고 나갔다. 상황이 오래전부터 그들에게 다른 메시지를 던지고 있음에도 말이다. 자신의 오류와 잘못을 인정하기 싫은 것 같았다. 차라리 계속 밀고 나가다가 상황이 극도로 나빠지면 냉소주의 같은 자기방어 전략으로 회피하는 방법을 선택했다. 그 중 어떤 진보주의 성향의 여성 시장은 시계공장 노동자들이 자율적으로 운영할 수 있는 관리 시스템을 도입하고자 전체 경영을 내팽개치다시피 했고, 상황이 더 악화되자 자신의 과오를 인정하기보다 노동자들의 사보타주에 책임을 돌렸다. 그리고 이런 문제를 해결하기 위하여 체포된 파업 주동자를 곧장 사살하도록 명령했는데, 속수무책인 상황을 타개하려고 동원한 이런 잔인한 방법에 대해 스스로도 놀랄 지경이었다.

당연히 유능한 시장과 무능한 시장이 있었다. 어떤 시장들은 짧은 시간 내에 로하우젠을 폐허로 만들었으며, 두 번째 세 번째로 주어진 기회도 놓쳐버리고, 시를 경제적으로 파멸에 이르게 하였다. 그에 반해 어떤 시장들은 로하우젠을 점점 번성하는 도시로 만들었고 다른 비슷한 게임에서도 뛰어난 경영능력을 보여주었다. 하지만 지능, 교양, 나이, 성별 차로는 이들의 성공을 설명할 수 없었다. 그렇다면 이들이 성공한 이유는 무엇일까?

무능한 시장과 유능한 시장의 차이는 예측할 수 없는 일에 접근하는 방식이 다르다는 것이었다. 유능한 시장들은 과제를 더 작게 세분하여 문제를 해결하고자 했다. 도시에 대해 더 많은 정보를 구했고 자신들의 행동이 어떤 결과를 초래할지 지문했다. 게다가 다른 사람들의 말을 귀담아들을 줄 알았다. 그리하여 유능한 시장들은 목표를 위해 무능한 시장들보다 더 자주, 더 많은 결정을 내렸다. 대신 각각의 결정이 미치는 영향력은 작았다. 유능한 시장들은 한 걸음 한 걸음 단계를 밟아가면서 예기치 않은 일에 최선의 방법으로 대처할 수 있었다.

작은 걸음으로 겸손하게

이렇듯 끊임없이 환경에 적응해가는 것을 기술에서는 피드백이라고 부른다. 우리는 이 원칙을 이미 자주 만났다. 피드백은 종종 예기치 않은 행동을 유발한다. 어떤 작용을 강화시킬 수 있기 때문이다. 이렇게 눈덩이 효과처럼 어떤 작용을 강화시키는 피드백을 긍정적인 피드백이라 한다. 증권에서 나타나는 히스테리 증상이 한 예다. 투자자들은 다른 사람들이 다 그걸 산다는 이유만으로 어떤 주식을 사고 그 주식의 가격은 거품이 꺼질 때까지 계속해서 오른다.

하지만 반대의 경우가 나타나기도 한다. 바로 부정적인 피드백이다. 부정적인 피드백은 시스템을 안정시킨다. 부정적인 피드백은 사건을 강화시키지 않고, 반작용 효과를 유발한다. 차가 너무 오른쪽으로 향해 있을 경우 핸들을 왼쪽으로 돌리는 것이 바로 그런 것이다. 라디에이터 내부의 정온기도 그런 방식으로 작동한다. 온도가 너무 오르면 난방을 끄고, 온도가 정해진 수치 이하로 떨어지면 다시 난방을 켠다. 따라서 부정적인 피드백은 예치기 않은 것에 반대로 작용하는 것이다. 그것은 자신의 무기로 우연을 쳐부순다.

로하우젠의 유능한 시장들의 성공 요인은 바로 부정적인 피드백에 기초한다. 시스템이 선로를 이탈하자마자 부정적인 피드백을 이용해 재빨리 반대 방향으로 조종하면 달갑지 않은 우연은 그리 커다란 위험을 초래하지 않는다. 물론 불안한 상황에서는 어떤 행동이 부정적인 피드백으로 작용할지, 아니면 달구어진 상황을 더 달굴지를 예측하기 힘들다. 바로 그렇기에 작은 결정을 자주 하고, 불리할 경우 곧바로 대응할 수 있도록 그 영향을 정확히 추적하는 것이 중요하다.

이런 방법이 복잡한 상황을 해결하는 유일한 길이 되어줄 때가 많다. 처음에 충분한 계획을 세우는 데 필요한 정보가 존재하지도 않고, 얻을 수도 없다면, 도중에 시도하고 실수하는 행위를 되풀이하면서 그런 정보를 쌓아갈 수밖에 없다. 별로 영향력이 없는 작은 결정을 자주 거듭하다 보면 각각의 선택이 유발할 수 있는 바람직하지 않은 결과를 제한할 수 있다. 작은 걸음과 부정적 피드백의 원칙은 게임 이론에 입각한 것이다. 손해를 가능한 한 줄이는 방향으로 행동하라. 그러면 실수를 용인하면서 미지의 영역으로 돌격할 수 있다.

심리학자 되르너와 그의 동료들은 이런 인식에서 출발하여 마취과 전문의와 조종사와 매니저들에게 예기치 못한 일에 대처하는 법을 체계적으로 훈련시키는 트레이닝법을 개발했다. 훈련생들은 이 트레이닝에서 로하우젠의 모델에 따른 컴퓨터 시뮬레이션을 통해 적절한 정보를 얻고 단계적으로 결정하는 훈련을 한다.

단계를 세분화시키는 방법은 많은 문제에 적용할 수 있다. 가령 어떤 남자가 회사에 계속 다니는 것이 비전이 없다고 생각하여 광고 컨설턴트로 독립하려고 한다. 이때 그가 직장에 사표를 던지고, 일이 척척 진행되기를 바란다면 그는 퇴로를 봉쇄해버리는 셈이다. 그러다가 일이 잘못되면 그는 커다란 손해를 보게 된다. 그러므로 더 나은, 그러나 그리 많이 활용되지 않는 대안은 장기적으로 방향 전환을 하는 것이다. 다니던 회사에 몸담은 상태에서 계속 재교육을 받고 새로운 분야의 사람들을 만나다가 적당한 시기에 파트 타임으로 일하면서 단계적으로 준비하여 최종적으로는 불만족스러운 일에서 완전히 벗어나는 것이다. 이렇게 세분화된 단계를 밟아 나가는 것은 그리 두려운 일이 아니다. 단계를 밟아가다가 여의치 않으면 쉽게 후퇴할 수 있기 때문이다. 후퇴할 필요가 없는 경우에도 갑자기 찬물에 뛰어드는 것보다 단계적으로 가는 편이 목표에 다가가기가 훨씬 용이하다.

우리는 진화와 관련해서도 이런 작은 걸음의 유익을 본다. 자연이 상상을 초월한 복잡한 유기체를 만들어낼 수 있었던 것은 이런 작은 걸음의 원칙 덕분에 가능했다. 건강한 국민 경제도 이런 원칙으로 기능한다. 오스트리아의 노벨상 수상자 하이에크는 시장경제가 계획경제보다 우위에 있는 이유는 바로 이렇게 단계적으로 더듬으며 나아가기 때문이라고 말했다. 시장경제에서는 모든 공급자와 수요자가 나름대로 결정을 하고 그 결정이 계속 시장에 반영되는 반면, 계획경제는 오류를 품고 있을 수밖에 없는 장기적인 전망에 의존하게 되는 것이다.

우리는 작은 걸음으로 겸손하게, 하지만 성공적으로 전진하는 것에 그리 익숙하지 않다. 우리는 최종적이고, 단호한 해결책을 찾기를 희망한다. 하지만 대부분 이런 기대는 비현실적이다. 삶을 변화시키려고 하거나 변화시켜야 할 경우 작은 걸음으로 가는 것이 최상의 길이다. 삶을 운명적으로 확 바꾸어버리는 것은 영화감독이나 낭만적 작가들이 불어넣은 환상이다. 현실적으로는 너무 위험한 일이다.

그럼에도 우리는 홈런을 꿈꾼다. 이런 꿈은 정치인이 계속 이랬다저랬다 한다고 비난하며 단번에 효과를 발하는 정책을 촉구하는 신문이나 잡지의 사설에서도 읽을 수 있다. 하지만 현대 사회처럼 복잡하고 예측 불가능한 사회에서는 작은 걸음으로 걸으며 계속적으로 규칙을 조정해 나가는 것이 새로운 방향으로 나아가는 최상의 방법이다. 연방의회에서 한 연설가가 콘라트 아데나워가 자꾸만 견해를 바꾼다고 비난하자 아데나워는 이렇게 말했다.

"매일매일 더 영리해지지 못할 이유가 뭡니까?"

달걀을 여러 바구니에 담기

하지만 모든 문제를 작은 걸음으로 해결할 수 있는 것은 아니다. 때로는 선언을 해야 할 때가 있는 법이다. 중대하지만 되돌릴 수 없는 결정. 우리는 종종 그 결정이 미치는 영향을 충분히 알지 못한 채 그런 결정을 해야 한다. 어떤 회사원이 어느 날 스카우트 제의를 받고 하룻밤 사이에 회사를 옮길 것인지, 말 것인지 선택의 기로에 서 있다.

어떻게 해야 할까? 우리는 보통 그런 결정에 앞서 얻을 수 있는 모든 정보를 입수하고 그 정보를 토대로 가장 개연성이 있다고 생각되는 시나리오를 그려본다. 하지만 이미 살펴보았듯이 우리는 거의 그런 시나리오를 과대평가한다. 그러다가 주인공을 스카우트하려던 상사가 도리어 다른 곳에 스카우트되어 가버리면 어쩔 셈인가? 아니면 가기로 한 회사가 파산해버리면?

그러므로 더 좋은 방법은 어떤 상황이 되어도 실패하지 않도록 선택하는 것이다. 즉, 한 가지 시나리오만 붙들고 있지 말고 대안을 생각해야 한다. 이런 능력은 우리의 직관을 거스르는 것이지만 연습을 통해 자기 것으로 만들 수 있다. 가령 스카우트 제의를 받은 회사원은 옮겨갈 회사와 연봉을 협상하되 기업의 성패에 따라 연봉을 달리 할 수 있다. 회사 사정이 좋으면 많이 받고, 사정이 나쁘면 조금 받는 것이다. 대신 기업의 사정이 좋지 않을 때에는 자기계발에 활용할 수 있는 특별 휴가를 받도록 협상할 수 있다. 그리하여 기업이 잘될 경우는 프리미엄을 받고, 그렇지 않을 경우에는 언제라도 다른 곳으로 옮길 수 있도록 자신의 몸값을 높일 수 있는 협정을 맺게 되는 것이다.

이 영리한 회사원은 예측할 수 없는 일에 대비해(회사가 파산하는 경우 다른 일자리를 찾지 못할 것을 대비해) 그것을 보완할 수 있는 몇 가지 작은 리스크를 감행했다. 그리하여 회사가 잘되는 경우 계속적인 교육을 포기하는 대신 금전적인 보상을 받고, 그렇지 않은 경우 돈을 덜 받는 대신 노동시장에서 자신의 가치를 높일 수 있다. 달걀을 한 바구니에 담지 않고 분산하는 것이 나쁜 충격에서 자신을 보호하기 위한 가장 효과적인 전략의 하나다.

경제계에는 리스크를 줄이는 데 활용할 수 있는 서로 상반된 움직임이 많이 숨어 있다. 가령 공사채가 떨어지면 주식은 오른다. 그리고 주식이 떨어지면 공사채가 오른다. 미국의 경제학자 헨리 마르코비츠가 개발한 포트폴리오 이론은 이런 인식에 근거한 것으로 오늘날 많은 재산 컨설턴트들이 그 전략을 이용하고 있다. 미래를 예측하는 모험을 하는 대신 고객들의 돈을 상황이 어떻게 변해도 이윤을 낼 수 있도록 분산시키는 것, 폰 노이만의 게임 이론에서처럼 상대방의 행동에 관계없이 최적의 해결을 목표로 하는 것이다. 돌아보건대 이런 원칙에 근거한 투자는 시대를 초월하여 리스크는 줄이고 이윤은 늘렸다.

셰익스피어는 이미 400년 전 베니스의 상인 안토니오의 입을 빌려 우연과 승산 없는 싸움을 하는 대신 자신의 이익을 위해 우연의 힘을 인정하는 한 투자자의 모토를 들려주었다.

내 돈을 하나의 배에만 맡기지 않으리.
한곳에 맡기지 않으리.
나의 전 재산을 올해의 행운에만 걸지 않으리.
그러면 나의 사업은 나를 울리지 않으리니.

하지만 안토니오는 폭넓게 분산 투자를 하지 않아 좌절을 겪었다. 엄청난 허리케인이 덮쳐서 그의 배는 모두 몰락하고 간교한 고리대금업자 샤일록의 희생자가 되었다. 안토니오가 자신의 돈을 배뿐 아니라, 조선소에도 투자했더라면 다른 선주들의 파괴된 배를 수리해주면서 돈벌이를 할 수 있었을 텐데 말이다.

많은 리스크들을 이런 방식으로 잘게 나누어 감당할 만한 것으로 만들 수 있다. 앞서 살펴본 작은 걸음의 원칙에서 손해는 제한된다. 연이어 작은 리스크들이 등장하고, 시간이 지나면서 더 영리해질 수 있기 때문이다. 그에 반해 지금 살펴본 분산 전략은 여러 말 위에 동시에 앉는 것이다. 그러면 각각의 말은 상대적으로 적은 액

수만을 잃을 것이며, 한쪽의 손실은 다른 쪽의 이윤으로 만회된다. 이렇게 리스크를 분산함으로써 안전성을 선물 받을 수 있다. 이런 전략을 구사하는 사람은 어떤 말이 나가떨어지고 어떤 말이 승리할지 미리 알지 못해도 살아갈 수 있다.

우연을 믿는 것이 최상의 전략이다

작은 걸음 원칙과 분산 전략을 구사하면 우리가 가진 정보가 충분하지 않아도 괜찮다. 손실이 애초부터 제한된다면 하물며 동전 던지기는 못하랴.

불확실성이 만연한 곳에서 우연의 힘을 믿어버리는 것은 이성적인 선택이다. 우연을 믿는 것이 최상의 전략이라는 것은 수학적으로도 증명할 수 있다. 행운의 여신에게 결정을 위임하는 사람은 최소한 한 가지 실수, 즉 선입관에 얽매이는 실수는 하지 않을 것이기 때문이다.

그리하여 연구자들은 오늘날 특히 어려운 문제에 몬테카를로 법이라는 수학적 방법을 활용하고 있다. 몬테카를로 법은 카지노로 유명한 지중해 도시의 이름을 딴 것으로 바로 우연이 결정하게 하는 방법이다. 우주의 별무리를 시뮬레이션하는 것이든, 국민 경제를 전망하는 것이든 기본적인 사고는 같다. 추측에 근거하여 맞는지 틀렸는지도 모르는 이론을 세우면 나중에 필연적으로 오류가 발생한다. 반면 자신의 무지를 인정하고 우연을 전제하면 그런 오류를 범하지 않을 수 있다. 이 경우에 나오는 답은 틀린 것이 아니라 단지 불분명할 뿐이다.

몬테카를로 법에서 하나의 시스템은 수백만 개의 미세한 단위로 분할된다. 이 각각의 단위 속에서 '우연 발생기'가 연달아 여러 차례 사건을 결정한다. 따라서 작은 걸음의 원칙과 분산 전략이 응용되는 것이다. 이 모든 것은 컴퓨터상에서 진행된다. 우연 발생기는 예기치 않은 것을 흉내 내는 특별한 프로그램이다. 이런 식의 우회로를 거치는 방법은 약간의 시간이 걸린다. 그러나 어김없이 유용한 결과를 안겨준다.

이런 이유에서 체스 컴퓨터도 서로 막상막하로 보이는 여러 가지 수에서 하나를 선택하는 우연 발생기를 가지고 있다. 물리학자 프랭크 티플러는 결정할 수 없는 문제를 해결할 수 있도록 우리의 뇌 속에도 우연발생기가 갖추어져 있을 거라고 추정한다. 물론 신경 생물학자들은 아직까지 뇌 속에 그런 센터가 있는지 확인하지 못했다. 하지만 우리를 특정 방향으로 인도하는 사소한 일들은 바로 이런 기능을 한다. 우리가 결정을 앞두고 그 결정이 초래할 결과를 그리고 있는 순간 구름 속에서 햇살이 빠끔하게 비쳐들면 우리는 전화기를 들고 오랫동안 고민해온 일을 승낙한다. 그런 작은 우연이 없이는 삶을 꾸려나갈 수 없다.

어떤 일을 조망할 수 없음을 인정하기는 그리 쉽지 않다. 이런 상황에서 행운의 여신을 믿기는 정말 힘들다. 결국 우리는 자신의 진로를 주사위 몇 개나 동전 하나에 위임하고 싶지 않은 것이다. 우리는 우리에게 일어나는 일을 좌지우지할 수 없다는 사실을 인정하지 않으려 한다. 우리의 현실 인식에 커다란 구멍이 있고, 그럼에도 결정해야 한다는 것! 뇌는 우리에게 거짓된 확신을 불어넣으면서 이런 불쾌한 사실을 은폐하지만, 그럼에도 우리는 은근한 불쾌감을 느낀다.

우리 조상들은 이런 딜레마에서 벗어나기 위해 어려운 결정을 앞두고 신탁을 구한다든지, 점쟁이나 예언자를 찾아간다든지 했다. 마약에 취한 여사제가 모호한 언어로 던지는 충고들은 동전 던지기나 다를 바 없이 우연하다. 그러나 동전 던지기와 비할 수 없는 안도감을 준다. 높은 힘과 접촉하고 있다고 여기기 때문이다. 새들의 비행을 해석하고, 제비를 뽑고, 점을 치고……. 결국 우연에게 결정을 맡기는 것이나 다름없지만 바로 그렇기에 이 모든 방법은 정당성을 가진다.

무엇보다 그런 방법은 우리가 접어든 길이 별로 유리하지 않은 것으로 입증될 경우 후회를 덜어준다. 우리는 '살면서 점점 영리해져간다'는 것을 알기는 해도 종종 과거에도 지금 알고 있는 것들을 고려할 수 잇었다면 얼마나 좋았을까 상상하면서 괴로워한다. 물론 그것은 불합리하다. 그렇게 되었더라면 다르게 결정했을 것이기 때문이다. 하지만 신탁에 그 책임을 위임하는 사람, 또는 이런 류의 트릭이 없이는 최적의 결정을 내리는 것이 불가능하다는 사실을 받아들이는 사람은 그런 자기 비난에 빠질 필요가 없다.

Chapter 16

우연을 기회로 만드는 법

그냥 전부 잊어버려라

사람들은 때로 모든 것을 다 알고 있었으면 하고 꿈꾸어본다. 모든 것을 다 안다면 정말로 좋을까? 아르헨티나의 작가 보르헤스의 소설에 등장하는 주인공은 아는 사람에게서 부에노스아이레스에 있는 어느 폐가의 지하실에 가면 '알레프'가 있다는 말을 듣는다. 알레프는 온 우주를 비추는 작은 자두만 한 물건이다. 알레프의 견딜 수 없는 발광력을 견뎌내는 사람은 세계사의 과거 현재 미래를 단숨에 볼 수 있다. 그러면 그에게 더 이상의 우연은 없어지게 되는 셈이다.

지인은 우리의 주인공을 어두운 계단 아래로 데리고 가더니 주인공에게 똑바로 누우라고 명령한다. 그러자 문이 닫히고 우리의 주인공은 어두운 곳에서 홀로 있게 되는데, 갑자기 무지갯빛의 구슬이 눈에 들어온다. 그리고 그 속에서 우주의 모든 일이, 대양의 파도와 심해에 사는 고기들의 생존 경쟁과 태양이 뜨고 지는 모습과 모든 전쟁과 무수한 도시민들의 표정과 그들 체내 장기의 신진대사가 눈앞에 펼쳐진다. 그리고 주인공은 세상을 떠난 사랑하는 사람들과 만난다.

그러나 다시 밝은 거리로 나온 주인공은 자신이 단단히 속았음을 깨닫는다. 주인공을 알레프에게 인도한 사람은 "이런 계시를 받은 것에 대해 100년 안에는 내게 보복할 수 없다"라고 조소한다. 이제 보르헤스의 주인공은 모든 것을 안다는 게 얼마나 큰 고통인지를 경험한다. 모두가 아는 얼굴들이며, 자신의 삶이 앞으로는 단지 반복에 불과할 것임을 안다. 뜻밖의 일이 전혀 없는 삶! 잠 못 이루는 밤 주인공은 자신이 본 것들을 떠올리며 괴로워한다. 그러다가 어느 날 아침, 가벼운 기분으로 밤사이에 멋진 해결책을 찾아냈음을 기뻐한다. 그가 찾은 해결책은 바로 '잊어버리는 것'이다.

보르헤스는 인간 문화의 환상을 탐구하는 환상 문학의 대가다. 인간 문화가 품은 가장 오래된 환상은 모든 것을 알고자 하는 소망이다. 예언을 통해, 신탁을 통해, 마법을 통해 더 높은 존재와 연결하여 지식의 진보를 이루고자 하는 시도는 인간의 사고만큼 오래되었다. 이성의 한계에 도전하는 이 모든 돌격 뒤에는 두 가지 모티브가 존재한다. 그리고 기분에 따라 그중 하나가 우위를 차지한다. 한 가지 모티브는 자신이 누구이며, 우리 앞에 무슨 일이 놓여 있는지를 알고자 한다는 것이다. 사람들은 호기심을 가지고 자신과 자신의 환경을 이해하고 싶어 한다. 또 한 가지 모티브는 자신의 삶을 좌지우지하려는 것이다. 무지에 대한 반란은 우연에 대한 반항이다.

모르는 것이 정상이다

인류는 모순적인 상황에 빠졌다. 그 어느 때보다 더 많은 지식을 축적하고 있음에도 오늘날처럼 개개인이 그 지식에 동참하지 못하는 시대는 없었다. 르네상스 시대에만 해도 모든 분야에 정통한 학자들이 존재했다. 레오나르도 다빈치는 회화에서 헬리콥터 발명에 이르기까지 다양한 분야를 넘나들며 천부적인 재능을 발휘했다. 그러나 21세기에 이런 일은 상상할 수 없다. 학자는 자기 전공 분야의 발전에 발맞출 수나 있으면 다행이다. 전공 분야는 상상할 수 없을 정도로 세분화되어 있다. 분자생물학자는 세포 내의 특정 단백질을 연구하고, 언어학자는 동티베트 방언의 연음현상에 대해 연구한다.

사람들이 전체의 지식에서 이토록 멀리 떨어져 있었던 적은 일찍이 없었다. 모든 지식을 가진 알레프는 끝도 없이 꽉 차게 되었다. 이는 정보를 다루는 기술과 그 기술의 비약적인 발전 덕분이다. 초기 인류가 언어를 가지게 되었을 때 인류는 전보다 더 많은 지식을 보유할 수 있었다. 같은 부족의 다른 사람들과 정보를 교환할 수 있게 되었기 때문이다.

다음 단계는 문자의 발명이었다. 문자의 발명으로 지식은 이야기하는 사람과는 상관없이 보존될 수 있게 되었다. 고대 알렉산드리아 도서관에는 50만 권 이상의 두루마리 문서가 보관되어 있었다고 한다. 세 번째 단계는 구텐베르크가 인류에게 인쇄술을 선물한 것이다. 인쇄술로 인해 텍스트는 어려움 없이 확산될 수 있었다. 현대 공공도서관에는 옛날 알렉산드리아 도서관의 몇 백만 배 이상의 인쇄된 지식이 저장되어 있다. 하지만 컴퓨터의 업적으로 세계 최대의 도서관도 오히려 미미한 존재가 되었다. 구글 같은 검색엔진으로 사람들은 책상 앞에 앉아 순식간에 40억 개가 넘는 사이트에 접속할 수 있게 되었다. 입자물리학 분야의 한 가지 실험만 해도 5분에 한 번씩 알렉산드리아 도서관이 소장했던 만큼의 데이터가 쏟아져 나온다.

이런 숫자는 우리를 겸손하게 한다. 단순한 사회에서는 자신의 종족이 가진 모든 지식을 알 수 있었다. 샤먼이나 비밀결사 조직이 지식을 독점하려고 노력했을지라도 사람들은 누구나 접근 가능한 모든 정보를 소유할 수 있었다. 이런 공동체에서 우연은 인간관계에 그다지 큰 역할을 하지 못했다. 예기치 않은 만남이나 다른 사람들의 알려지지 않은 특성은 거의 없었다.

오늘날에는 전체 지식의 상당한 부분을 인지하고 산다는 것은 꿈도 꾸지 못할 일이 되었다. 모르는 것이 정상이고, 아는 것이 이상한 일이 되어버렸다. 그래서 인생의 앞날 역시 더욱 예측할 수 없어졌다. 우리의 길을 결정하는 대부분의 일은 우리가 모르는 사이 은밀하게 일어나기 때문이다. 그것은 옛날의 샤먼처럼 누군가가 우리 앞에서 지식을 숨기기 때문이 아니라 사람들 간의 연결이 매우 다양해지고 복잡해져서 우리에게 중요한 모든 정보를 확보하는 것이 불가능하기 때문이다.

이런 변화는 문학에도 반영된다. 고전주의 작가들에게 우연은 중요하지 않았다. 프랑스 혁명이 정치질서를 뒤흔들긴 했지만 개인의 삶의 배경은 그래도 조망이 가능했다. 삶에 대한 불확실성은 괴테를 비롯한 당대의 작가들에게 흥미로운 문학 소재가 되지 못했다. 당시의 주인공들은 자신의 삶을 마음대로 결정할 수 있었다. 베르테르는 이루어지지 않은 사랑에 몰두했으며 파우스트는 인식을 추구했다. 그리고 그 둘은 그런 행동이 빚어내는 불가피한 결과들과 부딪혔다.

19세기의 산업혁명으로 인간의 삶에는 예측할 수 없는 일들이 끼어들게 되었고 그로써 문학에도 불확실함을 위한 자리가 할애되었다. 에피브리스트는 남편이 우연히 옛 애인의 편지들을 발견하는 바람에 시민사회에서 추방된다. 들통나지 않을 수도 있었을 텐데 말이다. 그리고 시대상이 반영된 스탕달의 소설 『적과 흑』에서 젊은 주인공 쥘리앵 소렐은 혁명 후의 프랑스에서, 당시 상류사회 귀족들의 예측할 수 없는 권력 개입에 좌절한다.

20세기에 들어서자 우연과 무지는 소설의 주요한 소재가 된다. 그리하여 우리는 이유도 모르고 행동하는 카프카의 소설 『심판』의 주인공 K와 알제리 해변에서 설명할 수 없는 충동에 아랍인을 살해한 카뮈의 『이방인』을 만난다. 미국의 현대 작가 토머스 핀천이 쓴 『미로』 같은 소설에서는 서술자조차 길을 잃어버릴 지경이다. 그래서 주인공들이 실제로 나쁜 힘들의 얽히고설킨 계획에 말려들었는지, 아니면 인생의 전환기를 맞아 의미를 깨닫기 위해 그것을 상상만 하는 것인지는 독자들의 판단에 맡겨져 있다.

질서에 대한 동경

우연과 불확실은 자유의 자식들이다. 그것은 우리가 일상의 편리함과 전염병과 기아로부터의 보호, 무엇보다 삶의 다양한 가능성을 누리는 대가로 감수해야 하는 것들이다. 이 모든 혜택은 고도로 발달한 사회에서만 누릴 수 있고, 그런 사회에서의 삶은 어쩔 수 없이 예측할 수 없고 통제할 수 없다.

우연이 그다지 커다란 역할을 하지 못하는 과거의 사회로 돌아갈 수 있다면 우리는 돌아가려고 할까? 전화와 중앙난방을 포기할 수 있을까? 마취 없이 치과 치료를 받는 시대로 돌아가려고 할까? 절대로 그렇지 않을 것이다. 하지만 그럼에도 우리는 그 어느 때보다도 조망 가능한 삶을 동경한다. 우연이 불안감을 유발하기 때문이다.

세계를 이해하고 상황을 주관하고 싶은 욕구는 삶을 유쾌하게 만드는 많은 발명품을 탄생시켰으며, 예견할 수 없는 것을 극복하기 위하여 상인들이 속주머니에 성공을 부른다는 부적을 지니고 다니고, 정치인들이 점쟁이들을 찾아다니고, 심지어 아주 이성적으로 보이는 사람들조차 재수 없는 행동을 자제하는 등의 태도도 이런 맥락에서 생겨났다.

그리고 이 모든 것이 통하지 않을 때 우리는 최소한 삶의 놀라운 변화들이 사실은 하늘이 정한 운명을 따른 것이라고 믿는다. 질서는 우리를 안심시킨다. 우리 스스로는 영향을 끼칠 수 없을 때 어쨌든 하늘의 섭리가 우리를 이끈다는 생각에 안도하는 것이다. 영국의 물리학자 존 배로는 다음과 같이 경탄했다.

"현대 민주 시민 중 많은 수가 자신이 모든 생각과 행동을 주관하는 하늘의 독재 속에 살아가고 있다는 사실에 전혀 반감을 갖지 않는 것은 놀라운 일이다"

우연하고 신선한 아이디어

우리가 불확실한 것에 대해 혐오를 느끼는 것은 이해할 만하다. 하지만 불확실함이 제공하는 기회를 과소평가한다는 것 또한 사실이다. 새로운 길을 가기 위해서는 우연이 필요하다. 확신이 너무 강하면 아이디어가 배태되지 않는다.

일본 선불교에서는 그런 현상을 다음과 같은 비유로 설명한다. 제자가 해탈한 스승의 집을 방문했다. 스승은 제자의 찻잔에 차를 따르며 이미 차가 가득 차 흘러넘치는데도 멈추지 않았다. 그러자 제자가 말했다. "잔이 가득 찼습니다. 차가 흘러넘치지 않습니까." 그때서야 스승은 찻주전자를 내려놓더니 제자를 쳐다보며 이렇게 말했다. "자네도 이 잔처럼 생각으로 가득 차 있네. 먼저 잔을 비우지 않고서야 어떻게 배울 수 있겠나?"

깨달음을 얻고자 하는 사람은 먼저 불확실한 상태를 견뎌야 한다. 뇌는 상황을 단순화하도록 만들어져 있다. 동시에 주의를 기울일 수 있는 정보는 몇 개 되지 않기에 우리의 뇌는 우리가 접하는 모든 것을 가능하면 빨리 알고 있는 틀로써 해석하려고 한다. 그것은 중요하다. 우리가 매번 어떤 현상의 배후에 숨어 있는 것을 일일이 숙고하게 되면 우리의 생존능력은 아주 빠른 속도로 없어질 것이기 때문이다. 그래서 우리는 선지식을 이용한다. 빛나는 원은 우리가 켰다 껐다 할 수 있는 전등이고, 벽에서 움직이고 있는 어두운 평면은 그림자다. 마약 복용 따위로 이런 메커니즘이 고장 난 사람은 자신의 집에서조차 갈피를 잡지 못한다. 천장의 등이 어느 순간에 UFO로 보이고, 그림자가 갑자기 위험한 형상으로 다가온다.

이렇듯 빠른 판단은 살아가는 데 도움을 주지만, 어떤 문제에 새로운 해결책을 찾으려 할 때는 생각을 가로막는다. 뇌가 친숙한 대답에서 떨어져 나오기 힘들기 때문이다. 그러므로 천재적인 아이디어는 천재의 뛰어난 회색 세포에서 나오는 것이라는 낭만적인 생각은 틀리다. 레오나르도 다빈치나 뉴턴이나 아인슈타인도 신대륙으로 진격하기 위해서는 외부 자극을 필요로 했다.

그들의 탁월한 업적은 어디에서 나왔을까? 다빈치와 뉴턴과 아인슈타인이 동시대인들보다 아는 게 더 많았던 것은 아니었다. 하지만 그들은 성급한 답변으로 만족하지 않았고, 계속 질문을 던졌다. 사람들이 무심코 넘기는 것들을 진지하게 받아들였다. 그들은 고정관념을 포기할 준비가 되어 있었다. 부부 심리학자인 조던 피터슨과 셸리 카슨은 실험을 통해 지능이 비슷한 사람이라도, 뇌가 데이터 처리 과정에서 별로 중요해 보이지 않는 정보들을 억압하지 않을수록 더 창조적이며 새로운 경험에 열려 있다는 사실을 밝혀냈다.

물리학에서 전자기파에 관련한 모순은 1900년경부터 알려진 사실이었다. 그러나 아인슈타인이 비로소 이 현상에 의문을 가지고 추적하기 시작했고 그 결과 혁명적인 양자이론의 토대를 놓을 수 있었다. 아인슈타인은 "가장 멋진 경험은 신비로운 것과의 만남"이라며 "그것이 바로 진정한 예술과 학문의 근원"이라고 말했다.

뉴턴이 중력을 발견한 이야기도 인상적이다. 뉴턴이 우연히 머리 위로 사과가 떨어지는 것을 보고 만유인력을 생각해냈다는 이야기가 사실이든 아니든, 확실한 것은 뉴턴이 기존의 이론으로는 설명할 수 없는 관찰에 자극을 받았다는 것이다.

유럽의 마지막 만능 천재로 여겨지는 레오나르도 다빈치는 우연을 작품을 위한 영감으로 활용했다. 모나리자를 만들어낸 그는 '다양한 고안품이 나오도록 정신을 자극하는 새로운 방법'에 대해 다음과 같이 말했다.

"많은 점이 찍힌 더러운 외벽을 보게 된다면…… 여러분은 그 벽에 찍힌 점들이 다양한 경치와 닮았음을 발견할 것이다. 그 안에서 산, 강, 바위, 나무, 평지, 계곡, 언덕의 모습이 스칠 것이다. 또한, 거기서 온갖 싸움들과 인간의 생동감 넘치는 몸짓과 특별한 얼굴들과 끝없이 많은 형태를 감지하게 될 것이다."

오늘날 현대 미술은 이런 충고를 받아들였으며, 반짝이는 아이디어로 먹고사는 광고회사도 우연을 체계적으로 이용하고 있다. 영국의 인지심리학자 에드워드 드 보노는 기업에 아이디어 창출에 관한 조언을 하면서 레오나르도의 방법을 견본으로 삼았다. 그는 여러 단어 중에서 제비뽑기를 할 것을 제안한다. 모자 속에 아무 연관성이 없는 단어를 무작위로 적어 넣은 뒤 그중 두 개를 꺼내면, 생소한 두 단어의 우연한 결합이 생각을 자극한다. 그리하여 우연은 '소형차'와 '콘플레이크'를 매칭시켜, 마케팅 아이디어로 활용할 수도 있다. 새로운 소형차 스마트의 성공은 진열장에서 콘플레이크를 집듯 선택할 수 있도록 한 것이 아닌가?

옛 중국의 철학서인 『주역』 역시 우연한 자극을 이용한다. 조언을 구하는 사람은 49개의 톱풀 줄기 다발에서 반복해서 몇 개를 뽑아야 한다. 그러면 결과는 주어진 도식에 따라 총 64가지의 선 모양 중 하나에 해당되고, 이 모양에 변화의 책, 『주역』에 나오는 짧은 경구가 주어진다. 그러면 이런 경고를 숙고의 출발점으로 삼을 수 있다. 레오나르도의 벽에 찍힌 점이나 단어의 제비뽑기에서처럼 여기서도 굶주린 자가 자극을 받는 것이 중요하다. 그리고 이런 선택에 영향을 끼칠 수 없다는 사실이 중요하다. 사고의 자극을 선택할 수 있다면 다시금 자신의 익숙한 생각으로 떨어질 위험이 있기 때문이다.

우연을 영감의 원천으로 이용하는 데 복잡한 신탁은 필요하지 않다. 기대하지 않은 자극들은 어디에나 있다. 내가 아는 그래픽 디자이너는 아이디어가 바닥나면 책상 위에 있는 잡지들을 아무렇게나 뒤적인다. 우연히 눈에 띄는 텍스트나 그림에서 영감을 얻기 위해서다. 거주하는 도시의 낯선 구역을 산책하는 것도 비슷한 효과를 가져올 수 있다. 나와는 다른 생각을 하는 사람들을 만나는 것도 마찬가지다. 그리하여 예부터 예술가들과 작가들은 긴 여행을 하면서 낯선 세계와의 만남을 추구했다. 괴테는 이탈리아를 여행했고 쇼팽은 마요르카를, 폴 클레는 튀니지를 여행했다. 그리고 그들은 모두 낯선 환경이 주는 자극들을 새로운 스타일을 개발하는 데 이용했다.

뇌를 흥분시키는 우연

"이 두려운 흥분은 견딜 수 없을 정도다. 하지만 나는 그것이 영원히 지속되기를 바란다."

여행을 즐겼던 오스카 와일드는 이렇게 썼다. 그렇다. 우리는 서로 상반된 감정으로 불확실한 상태를 대한다. 불확실은 스트레스이면서 동시에 경탄과 기쁨을 예비한다. 바로 이 때문에 그렇게 많은 사람들이 여행의 긴장과 불안을 기꺼이 감수한다. 그리고 복권을 사거나 카지노에 간다. 인간이 어리석어서 복권을 사거나 도박한다고 보는 것은 옳지 않다. 대부분의 사람들은 그것이 얼마나 승산이 없는지를 잘 알고 있다.

'49개의 숫자 중 6개'를 맞추는 로또에서 일등 당첨이 될 확률은 이미 말했듯이 1억 4천만 분의 1이다. 그럼에도 독일 사람들은 매주 1억 유로 이상을 로또에 건다. 행운의 여신을 움직여 뜻밖에 부자가 될지도 모른다는 매력은 모든 이성적인 이해를 제친다. 우연한 게임이 얼마나 우리를 사로잡는지는 룰렛 테이블에 둘러앉아 게임하는 사람을 관찰하기만 하면 알 수 있다. 그들은 마치 작은 룰렛 구슬 외에 다른 세계는 존재하지 않는 것처럼 행동한다.

마크 트웨인은 "길에서 주운 1달러가 일해서 번 1달러보다 반갑다"고 말했다. 뜻밖의 일은 뇌 속에서 도파민을 분비시킨다. 그리고 이 도파민은 주의 집중을 조종하고 회색 세포들의 학습을 촉진하며 쾌감을 느끼게 한다. 중요한 사실은 이 호르몬은 유쾌한 사건이 일어나기 '전'에 분비된다는 것이다. 그러므로 어떤 소망이 이루어질지 말지 확실하지 않을 때 도파민이 가장 강하게 분비된다. 그러고 보면 게임이든 사랑이든 약간 불확실할 때 느끼는 설렘이야말로 가장 행복한 감정임에 틀림없다.

뇌 연구자들은 실험 대상자들에게 돈 내기를 하거나, 예기치 않게 맛있는 음식을 먹을 수 있게 하면서 그들의 뇌를 컴퓨터로 단층 촬영하였다. 그리하여 설렘의 감정을 눈으로 확인할 수 있었다. 연구자들은 그 실험에서 다른 실험에서 익히 보아온 반응을 관찰했다. 불확실한 기대를 하는 사람의 회색 세포는 사랑에 빠진 사람이나, 마약 중독자의 것과 비슷하게 나타났다.

자연은 우리가 뜻밖의 기회를 활용하도록 만들어놓았다. 그리하여 뜻밖의 일이나 불확실한 약속은 뇌를 기분 좋은 흥분 상태로 전환시킨다. 우리는 이런 기대감에 넘치는 상황을 주의깊게 좇으며, 희망이 이뤄지는 경우에 모든 상황을 아로새긴다. 우연은 우리를 깨어 있게 하고 아이디어를 풍부하게 하며, 섹스나 마약처럼 자극적일 수 있다.

낯선 사람과 대화하라

그러므로 우연에 더 많은 여지를 허락하며 사는 것이 좋다. 우리가 우연과 자꾸만 거리를 두는 이유는 알지 못하는 것에 대한 거부감뿐만 아니라 바로 눈에 보이는 이득을 붙잡고 싶기 때문이다. 우리는 나에게 불필요한 사람과 비전이 없는 일에 시간과 에너지를 쏟고 싶어 하지 않는다. 하지만 효율성을 추구하는 태도가 지나치면 많은 기회를 잃게 된다. 우리는 제한된 인식을 가진 존재다. 익히 아는 것에 대해서만 그 가치를 평가할 수 있다. 낯선 경험이나 낯선 사람에게 관심을 갖지 않는 것은 옳은 행동일 수도 있지만 그렇지 않을 수도 있다. 우리는 순전히 선입관 때문에 낯선 사람과의 만남을 포기하기 때문이다.

그러므로 사생활에서건 조직에서건 의식적으로 단기적인 이익을 포기해보는 것이 좋다. 시간과 자원을 효율적으로만 사용하지 않고, 우연에게도 일부 맡겨보는 것이다. 만약 이 제안이 그다지 매력적이지 않다면 이런 시도 역시 장기적인 지식과 이윤을 위한 투자로 여겨라.

뇌는 단순화하는 데 선수이다. 그래서 세계가 기본적으로 얼기설기 연결되어 있다는 사실을 간과한다. 그리고 그로 인해 어떤 행동이 가져올 많은 가능성을 과소평가한다. 오페라를 좋아하는 여자가 축구를 좋아하는 남자와 처음으로 축구 경기장에 가게 될 때, 축구 경기도 별 재미없고 관중들의 고함 소리도 짜증스러울지라도 축구 팬 중에서 자신이 오랫동안 찾고 있던 새 집을 소개해줄 사람을 만날 수도 있다. 아니면 자신도 운동을 좀 해보려는 의욕을 갖게 될 수도 있다. 남자 친구의 꾐에 넘어가 축구 경기장에 오지 않았더라면 이런 변화를 예상할 수 없었을 것이다. 하지만 오페라를 좋아하는 여자는 우연에 기회를 주었던 것이다.

생각지 못한 행운

뉴욕에서 마이애미까지 가는 비행기 안에서 옆자리 남자와 이야기를 하게 되었다고 하자. 그 남자는 나와 똑같은 사투리를 구사할 뿐 아니라 계속 이야기하다 보니 오래전에 연락이 끊겼던 학교 동창의 이민 간 동생임이 드러난다. 더구나 그는 나와 같은 분야의 일을 하고 있다. 나는 그에게서 고향에 있는 경쟁사에 한 자리가 났다는 말을 듣게 된다. 마치 나를 위해 예비된 자리처럼 느껴진다.

이런 이야기는 믿기 어려운 일이 아니다. 우리는 모두 비슷한 일을 경험한 적이 있다. 속으로 '세상에 이런 일이 다 있네?' 생각하면서 말이다. 이는 사람 덕분에 인생의 행복한 전환점을 맞게 되는 경우가 얼마나 많은가! 그들을 통해 우리는 전혀 생각지도 않게 새로운 집을, 일자리를, 배우자를 찾는다.

이런 정보들이 어떻게 딱 알맞은 시점에 우리에게 주어질까? 하늘이 도운 것이라는 설명에 만족하고 싶지 않다면, 친구들의 수를 한 번 가늠해보라. 사람은 각각 몇백 명의 사람을 알고 있다. 사회학자들은 가깝건 멀건, 한 사람이 알고 있는 사람들의 수를 평균 300명으로 잡는다. 그리고 연구 결과 우리의 삶에 새로운 전기를 마련해주는 천사들은 우리의 친구들의 친구들이다. 우리가 파티에서 누군가와 이야기를 하게 되면 우리는 그 사람을 통해 그의 교제권에 접근하게 된다. 그 사람이 다른 사람에게 들어서 알고 있는 새로운 소식을 우리한테 전해줄 때 네트워크는 훨씬 커진다. 그 사람이 교제하고 있는 사람들은 또다시 각각 300명을 알고 있기 때문이다.

물론 이들 중 몇몇은 우리의 친구들, 또는 우리 친구들이 아는 사람들과 겹칠 수도 있다. 그러므로 신중을 기하기 위해 대화 상대자가 우리에게 주선해줄 수 있는 새로운 사람을 100명으로 잡아보자.

미국의 사회학자 마크 그래노베터가 '사람들은 어떻게 일자리를 찾는가?'를 주제로 수행한 연구는 바로 이 사람들이 얼마나 중요한지를 보여준다. 그래노베터의 연구 결과 일자리를 얻은 사람의 총 55%는 인맥을 통해 취직한 것으로 나타났다. 그 중에서 '가끔' 또는 '아주 드물게' 보는 사람이 일자리를 주선한 경우가 80% 이상이었다. 그리고 응답자의 3분의 1이 아는 사람을 통해 전에는 생각하지 않았던 새로운 일자리로 옮긴 것으로 나타났다.

결국 우리가 간접적으로 활용할 수 있는 네트워크는 굉장히 많은 사람들을 포괄한다. 어림잡아 계산해보면 우리는 간접적으로 300×100=3만 명의 사람들로부터 간접적으로 정보를 듣게 되는 셈이다. 그 중 어떤 사람이 우리에게 맞는 집이나 일자리나 배우자를 알고 있다는 것은 전혀 이상하지 않다.

이런 설명이 너무 낙천적으로 들리는가? 뉴욕 컬럼비아 대학에서 행한 실험 결과를 보면 결코 그렇지 않다는 것을 알 수 있다. 컬럼비아 대학 연구자들은 6만 명의 인터넷 사용자들에게 아무 이메일이나 복사해서 그것을 아는 사람들에게 전달하게 했다. 각각의 이메일이 최종적으로 배달되어야 하는 대상은 동부 연안에 있는 모 대학의 모 교수와 이스트랜드의 문서보관실 담당자, 인도의 기술고문과 호주의 경찰, 노르웨이의 수의사였다. 하지만 연구자들은 그들의 이메일 주소를 공개하지 않았다. 그리하여 참가자들은 일단 그들을 알 것 같은 지인에게 메일을 보낼 수밖에 없었는데, 연구자들은 몇 개의 다리를 거쳐 메일이 최종 수신자에게 전해지는지를 추적해보 았다. 그랬더니 놀라운 결과가 나왔다. 거의 모든 경우에서 여섯 사 람, 혹은 그 이하의 사람을 거쳐 다른 대륙의 수신자에게 전달되었 던 것이다.

따라서 우리가 공항에서 모르는 사람과 우연히 이야기하다가 그 사람이 내 친구를 알고 있다는 사실을 발견하는 등의 사건은 그리 놀랄 일이 아니다. 단 여섯 명만 건너면 이 지구상의 모든 사람이 아 는 사람이기 때문이다.

세계는 그렇게 작다. 사회적인 동물 호모사피엔스는 전염병이건 유용한 소식이건 모든 것을 번개같이 빨리 확산시킨다. 그래서 이따 금 작은 기적이 일어날 수 있음을 염두에 두는 것이 현실적이다. 기 적은 평범한 일이기 때문이다.

우연에게 딴눈 팔기

우연을 행운으로 변화시키려면 집중력이 있어야 한다. 행운은 기회 를 깨닫는 자에게 주어지기 때문이다. 그것을 위해 우리는 때로 시 각을 바꿀 필요가 있다.

지도를 펴놓고 도시나 강이나 나라를 빨리 찾는 사람이 이기는 게임을 해본 적이 있는가? 다른 사람이 잘 찾지 못하도록 가능하면 작은 글씨로 인쇄된 지명을 고른다. 뤼츠 강 같은 이름은 알프스 지방에 대해 잘 알고 있는 사람도 한참 찾아야 나올 정도다. 하지만 그보다 더 잘 통하는 전략은 모두가 숨겨진 작은 글씨를 고를 때 아주 큰 글씨로 띄엄띄엄 쓰여 있는 이름을 고르는 것이다. 아무도 그 이름이 대륙 전체에 걸쳐 커다란 글씨로 쓰여 있다는 생각을 하지 못할 것이다.

영국의 심리학자 리처드 와이즈먼은 다음 실험에서 우리가 얼마나 장님처럼 지내는가를 보여주었다. 와이즈먼은 실험 대상자들에게 신문 한부를 주면서 신문에 실린 사진이 몇 개인지 세어보라고 했다. 대부분의 참가자들은 사진을 세는 데 약 2분이 걸렸고, 몇 사람은 처음에 센 게 맞는지 다시 한번 확인하느라고 약간 더 걸렸다. 하지만 와이즈먼이 둘째 면에 엄지손가락만 한 큰 글씨로 "세는 것을 중단하시오. 이 신문에는 43개의 사진이 실려 있습니다"라고 써놓은 것을 본 사람은 아무도 없었다.

더구나 참가자들은 쉽게 벌 수 있는 돈을 놓치기도 했다. 몇 장 뒤로 가서 와이즈먼은 더 큰 글씨로 "세는 걸 중단하시오. 그리고 실험 주최자에게 이 문장을 읽었다고 말하고 100파운드를 받으시오"라고 써놓았던 것이다. 이 문장은 한 면의 거의 반을 차지할 정도로 매우 크게 쓰여 있었다. 하지만 사진을 세느라 정신이 없는 실험 대상자들은 그것을 보지 못했다. 온통 사진에만 주의 집중을 하고 있었던 탓이다.

우리는 다른 것은 다 백안시할 정도로 어떤 목표에 시선을 고정시킬 때가 많다. 하지만 우연을 활용하는 것은 길의 좌우를 살피는 것이다.

목표를 이루는 방법

가장 좋은 기회도 우리가 그것을 깨닫지 못하면 아무 가치가 없다. 물리학자 윌리엄 크룩스, 니콜라 테슬라, 아서 굿스피드도 그런 경험을 했다. 이들은 빌헬름 콘라트 뢴트겐보다 몇 년 앞서 X선과 마주쳤지만 그들 중 누구도 자신이 새로운 광선을 발견했다는 사실을 깨닫지 못했다. 물체가 대상을 투시한 것을 보았지만 이것을 사진판에서 일어난 오류로 여겼다. 그리하여 자기 아내의 손뼈 사진을 찍어 뢴트겐 선의 투사력을 증명해 보였던 뢴트겐이 '새로운 광선'을 발견한 공로로 1901년 제1회 노벨 물리학상을 수상하는 영예를 안았다.

다른 세 물리학자가 기회를 놓친 것 역시 뇌가 수행하는 경제학 때문이다. 뇌는 가능하면 적은 자료를 처리하기 위해 현재의 눈으로 볼 때 중요하지 않아 보이는 정보를 그냥 흘려보낸다. 그리하여 우리는 손안에 쥔 것도 못 보고 지나치기 일쑤다. 뜻밖의 것이 지닌 의미는 과소평가된다. 우리는 우리에게 새로운 지평을 열어줄 수 있는 관찰들을 이미 알고 있는 것에 비추어 무시해버리는 경향이 있다. 그래서 연구의 중요한 발견은 선입관에 희생당할 위험이 별로 없는 문외한이나 신참내기의 몫으로 돌아가는 경우가 많다.

물론 기존의 지식과 목표는 중요하다. 기회는 무에서 탄생하지 않는다. 우리가 추구하는 것을 바탕으로 예기치 않은 것이 떠오르는 것이다. 따라서 예기치 않은 것을 창조적으로 대하기 위해서는 체계적으로 생각하고 행동하는 동시에 늘 이런 태도의 한계를 의식해야 한다. 우연은 우리가 가지고 있는 정보들 간의 새로운 연결을 보여주고, 틈새를 채우면서 우리를 도울 수 있다. 계획적인 행동과 예기치 않은 것을 수용하는 태도는 대립되는 것이 아니라 상호 보완적이다. 러시아에서 30년 동안 지하활동만 하다가 1차 세계대전 직후의 혼란을 틈타 자신의 목표를 이룬 레닌은 언젠가 이렇게 말했다.

"30년간 혁명을 생각하고 그것을 꿈꾸고 그것과 더불어 잠을 잔 사람은 어느 날엔가 혁명에 성공하는 법이다."

우연이 주는 선물

우리는 시간을 앞을 향해 날아가는 화살처럼 상상한다. 우리의 삶도 그렇게 일직선으로 똑바로 나아가기를, 기업의 성장과 사회의 진보도 그렇게 되기를 바란다. 우리는 원하는 것에 도달하기 위해서는 무엇보다 세심한 계획이 중요하다고 생각한다. 그리하여 일이 제대로 돌아가지 않으면 자책하거나 다른 사람을 비난하느라 여념이 없다.

시간을 똑바로 전진하는 것으로 보는 사고는 서구 문명에 깊이 뿌리박혀 있다. 서양 철학자들은 2,500년 전부터 목적 지향적인 사고를 설교해왔다. 하지만 시간을 일직선으로 보는 것은 결코 당연한 일이 아니다. 가령 아시아 문화권에서는 시간을 원으로 상상한다. 그들에게 세계는 영원히 돌고 도는 것이다. 존재했던 모든 것은 언젠가 새로이 소생하게 되며 먼 미래와 먼 과거는 함께 녹아든다.

학문도 더 이상 시간을 직선적으로 보지 않는다. 자연이 우연의 토대 위에 지어진 것임을 알게 된 20세기의 물리학자들은 시간을 화살과 같은 것으로 보는 견해와 결별했다. 시간을 흐르는 것으로 느끼는 것 역시 우연의 작용 덕분이다. 다윈은 보다 훨씬 이전에 어제와 내일에 대한 인간의 시각을 통렬하게 변화시켰다. 생명의 진화에서 시간은 목표를 향해 매진하는 화살이 아니다. 오히려 점점 가지가 무성해지는 나무와 비슷하다.

자연은 우연한 걸음으로 더듬더듬 앞으로 나아가며, 때로는 후퇴하기도 한다. 자연은 이런 방식으로 점점 다양한 것들을 배출한다. 생명은 어떤 목표를 향해 나아가지 않고 끊임없이 새로운 가지치기를 할 뿐이다. 각각의 가지들은 서로 다른 미래로 이어진다. 그러므로 유독 우리의 인생길만이 커브길 없이 계획에 따라 진행될 거라고 기대할 수 있겠는가?

꼬불꼬불한 인생길과 친해지는 것은 쉽지 않다. 이런 생각이 우리의 익숙한 사고와 위배되기에, 사람들이 다윈에 대해 분노하고, 양자물리학자들이 자신들의 연구 결과에 대해 경악하는 일은 이해할 만하다. 우리는 시간이 그리고 우리 자신의 삶이 운하가 놓인 강처럼 돌아가지 않을 것이라는 믿음을 가지고 있다. 심지어 우리는 이런 생각에 현실을 끼워 맞추고, 이런 고집을 위해 값비싼 대가를 치른다. 물론 우리가 어떤 뜻을 품고, 그 뜻을 추구하는 것은 전혀 잘못된 것이 아니다. 그렇게 하지 않는다면 진보는 없을 것이다. 하지만 오래전에 다른 행동양식을 추천하는 현실을 도외시하고 너무 심사숙고한 계획에만 집착하다 보면 그 계획은 자칫 함정이 되어버릴 수도 있다. 계획은 현실에 눈멀게 만들 수도 있는 것이다.

그런 잘못된 길에 빠지지 않고자 하는 사람은 자신이 불확실한 상태에 있음을 고백해야 할 것이다. 불확실한 상황은 우리가 보았듯이 즐거운 설렘을 선사하기도 한다. 하지만 불확실은 스트레스를 유발한다. 그리고 이것을 피하려고 우리는 거짓된 확신을 불러일으킨다. 실제로 아는 것보다 더 많이 아는 것처럼 착각하는 것이다.

우리는 세계에 대한 우리의 지식을 과대평가하는 반면 놀라운 것을 유익하게 활용하는 우리의 재능은 과소평가한다. 이것은 놀라운 일이다. 결국 인간을 다른 생물과 구별 짓는 것은 불확실한 환경에서 최상의 것을 만들어내는 특별한 능력이기 때문이다. 예측할 수 있는 상황에서는 동물들이 인간보다 한 수 위일 때가 많다. 가령 뱀장어는 수천 킬로미터 떨어진 대양을 횡단하여 자신이 태어난 곳으로 귀신같이 정확히 찾아간다. 그에 반해 인간의 강점은 새로운 것을 극복하고, 새로운 것을 찾고, 새로운 것을 만들어내는 데 있다. 그것을 위해 진화는 인간의 대뇌를 고안하였으며, 신체는 다른 기관보다 더 많은 에너지를 대뇌에 공급하고 있다. 모든 사람의 뇌 속에 있는 은하의 별들보다 더 많은 100조 개의 회색 세포는 자연이 만든 가장 복잡한 구조물이다.

그 때문에 우리는 변화하는 세계에 직면하여 자신감을 가질 이유가 있다. 그리고 태연자약할 수 있다. 미지의 것을 다루는 우리의 가장 중요한 도구는 바로 집중력이다. 변화를 더 빨리, 더 정확하게 인지할수록 우리는 위험을 더 잘 평가하고 기회를 더 잘 인식할 수 있다. 일방적으로 계획에만 집중하면 그렇게 하지 못한다. 계획이 너무 많은 집중력을 잡아먹기 때문이다. 존 레논은 언젠가 삶은 결국 "우리가 다른 계획을 따르는 동안에 발생하는 일"이라고 말했다.

우연은 우리에게 머릿속의 사상누각을 떠나 현실에 발을 딛도록 인도한다. 그러므로 예기치 않은 일에 더 많은 여지를 허용하는 것은 자신을 변화시키는 모험일 뿐 아니라, 우리의 인식을 더 날카롭게 하고 시간에 대해 전혀 다른 감정을 느끼게 한다. 우연은 우리에게 신중함을 가르쳐준다. 이것이 바로 우연이 우리에게 주는 가장 큰 선물이다. 우연은 현재에 민감하게 만든다. 현재야말로 우리가 가지고 있는 모든 것이 아니던가? 우연에 열린 마음을 가지는 것은 생동감 있게 살아가는 것이다.

ALLES ZUFALL

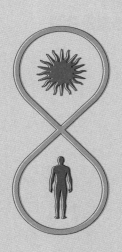

옮긴이 유영미

연세대학교 독문과와 동 대학원을 졸업했으며 현재 전문번역가로 활동하고 있다. 아동 도서에서부터 인문, 교양과학, 사회과학, 에세이, 기독교 도서에 이르기까지 다양한 분야의 번역 작업을 하고 있다. 옮긴 책으로는 『더 클럽』『삶이라는 동물원』『안녕히 주무셨어요?』『부분과 전체』『소행성 적인가 친구인가』『지금 지구에 소행성이 돌진해 온다면』『왜 세계의 절반은 굶주리는가』『감정 사용 설명서』『인간은 유전자를 어떻게 조종할 수 있을까』『내 몸에 이로운 식사를 하고 있습니까?』『엄마, 나는 자라고 있어요』『여자와 책』『평정심, 나를 지켜내는 힘』『나는 왜 나를 사랑하지 못할까』 등이 있다. 2001년 『스파게티에서 발견한 수학의 세계』로 과학기술부 인증 우수과학도서 번역상을 수상했다.

그 모든 우연이 모여 오늘이 탄생했다

우리가 운명이라고 불렀던 것들

초판 1쇄 발행 2023년 2월 22일
초판 3쇄 발행 2023년 4월 10일

지은이 슈테판 클라인
옮긴이 유영미
펴낸이 김선준

편집본부장 서선행
기획편집 이주영 **편집팀** 임나리, 배윤주, 이주영
마케팅팀 이진규, 신동빈
홍보팀 한보라, 이은정, 유채원, 유준상, 권희, 박지훈
디자인 김세민
경영관리팀 송현주, 권송이

펴낸곳 (주)콘텐츠그룹 포레스트 **출판등록** 2021년 4월 16일 제2021-000079호
주소 서울시 영등포구 여의대로 108 파크원타워1 28층
전화 02) 332-5855 **팩스** 070) 4170-4865
홈페이지 www.forestbooks.co.kr
종이 (주)월드페이퍼 **출력·인쇄·후가공·제본** 한영문화사

ISBN 979-11-92625-27-0 03400

- 책값은 뒤표지에 있습니다.
- 파본은 구입하신 서점에서 교환해드립니다.
- 이 책은 저작권법에 의하여 보호를 받는 저작물이므로 무단 전재와 복제를 금합니다.

㈜콘텐츠그룹 포레스트는 독자 여러분의 책에 관한 아이디어와 원고 투고를 기다리고 있습니다. 책 출간을 원하시는 분은 이메일 writer@forestbooks.co.kr로 간단한 개요와 취지, 연락처 등을 보내주세요. '독자의 꿈이 이뤄지는 숲, 포레스트'에서 작가의 꿈을 이루세요.